Digitale Führung

Martin A. Ciesielski · Thomas Schutz

Digitale Führung

Wie die neuen Technologien unsere
Zusammenarbeit wertvoller machen

Martin A. Ciesielski
medienMOSAIK
Berlin
Deutschland

Dr. Thomas Schutz
Berlin
Deutschland

ISBN 978-3-662-49124-9
DOI 10.1007/978-3-662-49125-6

ISBN 978-3-662-49125-6 (eBook)

Die Deutsche Nationalbibliothek verzeichnet diese Publikation in der Deutschen Nationalbibliografie; detaillierte bibliografische Daten sind im Internet über http://dnb.d-nb.de abrufbar.

Springer Gabler
© Springer-Verlag Berlin Heidelberg 2016

Gedruckt auf säurefreiem und chlorfrei gebleichtem Papier

Springer-Verlag Berlin Heidelberg ist Teil der Fachverlagsgruppe Springer Science+Business Media
(www.springer.com)

Inhaltsverzeichnis

Abbildungsverzeichnis

Vorwort

Führung, die in immer kürzeren Abständen mit neuen Technologien arbeiten muss. Führung, die medial vermittelt und über verschiedene Standorte hinweg mit einer zunehmend heterogenen Gruppe von Mitarbeitern klarkommen muss. Führung, die Generations- und Kulturunterschiede im Umgang mit den Technologien – und nicht nur dort – berücksichtigen muss. All dies sind Herausforderungen, die Führungskräfte alltäglich bewältigen müssen. All zu oft sind aber die neuen Prozesse gerade eingeübt, da müssen sie schon wieder geändert werden. Fragen über Fragen brechen hervor und auf einen ein, auf die es nicht die eine Antwort gibt. Und selbst, wenn eine Antwort gefunden ist, laufen wir Gefahr, dass sich die Ausgangsfrage bereits wieder verändert hat. Unbequeme Zeiten für Führungskräfte.

Daher haben wir uns auch bemüht, ein unbequemes Buch zu schreiben. Ein Buch, das herausfordert, aber auch ein Buch, das zum Dialog einlädt. Wie wollen mit „Digitale Führung" dazu einladen, dem Digitalen auf einer menschlichen Ebene zu begegnen.

Unabhängig von konkreten „Tools", „Workflows" und „Best Practices" wollen wir zu einem Nachdenken darüber einladen, wie die neuen Technologien unsere Formen der Zusammenarbeit wertvoller machen können und was Führung ihrerseits dazu beitragen kann. Dabei wollen wir uns über die digitalen Arbeitswelten (Kap. 1) den hybriden Arbeitskulturen (Kap. 2) annähern, in denen eine klare Abgrenzung zwischen dem digitalen und dem analogen Arbeiten zunehmend schwerer fällt. Umso wichtiger ist es, sich als Führungskraft u. a. zu fragen, wozu Menschen in Organisationen überhaupt Informations- und Kommunikationstechnologien einsetzen wollen und inwiefern sich diese Nutzungsweisen vom privaten Einsatz unterscheiden.

Im Kern geht es bei unseren Ausführungen zur digitalen Führung um den Einsatz der Technologien für die Beziehungsarbeit. Wertebasierte Beziehungen, die aufgebaut, gepflegt und gegebenenfalls auch professionell beendet werden müssen. Diese Beziehungen und Rollen basieren auf der jeweiligen Unternehmenskultur (Kap. 3). Jede Kultur braucht ihren eigenen Zugang zu den jeweils passenden Kommunikationstechnologien. Jede Kultur tickt anders, verarbeitet ihre Informations- und Kommunikationsflüsse unterschiedlich. Das Wissen der Organisation steckt jedoch immer in diesen Flüssen. Die Lebendigkeit und Innovationsfreudigkeit einer Organisation hängt von diesen Flüssen ab. Vom Flow.

Und genau hier befindet sich unserer Meinung nach die größte Herausforderung (Kap. 4): Wie können es Führungskräfte schaffen, dass die menschliche Lebendigkeit und Intelligenz in ihrer Organisation aktiviert oder erhalten bleibt und dass nicht das Regime der Prozesse, Strukturen und Technologien jegliche Unberechenbarkeit, Unvorhersehbarkeit, Spontaneität und damit Kreativität der menschlichen Natur erstickt. Wie smart können Technologien wirklich sein?

Bislang geht es im Management und bei Führungsaufgaben zentral um die effiziente und erfolgreiche Abarbeitung von festgelegten Aufgaben. Doch um den französischen Philosophen und Essayisten Paul Valéry zu bemühen: „Was dir am besten gelingt, wird dir unweigerlich zur Falle." Genau dort stecken wir. In der Falle. In der selbst aufgestellten Optimierungsfalle. Der Effizienzfalle. Effizienz - das können wir gut. Das ist notwendig. Doch das ist nicht mehr das Einzige, was wir heute brauchen. Das blinde Implementieren von Technologien und Nachahmen der Silicon Valley Kultur wird ebenfalls keine hinreichende Antwort auf die Herausforderungen sein, denen wir uns heutzutage gegenüber sehen.

Unserer Meinung nach muss die Ausgangsfrage für die kulturadäquate Umsetzung digitaler Führung in dem jeweiligen organisationalen Kontext lauten: „Was brauchen die Menschen für eine wert- und sinnvolle Zusammenarbeit in der Organisation?" Was brauchen die Mitarbeiterinnen und Mitarbeiter, um ihre Rollen best möglichst spielen zu können und wie können Führungskräfte sie darin unterstützen? Die Antworten darauf sind im digitalen Zeitalter andere als noch vor ein paar Jahren. Einige Antworten haben wir für Sie in den abschließenden Kap. 5 bis 7 detailliert ausgeführt.

Basierend auf der Kompetenzarchitektur nach John Erpenbeck und Volker Heyse wird in Kap. 5 ein Teil der „digitalen Führungskompetenz", die Führungskompetenz, als Querschnittskompetenz in ihren analogen und digitalen Teil- und Schlüsselkompetenzen dargestellt. Darüber hinaus sind zur digitalen Führungskompetenz offensichtlich auch zwei weitere Querschnittskompetenzen zu zählen: Die Medienkompetenz und die interkulturelle Kompetenz. Im digitalen Zeitalter ist die Führungskompetenz mitunter komplexer geworden, als sie es vermutlich schon war.

Doch wie entwickle und trainiere ich sie, die digitale Führungskompetenz? Wie gewohnt, wie es sich bei der Führungskompetenz schon bewährt hat? Wie gewohnt an den Hochschulen, Business Schools oder im Unternehmen und, wenn ja, wie und was genau soll entwickelt werden? Kapitel 5.4 und 6 geben hier methodische Vorschläge, die sich in anderen Kompetenzfeldern bereits über Jahrzehnte bewährt haben. Doch Wissen allein reicht nicht aus: (Digitale) Führungskompetenz gilt es, achtsam und leidenschaftlich mit der nötigen Erdung für das Virtuelle zu verkörpern. Wie? Kap. 7.

Andere Antworten werden Sie aber selber finden müssen. Wir wünschen Ihnen viel Erfolg dabei und freuen uns auf einen regen Austausch @DigitalFuehrung !

Berlin, November 2015   Martin Ciesielski
                                                                Dr. Thomas Schutz

Teil I
Digitale Arbeitswelten

Schöne neue Werte?

1

Zusammenfassung

Führung ist immer auch Kulturarbeit. Unternehmenskulturarbeit. Heutzutage wird
Führung allerdings immer mehr von rein technologischen Fragestellungen dominiert.
Das Verständnis der technischen Funktionsweise einer Technologie sagt jedoch nichts
über die notwendige Kulturtechnik und deren Wertekategorien aus, die sich aus ihrer
praktischen Anwendung ergeben. Technologie wirkt in Kultur hinein, aber Kultur wirkt
auch ihrerseits in die Entwicklung und den Einsatz von Technologien hinein. Jeder
Organisationskultur liegen z. B. Werte zugrunde, die auf neue Technologien reagieren.
Positiv, wie auch negativ. Technologien erfordern für ihren Einsatz bestimmte Kulturtechniken, die ihrerseits kulturverändernd sind und somit auch eine Herausforderung
für das bestehende Wertegefüge in der Organisation darstellen.

Diesen Herausforderungen muss sich die Führungskraft forschend und ergebnisof-
fen stellen, um ein Verständnis nicht nur für die technologischen Funktionsweisen, sondern auch für die sozialen und kulturellen Wirkweisen der Technologie zu entwickeln.
Wenn Menschen Informations- und Kommunikationstechnologien nutzen, nutzen sie
sie in der Regel primär für den Abgleich von Wertekategorien und damit zur Bezie-
hungspflege. Die Auswahl erfolgt dabei in Hinblick auf Vielfalt, Tiefe, Leichtigkeit,
Spontanität und Einfachheit der Ausdrucksmöglichkeiten für die eigene Person. Wird
der Einsatz und Umgang mit Kommunikationstechnologien allein auf Effizienzen und
den Datenaustausch hin optimiert, besteht die Gefahr, dass andere Wertekategorien,
wie Vertrauen, Ehrlichkeit, Verbindlichkeit, Spaß, Kreativität, Kritik, Verantwortung
etc. unter Druck geraten.

1.1   Die digitale Welt und ihre Regeln

„Es geht nicht mehr darum, digital zu „werden", wir sind mitten im Netzparadigma – und da geht es ziemlich hektisch zu" (Lovink 2012, S. 40). Wir leben und arbeiten in unsicheren Zeiten. Vieles, was wir für sicher gehalten, woran wir uns gewöhnt hatten, befindet sich im Wandel. Mehr denn je. Positiv formuliert entsteht eine Vielzahl an Wahlmöglichkeiten, so wie es der Technologieforscher Kevin Kelly formuliert: „In general, the long-term bias of technology is to increase the diversity of artifacts, methods, and techniques of creating choices" (Kelly 2010, S. 352).

Seien es die Beschäftigungsverhältnisse, ihre Dauer und inhaltlichen Aufgaben, die stets wechselnden und aus verschiedenen Generationen und kulturellen Hintergründen zusammengesetzten Teams, Mitarbeiter und Kollegen, die Produkte und Services oder die Ansprüche der Kunden. Lieferketten können aufgrund von Wirtschaftskrisen oder militärischen Auseinandersetzungen schnell zusammenbrechen, aber auch wieder aufgebaut werden. Die technologischen Vernetzungen werden einerseits immer vielfältiger, aber nicht zwangsläufig robuster. Das Gleiche gilt für die psychosoziale Gesundheit – sei es die eigene oder die der anderen Akteure. Stress und immer mehr zunehmende Arbeitsverdichtung tragen ihren Teil dazu bei. Schließlich ist man heutzutage via mobiler Arbeits- und Kommunikationsgeräte 24/7 erreichbar. Privates und Arbeit sind immer schwieriger zu trennen (gut für die, die das so wollen; schlecht für die, die das nicht wollen), während die Projekte und Zielvorgaben komplexer und anspruchsvoller werden.

„In einer komplexen, global vernetzten Hochgeschwindigkeitsgesellschaft wird ein dramaturgisches Bewusstsein fast zur Lebensnotwendigkeit. Wenn das Leben aus der Aufführung unzähliger persönlicher und kollektiver Dramen besteht, muss der Einzelne umso mehr Rollen übernehmen, je komplexer die wirtschaftlichen und sozialen Zusammenhänge sind, in denen er lebt" (Rifkin 2009, S. 403). Das Potenzial für Konflikte und Überlastungen steigt um ein Vielfaches – ebenso wie die Chancen auf neue Geschäftsfelder, Innovationen und neue Arbeitsweisen. Es besteht mittlerweile ein regelrechter Zwang zum Entscheiden. Spätestens hier wird der Widerspruch zur positiv formulierten Wahlfreiheit von Kevin Kelly deutlich. Ausformuliert findet man sie in der Bemerkung des emeritierten Professors für Ideengeschichte John Gray von der London School of Economics: „Am freiesten ist nicht der Mensch, dessen Handeln Beweggründen entspringt, für die er sich bewusst entschieden hat, sondern der, der sich niemals entscheiden muss" (Gray 2013, S. 130).

Diese hier nur sehr kurz skizzierten Momentaufnahmen der aktuellen Ereignisse und Fragestellungen lassen sich in dem mittlerweile schon fast geläufigen Akronym VUCA zusammenfassen. VUCA steht für volatil, unsicher, komplex (complex) und mehrdeutig (ambiguos). Wir leben und arbeiten heute in einer VUCA Welt. Diese Begriffe und Beschreibungen sind mittlerweile alles andere als neu und überraschend. Millionenfach wurden sie bereits verwendet, um die Anforderungen an Führungskräfte und Mitarbeiter in der heutigen Zeit zu beschrieben. Was daraus in der Praxis häufig resultierte, war ein Mehr vom Alten. Zumeist wurde versucht, mehr und besser zu planen. Anspruchsvollere Planungsverfahren zu implementieren, es wurde begonnen, mit Szenarien und dem professionellen Einschätzen von Risiken zu arbeiten. Sprich: Im Kern wurde versucht, (Planungs-)Unsicherheiten auszuschalten, indem sie in Risiken umgedeutet und damit berechenbar gemacht wurden.

Vermeintliche Marktschwankungen wurden versucht mit derivativen Finanzmarktinstrumenten einzufangen, Komplexitäten wurden (im besten Falle) in einfache Vier-Felder-Matrizen oder mathematische Algorithmen überführt und Mehrdeutigkeiten von Marktentwicklungen oder Konfliktgründen in der Organisation Top-Down wegerklärt. Um ein gängiges Bild zu bedienen: Man hatte auf dem Schiff die Orientierung verloren und erhöhte nun die Anstrengungen, wenigsten schneller zu fahren. Wo man ankommen würde, wurde nahezu egal.

Die Auswirkungen von Technologie zu verstehen, stellt uns vor enorme Schwierigkeiten. Die Medientheoretikerin Mercedes Bunz beschreibt es so: „Beispielsweise bedeutet die Funktionsweise eines technischen Gerätes zu begreifen, noch lange nicht, auch abschätzen zu können, für welche Tätigkeiten dieses Gerät verwendet werden wird. […] Schon zu Zeiten der Industrialisierung half das technische Verständnis von einer Dampflok nicht dabei, vorherzusehen, in welchem kulturellen Ausmaß die Eisenbahn die Personenbeförderung revolutionieren würde. Als Thomas Cook 1841 für 570 Engländer eine Eisenbahnfahrt mit Verpflegung kombinierte, sollte dies der Anfang einer ganz neuen Reiskultur werden – dem Pauschaltourismus. Eine neue Kulturtechnik war entstanden, der die Mechanik der Dampflok zwar zunutze kam, die sich aber nicht notwendigerweise von ihr ableitete. […] Kurz: Die technische Funktionalität ist deutlich unterschieden von der Kulturtechnik, die sich mit ihr etabliert" (Bunz 2012, S. 67 f.).

In vielen Organisationen wird mehr und mehr gemerkt, dass ein Mehr, ein einfaches Erhöhen der bisherigen Anstrengungen nicht mehr funktioniert. Die eigentliche Herausforderung einer VUCA-Welt besteht nämlich darin, sie anzunehmen und mit ihr mitzugehen. Im Klartext heißt das: Als Organisation mit Schwankungen mitgehen können, die Nicht-Berechenbarkeiten von Unsicherheiten (Vorsicht! Schwarze Schwäne!) zu akzeptieren und nicht zu versuchen, sie in Risiken zu überführen. Ähnliche Schwierigkeiten bereitete seit jeher der Versuch, Qualitäten in Produktionsprozessen zu quantifizieren.

Die beiden Berater Boris Gloger und Dieter Rösner fassen die bisherigen Strategien der Unternehmen im Umgang mit Komplexitäten so zusammen:

Strategie 1: Komplexität wird nicht als Realität wahrgenommen und daher simplifiziert […] Strategie 2: Es wird versucht, mehr vom Gleichen zu installieren […] Strategie 2: Man versucht, Komplexität durch Vereinfachung und Reduzierung in den Griff zu bekommen. […] Diese drei strategischen Versuche des Managers, Komplexität in den Griff zu bekommen, sind nicht grundsätzlich untauglich, aber sie reichen für das Management der Organisationen von heute nicht mehr aus. (Gloger und Rösner 2014, S. 82)

Gleiches gilt für die in der Wirtschaftswelt vorhandenen Unsicherheit:

Erst langsam gewinnt die Einsicht Boden, dass wir möglicherweise nicht ständig versuchen sollten, das Chaos zu analysieren, zu besiegen und aufzuräumen, sondern lernen sollten, damit umzugehen und eine neue Haltung zur Unsicherheit zu entwickeln (Bertram 2012, S. 35).

Für Führungskräfte und Mitarbeiter in Organisationen kommt es zunehmend darauf an, Mehrdeutigkeiten aushalten zu können und integrative Lösungen zu finden, was ähnlich anspruchsvoll ist, wie auf Komplexitäten mit komplexen Entscheidungs- und Handlungsweisen zu reagieren. Warum dies bislang nicht wirklich geschehen ist, könnte daran liegen, dass die Konzepte, die dabei behilflich sind, nicht im klassischen Feld der Unternehmensführung und vor allem nicht im Wortschatz der Arbeitswelt zu finden sind.

Dabei geht es um Konzepte und Begriffe wie „(Zusammen-)Spiel", „Improvisation" und sogar „Kunst".

Dies wird exemplarisch in der nachfolgenden Geschichte deutlich:

▶   Das Vorstandsmitglied eines Großunternehmens hatte Konzertkarten für Schuberts unvollendete Symphonie bekommen. Er war verhindert und schenkte die Karten seinem Fachmann für Arbeitszeitstudien und Personalplanung. Am nächsten Morgen fragte der Chef den Mitarbeiter, wie ihm denn das Konzert gefallen habe. Anstelle einer Antwort überreichte ihm der Experte ein Memorandum, in dem es hieß:
    1. Für einen beträchtlichen Zeitraum hatten die vier Oboe-Spieler nichts zu tun. Ihr Part sollte deshalb reduziert, ihre Arbeit auf das ganze Orchester verteilt werden
    2. Alle zwölf Geiger spielten die gleichen Noten. Das ist unnötige Doppelarbeit. Die Mitgliederzahl dieser Gruppe sollte drastisch gekürzt werden. Falls wirklich ein großes Klangvolumen erforderlich ist, kann dies durch elektronische Verstärker erzielt werden
    3. Erhebliche Arbeitskraft kostet auch das Spiel von Zweiunddreißigstel-Noten. Das ist eine unnötige Verfeinerung. Es wird deshalb empfohlen, alle Noten auf- beziehungsweise abzurunden. Würde man diesen Vorschlag folgen, könnte man preiswertere Volontäre und andere Hilfskräfte einsetzen.
    4. Unnütz ist es, dass die Hörner genau jene Passagen wiederholen, die bereits von den Saiteninstrumenten gespielt wurden. Würden alle überflüssigen Passagen gestrichen, könnte das Konzert von 25 auf vier Minuten verkürzt werden (Klein 2007, S. 57).

Während sich der „Fachmann" also einem in höchstem Maße komplexen Ereignis gegenüber sieht, fällt ihm nichts Besseres ein, als dieses zu Tode zu analysieren und ein völlig unsinniges Re-Engineering zu betreiben. Noch schlimmer wird es, wenn sich Organisationen wirklichem Chaos gegenüber sehen. Dieses zumeist kaum als Chance wahrgenommen, sondern als etwas, das die Pläne durchkreuzt, und aufgrund dessen, improvisiert werden muss.

Häufig wird in Unternehmen auch unumwunden zugegeben, dass bei ihnen improvisiert wird. Allerdings eher aus einem Mangel heraus. Zu wenig Mitarbeiter. Nicht genug finanzielle Ressourcen oder schlicht und ergreifend, weil die Planung eben nicht aufgegangen ist. Improvisation als positiv konnotierte, grundsätzliche Herangehensweise an das Organisieren und Management ist damit nicht gemeint. Aber genau drauf kommt es an.

„Die organisationsexterne Umwelt ist durch ein bestimmtes Maß an Komplexität und Unsicherheit sowie Schnelligkeit von Veränderungen gekennzeichnet [...]. Dieses Maß bestimmt [...] die Notwendigkeit zur Improvisation," zitiert Christopher Dell den Organisationsforscher David Müller und fährt selbst fort: „Improvisationstechnologie erkennt Unordnung an – im Sinne von zunehmender Komplexität, Ambiguität und Unvorhersehbarkeit" – und „versucht mit den Potentialen, die in einer Situation vorhanden sind, zu arbeiten. Improvisation bedeutet dann, mit den Materialien der Wirklichkeit zu arbeiten und gleichzeitig diese Wirklichkeit mit zu gestalten" (Dell 2012, S. 383).

Der Management Professor Frank Barrett erklärt Improvisation darüber hinaus in seinem Buch „Yes to the mess!" zum Vorbild für Personalführung (Barrett 2012). In „Organisationale Spiele" beschreibt Silke Seemann, wie der Bamberger Psychologe Dietrich Dörner empfiehlt, sich mit komplexen Systemen auseinander zu setzen: „Für ihn [Dörner] ist ein guter Unternehmer ein guter Manager, ein „Durchwurstler", der sich der Situation anpasst. Für ihn ist improvisiertes Handeln – aus der Situation heraus – jeder Vorlage meist bei weitem überlegen. Feste Ziele können behindern" (Seemann 2010, S. 260). Weiter führt sie aus: „Dörner gibt für diese Verhaltensempfehlung, die jeden gelernten Betriebswirt schon beim Hören mit innerem Widerstand kämpfen lässt, ein anschauliches Beispiel. Er fordert uns auf, uns ein Schachspiel vorzustellen, bei dem wir zu Beginn ein klar definiertes strategisches Ziel formulieren: Der König soll an einer bestimmten Stelle stehen, die Dame an einer anderen, der Läufer wieder an einer fest definierten Position und auch Turm und Springer sind definiert. Selbstverständlich wird eine Strategie ausgearbeitet, wie die Figuren möglichst effizient an die anvisierten Positionen gelangen. Dabei werden mögliche Verhaltensweisen des Gegenspielers bedacht. Dann startet das Spiel – und alles wird ganz anders. Der Gegenspieler verhält sich anders als erwartet. Es gibt eben Milliarden möglicher Konstellationen, die in keinem Fall vorausberechnet werden können" (Seemann 2010, S. 260).

Mittlerweile wissen wir natürlich, dass es Rechenprogramme und Computer gibt, die das können – und zwar so gut, dass sie sogar Großmeister schlagen. Womöglich werden daher auch Big und Smart Data mit Erwartungen überfrachtet, dass doch alles beim alten Planungsparadigma bleiben kann. Solange man genug Rechenpower an Bord hat. Allerdings muss man sich doch stets vor Augen halten, dass das Wirtschaftsleben nur begrenzt mit einem Schachspiel zu vergleichen ist. Die Komplexitäten und Unberechenbarkeiten sind dort um ein Vielfaches größer. Umso mehr sollte sich mit Alternativen zu klassischen Planungsprozessen auseinander gesetzt werden. Es muss um Anpassung und Adaption gehen (Seemann 2010, S. 261). Seemann schlägt dazu hybride Organisationsformen vor. Dabei geht sie davon aus, dass Organisationen in dynamischen Umwelten lernfähig, das heißt flexibel, regieren können müssen. Für diese Flexibilität ist es notwendig, sich selbst nicht in einem strengen Korsett zu sehen, so wie es betriebswirtschaftliche Modelle vorsehen. Gleichzeitig ist es wichtig, die Gesellschaft mit in den Blick zu nehmen, sodass

Kosten, die in der Bilanz nicht erfasst und an die Gesellschaft weitergereicht, zukünftig den Verursachern zugeschlagen werden (Seemann 2010, S. 261 f.). Damit weist sie auch auf eine weitere Umgangsweise von Unternehmen mit VUCA hin, nämlich auf Methoden und Praktiken, die Risiken an andere Beteiligte auszulagern. Allerdings kann dieses Vorgehen mittel- bis langfristig nicht zielführend sein, wenn es in einem globalisierten Wirtschaft kein „Außen" mehr gibt, an das Kosten und Risiken einfach weitergereicht werden können – ohne dass diese in einem Rückkopplungs- und Feedback-Effekt wieder beim Verursacher landen.

Hinzu kommt, dass unter Unsicherheiten und im Zuge von komplexen Wirkungszusammenhängen die Notwendigkeit zur Kooperation erhöht wird. Hat man allerdings zuvor Kosten und Risiken bei potentiellen Kooperationspartnern ausgelagert, ist die notwendige Vertrauensbasis zumindest angeschlagen. Dabei ist Vertrauen für erfolgreiches Zusammenspiel und gelungene Improvisation absolute Voraussetzung bzw. festigt sich, sobald positive, gemeinsame Erfahrungen gemacht werden.

1.2 Trends, Sackgassen und Anti-Schwäne

„Wenn man die internetspezifische Theorieentwicklung betrachtet, sieht man, das der Forschungsgegenstand von virtuellen Gemeinschaften (Rheingold), einem Raum von Flüssen (Castells), Smart Mobs (wieder Rheingold), schwachen Bindungen und Umschlagpunkten (Gladwell), Crowdsourcing, Partizipationskultur (Jenkins) und Weisheit der Mengen (Surowiecki) zu allgemeinen Labels wie Webs 2.0 (O'Reilly) und Soziale Medien erstarrte" (Lovink 2012, S. 34). Neuerdings kommen noch die Big Data, Industrie 4.0 und Smart Data Apologeten dazu. „Oft beschreiben diese Theorien einleuchtend, wie Netzwerke sich herausbilden, wachsen und welche Form und Größe sie annehmen, aber sie schweigen dazu, wie sie in die Gesellschaft eingebettet werden und welche Konflikte daraus entstehen" (Lovink 2012, S. 34).

Digitale Führung bedeutet, sich über die Verantwortung bewusst zu werden, die ein jeder Mausklick heutzutage mit sich bringt. Die Menschheitsgeschichte kann sich auch als ein Zunehmen von Potentialverstärkungen beschreiben lassen. Über die ersten Werkzeuge und Waffen über das Nutzen von Hebelwirkungen und Flaschenzüge bis hin zu Dampfmaschinen, Verbrennungsmotoren, Flugzeugturbinen und Computer-Servern. Das Internet verbraucht heute so viel Energie, wie 1985 benötigt wurde, um weltweit für Beleuchtung zu sorgen (Basar et al. 2015, S. 7).

Wir wollen an dieser Stelle nicht aus der Perspektive des Energieverbrauchs auf dieses Thema schauen – auch wenn das sicherlich ebenfalls ein interessantes Thema wäre, sondern auf die „digitale Hebelwirkung", die dadurch in einem Mausklick, in Geschäftsmodellen, Organisation und Führungsverhalten steckt. Digitale Führung muss sich dieser Kraft bewusst sein.

Während am Anfang der Industrialisierungsgeschichte der Unternehmer noch selbst das Risiko einer fehlgezündeten Sprengung beim Bergbau oder beim Betrieb einer

Maschine trug, waren es immer schneller andere, die Mitarbeiter und/oder die Natur, an die die Risiken oder wertlosen (Gift-)Stoffe (toxische Abfälle, Rauch, Abwässer etc.) abgegeben wurden.

Die ging interessanter Weise auch mit juristischen Verantwortungseinschränkungen einher, wie der Corporation, Aktiengesellschaft oder GmbH. Auf der einen Seite konnten so sehr risikoreiche Unternehmen wie der Eisenbahn- und Straßenbau überhaupt erst in Angriff genommen werden (einerseits durch die Haftungsbeschränkung im Falle eines Scheiterns, aber auch durch die Möglichkeit, mehr Kapital ins Unternehmen zu holen). Dieses Vorgehen war so lange erfolgreich, so lange sich niemand für die Gesundheit, die Rechte der Arbeitnehmer und den Naturschutz einsetzte.

So genannte Externalitäten, d. h. durch Unternehmen verursachte negative oder auch positive Effekte auf die Gesellschaft und auf die Natur wurden in Kauf genommen oder begrüßt. Heute ist jedoch zunehmend zu beobachten, dass a) die negativen Effekte überwiegen und das es b) keine Externalitäten, kein Außen mehr wirklich gibt. Die Auswirkungen des Klimawandels werden auch in unseren Breitengraden zunehmend gespürt. Aktuell wird Europa vor die Herausforderung gestellt, Tausende von Flüchtlingen aufzunehmen, die in ihren Ländern vor Kriegen fliehen, deren Ursachen auch in unserem Verhalten zu finden sind (Ölverbrauch, Abbau seltener Erden, Kolonialzeit, Lieferungen von militärischem Material etc.).

Es scheint, dass das Zeitalter der bewusst in Kauf genommenen „Side-Effects" und Kollateralschäden an seine Grenzen kommt. Allerdings wird es nicht so leicht sein, sich davon zu verabschieden, da modernes Management und viele Formen des Wirtschaftens immer noch darauf abzielen, die damit verbundenen Risiken auszulagern. Schlimmstenfalls wandern die Risiken und externen Effekte in die eigene Gesellschaft, trifft dort aber eben die anderen. Zu sehen war dies sehr eindringlich im Rahmen der Banken-, dann Finanz- und heute Wirtschafts- und Griechenlandkrise(n). „Too big to fail" geht Hand in Hand mit „too small to save".

Dabei ist das, was in den Organisationen geschieht, nur allzu menschlich. In den Untersuchungen von Claudia Honegger et al. (2010) zu dem Thema „Strukturierte Verantwortungslosigkeit" wird deutlich, wie sich Verantwortung in Banken so verteilt, dass am Ende keiner mehr verantwortlich zu machen ist. Es reihen sich u. a. Interviews mit einem Product Engineer, einem Business Analysten, einem Risk Manager, einem Performance Analysten, einem Kundenberater im Devisenhandel, einem Junior im Bereich Mergers & Akquisitions einer Brokerin und vielen mehr aneinander – der Tenor: Wir haben lediglich getan, was unser Job eben mit sich bringt. Was unserer Vorgesetzten von uns verlangt und was unsere Kolleginnen und Kollegen ebenfalls getan haben. Gerne wird auch darauf hingewiesen, dass, wenn die Kolleginnen aus Abteilung xy nicht das Produkt z entwickelt hätten, es ja auch nichts gegeben hätte, was man hätte verkaufen müssen. Anders herum wird argumentiert, dass es ja auch auf dem Markt Nachfrage nach den Produkten gegeben hat und weiterhin gibt.

Auch zeitgenössische Formen der Zusammenarbeit in Projekten oder Teams erschweren es am Ende zunehmend, Verantwortliche für ein Scheitern, Kostenexplosionen oder

Externalitäten zu finden und in die Verantwortung zu nehmen – die bekanntesten Beispiele sind sicherlich der Berliner Flughafen, die Elb-Philharmonie oder die Frage nach der Verantwortung bei der flächendeckenden Überwachung in Deutschland durch die NSA (was am Ende ebenfalls eher handfeste wirtschaftliche Gründe hat, als die zumeist eher vorgeschobene Terror-Abwehr).

Doch wie bereits oben erwähnt, steckt die Frage nach der beschränkten Haftung und nach Verantwortungsübernahme im Kern eines jeden Wirtschaftens. Was für Risiken gibt es (für mich) und wie kann ich diese (kostenoptimal) beschränken, um den Gewinn aus meiner Unternehmung zu maximieren? Wie kann ich die Kosten oder sogar die Risiken im Idealfalle outsourcen? Neben den juristischen und mathematischen „Risk Management" Optionen stehen heute mehr als je zuvor die technologischen Möglichkeiten dazu zur Verfügung.

Der verstorbene Computer-Pionier und MIT-Professor Joseph Weizenbaum beschreibt dies bereits 2006 in seinem Buch „Inseln der Vernunft im Cyberstrom? Auswege aus der programmierten Gesellschaft". Zitat: „Wie leben heute in einer Gesellschaft, in der eine große Scheu davor existiert, Verantwortung zu übernehmen […] Mehr noch: Unsere Gesellschaft hat die Technik entwickelt, Verantwortung so zu verteilen, dass niemand sie hat" (Weizenbaum 2006, S. 32). Neben der Diffusion von Verantwortung durch die Technologien sieht er auch ein grundsätzlich Problem darin, was mit Technologien, z. B. im militärischen Bereich getan wird und wie sich Wissenschaftler diesbezüglich aus der Verantwortung ziehen: „Oder mein alter Kollege in der Künstlichen-Intelligenz-Forschung von der Carnegie Mellon University, Herbert Simon, mit dem ich über diese Frage längere Debatten geführt habe. Er erklärte: „In Amerika haben wir eine repräsentative Regierungsform. Wir übergeben unseren gewählten Abgeordneten die Entscheidung, wofür unsere Wissenschaft verwendet wird. Und wenn uns das nicht gefällt, dann können wir andere wählen." Ich finde, das ist eine Art Abdankung der eigenen kritischen Fähigkeiten". Und weiter: „Wir sind froh, uns der Verantwortung entledigen zu können" (Weizenbaum 2006, S. 37).

Im Kern geht es in all den von Weizenbaum beschriebenen Fällen um die Frage unserer Verantwortungsbereitschaft beim Einsatz von Technologien. Dabei muss es nicht nur um Fragen der Zerstörungskraft oder des Ressourcenverbrauchs gehen, zu denen es beim Einsatz der jeweiligen Technologie kommt. Weizenbaum beschreibt z. B. auch seine Erfahrungen mit seiner Simulationssoftware Eliza, die als erste Form einer künstliche Intelligenz beschrieben werden kann und mit der Menschen in Interaktionsprozesse eintreten konnten. „Ich beobachtete, welch enge Beziehung die menschlichen Gesprächsteilnehmer zu ihrem Maschinen-Gegenüber aufnahmen und zwar in kürzester Zeit. Das äußerte sich so, dass sie darüber sprachen wie über einen Menschen und ihm menschliche Eigenschaften zuschrieben. Ganz selbstverständlich. Am extremsten erlebte ich es bei meiner Sekretärin. Als ich einmal ihr Zimmer betrat, war sie mitten im „Gespräch" mit „Doctor". Sie reagierte für mich vollkommen unverständlich. Es war ihr sichtlich unangenehm, dass ich ihre Sitzung störte und bereits nach kurzer Zeit forderte sie mich auf, sie doch eine Weile allein zu lassen. […] Menschen waren also bereit, im Kontakt mit dem „Eliza-Doctor"-Programm sehr intime Dinge über sich preiszugeben" (Weizenbaum 2006, S. 94).

Worauf sind wir also bereit, uns in der Interaktionen mit Maschinen einzulassen? Was geben wir dabei von uns Preis? Wer bekommt die Daten über diese Interaktionsprozesse und was geschieht mit ihnen? Zu was veranlassen uns bereits heutige GUI (Graphical User Interfaces) Designs und was haben wir von einer zunehmenden Anreicherungen mit KI (Künstliche Intelligenz)-Elementen zu erwarten?

Wir dürfen nicht vergessen, dass die Internettechnologien, die wir heute nutzen, für die digitale Landnahme, die digitale Frontier entwickelt wurde. Was am Ende heißt: So viele Daten wie möglich, für den geringstmöglichen Preis. Und am ehesten Teilen wir unser Wissen und unser Aktivitäten kostenlos immer noch Freunden und der Familie mit.

Es gibt immer mehr Akteure, die Wertefragen im Zusammenhang mit der digitalen Transformation verbinden, die wir erleben. Dazu zählen u. a. im deutschsprachigen Raum Yvonne Hofstetter „Sie wissen alles" (2014), Andre Wilkens „Analog ist das neue Bio" (2015), Hannes Grassegger „Das Kapital bin ich" (2014). Andere Autoren, wie Jaron Lanier „You are not a gadget" (2011) und „Who owns the future" (2013) und Evgeny Morozov „To save everything, click here" (2013) fordern ihrerseits dazu auf, kritische Fähigkeiten im Umgang mit den Technologien zu entwickeln, aber auch notwendige gesellschaftliche Prozesse mitzugestalten.

Interessant ist, dass sich diese Autoren hauptsächlich auf den privaten Mediennutzer und die gesellschaftliche Relevanz dieser Entwicklungen beziehen. Doch wie sieht es in den Unternehmen aus? Was bedeutet die Forderung nach einem Mehr an ethischer Reflexion im Umgang mit den digitalen Technologien ganz konkret für die Führungskräfte und Mitarbeiter in den Organisationen? Sind nicht bereits der technologische Wandel und die damit einhergehenden fachlichen und methodischen Herausforderungen genug für alle Betroffenen im Unternehmen? Wieso sollten theoretische Debatten über Werte und Wirtschaftsethik das Ganze noch komplizierter machen?

Darauf entgegnen wir: Umgekehrt wird ein Schuh daraus! Die bisherige, digitale Transformation in den Firmen kommt bei weitem nicht so voran, wie sie es könnte, eben weil diese Themen ausgeklammert werden! Die Einsatzmöglichkeiten von Technologien in Organisationen sind immer und in allererster Linie ein kulturelles Thema und zwar in dreierlei Hinsicht.

Zum einen steckt in jeder Technologie immer auch ein kultureller Anteil derjenigen Kultur, die diese Technologie entwickelt hat. Man kann eigentlich von jeder Technologie immer auch von einer Kulturtechnik sprechen. In einem ersten Schritt muss es also darum gehen, die Kultur und die darin enthaltenen und vermittelten Werte dieser Technologie zu verstehen.

Wenn es bei diesen Technologien primär darum geht, kostenlos das Öl des digitalen Zeitalters zu gewinnen, muss die Frage erlaubt sein, inwieweit auch Mitarbeiter durch diese Technologien „ausgebeutet" werden. Sei es durch ein erhöhtes Stressniveau oder durch die kostenlose Nutzung zusätzlicher Wissens- und Datenquellen. Wie transparent wird mit diesen Umständen umgegangen?

Ein zweiter, kultureller Aspekt kommt dazu, wenn man den jeweiligen Umgang mit dem Medium, der Technologie betrachtet. Der Microsoft-Forscher Richard Harper schreibt folgerichtig, dass jeder Umgang mit einem Tool, jede Performance immer auch eine „moral performance" ist (Harper 2010). Einfach gesagt: Wie schnell ich auf eine E-Mail reagiere, kann bei dem anderen einen entsprechenden Eindruck von Wertschätzung erzeugen – oder eben nicht.

Die dritte, kulturell geprägte Frage nach den Werten im Umgang mit Technologien stellt sich bei der Betrachtung der jeweiligen Unternehmenskultur, in der die Interaktion erfolgt. Hier kommt es zumeist zu den größten Abstoßungs- oder Assimilationserscheinungen gegenüber einer neuen Technologie. Dies geschieht zum einen dadurch, dass es eben zu einem Kultur-Clash zwischen der Kulturtechniken und der Unternehmenskultur kommt. Zum anderen werden Machtstrukturen herausgefordert. Allerdings geschieht dies nicht so, wie allenthalben betont wird, dass wir einen Shift von Hierarchien hin zu Netzwerken und damit ein Empowerment der Mitarbeiter erleben. Vielmehr verändern sich die Strukturen und die Machtstrukturen wandern in andere Bereiche, z. B. dem Kommunikationsvermögen, der Reputation/Pflege der Online-Identität etc.

Digitale Führung muss sich dieser kulturellen Herausforderung in dreierlei Hinsicht bewusst werden und Kompetenzen entwickeln, damit professionell umzugehen. Während bislang die fachlichen, methodischen, Aktivitäts- und Handlungskompetenzen im Zentrum der digitalen Transformationsprozesse in den Organisationen standen, sind wir der Überzeugung, dass es an der Zeit ist, die personale Kompetenz (hier insbesondere die normativ-ethische Einstellung) und die sozial-kommunikative Kompetenz stärker zu betonen.

Dabei ist es wichtig zu betrachten, in welchem Kontext diese Kompetenzentwicklungen stattfinden. Zumeist wird heute von der VUCA-Welt gesprochen, wenn der kontextuelle Rahmen von Führung in Unternehmen beschrieben wird. Wir müssen uns also die Frage stellen, inwieweit die technologisch angetriebene VUCA-Welt Unternehmenskulturen aber auch Führungskräfte in ihren Werten herausfordert. Wie kann diesen Herausforderungen auf einer kulturellen, d. h. wertebasierten und Werte reflektierenden Ebene begegnet werden?

Womöglich haben Lanier, Morozov, Hofstetter und Co. das Thema bislang recht einseitig platziert gehabt, wenn sie sich hauptsächlich an die Zivilgesellschaft gerichtet haben, während der eigentliche Druck, sich mit den digitalen Technologien auseinanderzusetzen, in der Wirtschaftswelt herrscht und womöglich auch dort entschieden werden muss. Aus Gründen des Wettbewerbs. Aus Gründen wirtschaftlichen Wandels. Oder weil es einfach an der Zeit ist, wieder mehr Verantwortung in die Unternehmen zurück zu geben.

In Hinblick auf die Banken und Finanzwelt steht die Forderung nach einem höheren Bewusstsein für Normen des Wohlverhaltens im Raum. „Es braucht die Selbststeuerung des Menschen und nicht das ständige Reagieren auf Anreize des Marktes oder des Staates. Es ist die Selbststeuerung des Menschen anhand eines Maßstabes, der nicht aus Zahlen besteht, sondern aus Werten. Was in dieser schnellen und technischen Welt fehlt, ist Reflexion, also Muße, um die Fülle von Informationen sinngebend zu erfassen" (Hirszowicz 2015, S. 85).

Der Spezialist für komplexe Finanzderivate, Finanzmathematiker und Essayist Nassim Nicholas Taleb spitzt diese Forderung noch zu: „Never ask anyone for their opinion, forecast, or recommendation. Just ask them what they have – or don't have – in their portfolio" (Taleb 2012, S. 389). Womit hängen Sie drin? Was haben Sie zu verlieren?

Darauf kommt es auch in moralischer Hinsicht an. Wenn mir kein Schaden entstehen kann, ich nicht juristisch belangt werden kann oder die Strafe nur gering ausfällt, dann werde ich entsprechende Risiken eingehen. Dem Autor vom „Schwarzen Schwan" geht es in „Antifragile" (2012) daher zentral um die Frage, wie sich ein unmerkliches Aufschaukeln hin zu dramatischen Ereignissen, zu Krisen einer Organisation oder eines ganzen Landes verhindern lässt. Ein wichtiger Schritt wäre für ihn, die Akteure dazu zu bringen, mehr „Skin in the game" zu haben – oder sogar ihre Seele! „Corporate managers have incentives without disincentives – something the general public doesn't quite get, as they have the illusion that managers are properly ‚incentivized'" (Taleb 2012, S. 397).

Er geht so weit, das Modell haftungsbeschränkender, juristischer Unternehmensformen zu hinterfragen – mit schlagkräftiger Unterstützung: „In Book IV of The Wealth of Nations, Smith was extremely chary of the idea of giving someone upside without downside and had doubts about the limited liability of joint-stock companies (the ancestor of the modern limited liability corporation). […] And he detected – sort of – the problem that comes with managing other people's business, the lack of a pilot on the plane: *The director of such companies, however, being the managers rather of other's money than of their own, it cannot well be expected, that they should watch over it with the same anxious vigilance with which the partners in a private copartnery frequently watch over their own"* (Taleb 2012, S. 400).

Digitale Führung kann und sollte sich an diesen Fragen orientieren: Was kann ich durch den Einsatz digitaler Technologien bestenfalls und schlimmstenfalls erreichen? Übernehme ich die Verantwortung dafür? Kann, soll oder muss ich die Verantwortung übernehmen? Was für eine Brücke baue ich genau mit dem Einsatz dieser Technologie, wie stabil ist sie und bin ich bereit unter ihr zu schlafen? So wie es die Ingenieure der alten Römer tun mussten, um mit vollem Einsatz dafür zu sorgen, dass niemand sonst beim Einsturz der Brücke zu Schaden kommen würde (Taleb 2012, S. 381).

Neue (alte) Haltungen sind erforderlich, in einer Welt, die einerseits komplexer in ihren Reaktionsweisen, aber auch fragiler in Hinblick auf unser Wirken geworden ist. Digitale Führung muss sich der Erkundung dieser Wechselwirkungen forschend und mit einer gesunden Portion Neugier zuwenden.

1.3 Forschendes Verstehen und Führen

Am 15. März 1679 fing alles an. Gottfried Wilhelm von Leibniz (1646–1716), der als letzter Universalgelehrter gilt, schrieb am 15.03.1679 seine Gedanken zu einer „Machina arithmeticae dyadicae" nieder, welche nur mit den Ziffern 0 und 1 operieren sollte.

In seinem ersten Entwurf einer binären Rechenmaschine rollten Kugeln Rinnen entlang, wobei jede Kugel eine „1" repräsentierte. Die Addition und die Multiplikation klapp-
ten, die Subtraktion und die Division erwiesen sich als eher schwierig. In seinem zweiten
Entwurf nahm er Zahnräder anstele der Kugeln. Seine Entwürfe und Gedankenexperi-
mente setzte er leider nie in reale Maschinen um, sondern blieben nur auf Papier, denn sein
größeres Interesse galt einer allgemeinen Zeichen- und Begriffsschrift (characteristica
universalis): Wie das Zeichensystem in der Mathematik zielte die characteristica universalis auf ein Zeichensystem für unser gesamtes Denken. Und diese Mathematisierung des
Denkens dachte er weiter zu einer Mechanisierung des Denkens (Beyme 2009, S. 131).

Im dritten Jahrhundert nach Leibniz stellte am 12. Mai 1941 wiederum ein Deutscher,
Konrad Zuse, den ersten funktionsfähigen Computer (Digitalrechner) der Welt fertig, den
Z3 (Abb. 1.1 und 1.2). Der Z3 hatte das Format von drei großen Wandschränken plus
ein tischfüllendes Ein- und Ausgabegerät. In der Dauerausstellung „Der erste Computer
– Konrad Zuse und der Beginn des Computerzeitalters" im Deutschen Technikmuseum in

Abb. 1.1 Der erste Computer
der Welt (mit freundlicher
Genehmigung der Stiftung
Deutsches Technikmuseum
Berlin, SDTB).
(© SDTB/Foto: F.-M. Arndt)

Abb. 1.2 Detailaufnahme des ersten Computers der Welt (mit freundlicher Genehmigung der Stiftung Deutsches Technikmuseum Berlin). (© SDTB/Foto: F.-M. Arndt)

Berlin sind Nachbauten des Z1 und Z3 auch heute noch zu finden. Handlicher wurde es im September 1975, als IBM den ersten tragbaren Computer, den IBM 5100 (Abb. 1.3), vorstellte. Wobei der Begriff ‚tragbar' recht relativ ist, denn der IBM 5100 wog stattliche 25 kg. Neuere Produkte eher weniger (Abb. 1.4 und 1.5).

Das Bedienen dieser ersten Computer und später des Internets war meist den Spezialisten vorbehalten. Heute sind die bis auf Armbanduhr-Größe miniaturisiert Alles-Könner von Jedermann intuitiv und kreativ bedienbar. Diese eigentlich dankbare digitale Unterstützung verliert allerdings dann seine offensichtlichen Vorteile, wenn elementare Lern- und Denkprozesse nicht mehr in dem Maße erlernt werden, wie es für ein freies und selbstbestimmtes Leben notwendig ist.

Auch beim Erlernen des Unternehmertums scheint eine ‚Befreiung' stattgefunden zu haben: Die Befreiung von der eigenen innovativen Idee und von der eigenen forschenden Neugierde: „Die letzten deutschen Nerds, die weltweit für Furore sorgten, hatten ihre große Zeit in den 70ern. Sie schufen in Weinheim ein Unternehmen namens SAP" (Alvares de Souza Soares 2015). In seinem trefflichen Artikel „Traumberuf Gründer: Gel, Geld, Größenwahn" streicht Philipp Alvares de Souza Soares mit dem Holzhammer zu Recht die Gründe für die obige Gründungsarmut heraus: „An deutschen Business Schools ist „Gründer" zum neuen Sehnsuchtsberuf avanciert. Immer mehr Absolventen, die noch vor ein paar Jahren von einer Karriere als Berater oder Banker träumten, zieht es inzwischen in die lässigen Hinterhofbüros von Berlin-Mitte. [...] Die Folgen des Sinneswandels: Den Consultants und Banken gehen allmählich die Talente aus, während die

Abb. 1.3 Der IBM 5100, der
erste, „tragbare" Computer der
Welt (Mit freundlicher Genehmigung des IBM Archives).
(© IBM Archives)

deutsche Gründerszene zunehmend dominiert wird von privilegierten Eliteabsolventen,
für die Unternehmertum vor allem das Erkennen von Märkten und das Befüllen von Excel-Tabellen ist. […] Das neue deutsche Ideal des WHU-indoktrinierten Entrepreneurs hat
die heimische Digitalszene bislang nicht sonderlich weit gebracht. […] Sogar Delivery-
Hero-Gründer Nikita Fahrenholz, der selbst bei McKinsey war, macht die grassierende
Homogenität mittlerweile skeptisch. „Wir haben in Deutschland einen Mangel an Unter-
nehmern, die ihre Produkte lieben", klagte er jüngst bei einer Start-up-Konferenz. Fahrenholz rät jungen Gründern, sich bloß nicht mit ehemaligen Beratern einzulassen: ‚Forget
the BCG-Guys! You need specialists'" (Alvares de Souza Soares 2015).

Diese etwas längere Zitat plakatiert recht einleuchtend: Die Glühbirne wurde nicht
durch das Auswendiglernen verfügbarer Informationen, nicht durch das Kopieren von
Geschäftsmodellen, die bereits anderswo erfolgreich waren, und auch nicht durch deren
Prozessoptimierung erfunden. Das deutsche Bildungssystem, das sowohl in der Schule als
auch in der Hochschule fast jedes Fach ausschließlich in seiner Geschichte lektürebasiert
unterrichtet – die Schüler lernen bspw. eher Chemie-Geschichte auswendig, als selbst in
chemischen Experimenten die Chemie zu erforschen, oder kauen Philosophie-Geschichte
wi(e)der, welcher Philosoph hat wann was gesagt, als selber über die wichtigen Dinge des

Abb. 1.4 eePC. (© Martin A.
Ciesielski)

Abb. 1.5 Smartphone Artist.
(© Martin A. Ciesielski)

Lebens zu philosophieren –, und das Abschlüsse mit Bestnoten nach dem Kriterium der Informationswi(e)dergabe vergibt, wird hier nicht hilfreich sein, da es den fremdbestimmten „copy/paste"-Lerner belohnt. Wirkliche Innovationen, wie sie einst in unserem Land der Dichter und Denker mit Forschereifer zuhauf ‚produziert' wurden, sind so nicht zu erwarten und kamen seit der SAP-Gründung, seit Jahrzehnten auch aus anderen Ländern.

Dies mag man bedauern, aber das Fatale liegt viel tiefer: Sieht man seine Erfüllung im Befüllen von Excel-Tabellen und von endlosen PowerPoint-Sammlungen, im Kopieren von Geschäftsmodellen und im Be'pitch'en von Businessplänen, so wird maximal verkannt, dass der Einzige, der mit Komplexität umgehen kann, der Mensch ist, aber in seiner kollektiven und organisationalen Selbstorganisation geführt werden sollte (Kap. 2.2.2). Eigenes Forschen und Denken ist nötig. Und eben Menschenführung. Die heutige Zeit mit ihren gesellschaftlichen wie unternehmerischen Herausforderungen sind nämlich reich an Komplexitäten: „Auch in Zeiten vollständiger Durchstrukturierung und zertifizierter Ablaufdokumentation gestehen die meisten Kontrolleure wohl ein, dass es wesentliche Prozesse gibt, die nicht dokumentierbar sind. Höchst relevantes Wissen ist prozeduraler und nicht expliziter Natur, zwischenmenschliche Kommunikation ist ‚analoger' und nicht nur ‚digitaler' Art, und emotionale Qualitäten wie Sympathien, Konflikte oder das jeweilige Betriebsklima kümmern sich kaum um Organigramme und Ablaufroutinen" (Haken und Schiepek 2006, S. 53).

Und gerade die zwischenmenschlichen Kommunikationsprozesse mit ihren emotionalen Qualitäten sind es, die Vertrauen und die digitale Führungskompetenz (Kap. 5) hauptsächlich aufbauen.

1.4   Menschliche Kommunikation im digitalen Zeitalter

Wie leben in einer Zeit, in der wir glauben, dass Maschinen immer mehr können, während der Mensch ins Hintertreffen gerät. Mathematiker neigen dazu, Menschen als beschränkte Maschinen zu sehen, mit Grenzen, über die sie nicht hinausgehen können. In vielen Disziplinen wird der Mensch mehr oder weniger als ein Informationsprozessor betrachtet, kaum mehr als ein extrem komplexer Computer aus Fleisch und Blut.

Auf der anderen Seite haben viele dieser Disziplinen ihrerseits z. B. große Schwierigkeiten zwischen der Abwesenheit von Kommunikation, einer Leerstelle und einer bewusst erzeugten, bedeutungsvollen Stille zu unterscheiden. In dem einen Falle geschieht einfach nichts, im anderen Falle handelt es sich um eine wertende Handlung, einer empfundenen Brüskierung oder einem Ausdruck von Verachtung (Harper 2010, S. 240).

Die Beziehung zwischen Menschen und Computern sind komplexer, als wir zunächst wahrnehmen. Computer kommunizieren miteinander – was auch Schnecken tun. Dichter kommunizieren mit anderen Dichtern und Informationsinstrumente in einem Auto kommunizieren ebenfalls miteinander. Die Tatsache, dass wir für all diese Vorgänge von „Kommunikation" sprechen können, führt uns allerdings auf eine falsche Fährte. Bei all diesen Vorgängen gibt es nicht unerheblich Unterschiede (Harper 2010, S. 9).

Die Schwierigkeit besteht allerdings darin zu sagen, wo die Unterschiede beginnen und wann Metaphern nicht mehr tragfähig sind. Unsere Kommunikationstechnologien haben zu einer bestimmten Vorstellung von menschlicher Kommunikation beigetragen und gleichzeitig prägen sie das Verständnis des körperlichen Ausdrucks. Daraus resultiert u. a. das Wahrnehmen von menschlichen Verarbeitungsgrenzen. Dabei werden Menschen nicht nur als körperlich und räumlich getrennte, sondern als Informationen verarbeitende und kommunizierende Maschinen betrachtet. Aus dieser Betrachtungsweise heraus ergeben sich zwangsläufig objektive Grenzen der Informationsverarbeitung.

Natürlich gibt es solche Grenzen, allerdings erfolgt auch durch diese Sichtweise eine Einschränkung der menschlichen Kommunikationsfähigkeit, die an sich reich an Bedeutungen und Interpretationsmöglichkeiten ist und für die Quantitäten nur ein sehr begrenzter Bewertungsmaßstab sein kann, wenn es um die Bewertung und das Verstehen von bestimmten Ausdrucksformen und Inhalten geht (Harper 2010, S. 59 ff.).

Doch was genau kommt im Falle menschlicher Kommunikation an Qualitäten hinzu? Eine interessante Antwort bekommen wir, wenn wir allein schon den Begriff „Kommunikation" einmal in Hinblick auf seine Wurzeln befragen. „Kommunikation, lat.: *communicatio*, heißt Mitteilung, Anteilnahme und Zugleich Gemeinschaft; […] *communicatio* ist eine Verbindung von communis, communio mit dem Wortstamm cor; das Wort cor bedeut Herz, Gemüt, Mut, Verstand, Einsicht, Person, Magen (mund); mihi cordi est: mir liegt es am Herzen; es liegt mir an, heißt zugleich auch aus dem Herzen sprechen = coram: mündlich, öffentlich, vor aller Augen" (Pohlen und Bautz-Holzherr 1991, S. 118). Zusammengefasst könnte man also sagen, dass diese Etymologie menschliches Kommunizieren als etwas kennzeichnet, dass in der Öffentlichkeit von Herzen ausgesprochen wird. Eine Unterscheidung zwischen privat und öffentlich oder beruflich wird hier nicht getroffen. Ganz im Gegenteil – die Analyse führt weiter aus, dass gerade das, was den Menschen in vorbürgerlichen Gesellschaften privat am Herzen lag, durchaus auch öffentlich ausgesprochen wurde (Pohlen und Bautz-Holzherr 1991, S. 118). Es geht also um Wichtiges, Wertvolles, Dinge, die einem am Herzen liegen. Oder noch anders formuliert: „Our real challenge is not mastery of a new medium, but making sure we have something worth saying" (Geoff Mead 2014, S. 271).

Wenn man nun die Kommunikation von Teams betrachtet, die digital und vor Ort analog zusammenarbeiten müssen, stellt sich in den meisten Fällen eher die Frage des „Wie sollen wir kommunizieren?" Diese Frage wird oftmals aus rein technischen Gründen gestellt, zumeist um Daten zu speichern oder zur Verfügung zu stellen. Auch unterschiedliche Zeitzonen und Arbeitszeiten sowie unterschiedliche Medienkompetenzniveaus können Gründe sein, um nach dem „wie" zu fragen. Allerdings ist es auch wichtig, andere

Fragen zu stellen. „Was wird im Kommunikationsprozess gesagt?" weist darauf hin, dass es durchaus auch um Bedeutungen geht und wie diese durch die Wahl des Medium beeinflusst werden. Auch warum oder wozu etwas gesagt wird, ist zu beachten, da sich daraus wiederum bestimmte Konsequenzen der Interpretation ergeben können (Harper 2010, S. 73).

Um dieser Komplexität menschlicher Kommunikation gerecht werden zu können, braucht es Präsenz, ein Gefühl physischen und psychischen Beisammenseins im Hier und Jetzt (Harper 2010, S. 75). Präsenz oder „Presencing" knüpft auch an die Forschungsarbeiten des MIT-Forschers Otto Scharmer an, der Presencing ins Zentrum jeder organisationalen Veränderung stellt – sei es auf Team oder Konzern-Ebene (Scharmer 2009). Wir können diesbezüglich festhalten, dass Präsenz fast von alleine zustande kommt, wenn mir das, worum es geht, am Herzen liegt.

Normalerweise denken Menschen nicht darüber nach, ob ihre Körper, Werte und Herzensangelegenheiten aufeinander abgestimmt sind, wenn sie miteinander kommunizieren. Sie denken auch nicht darüber nach, dass Verbundensein nur in Echtzeit, also im Hier und Jetzt geschehen kann. Im alltäglichen Umgang miteinander findet das kaum Berücksichtigung, aber am Ende handelt es sich dabei um eine wahre Kunstform, die mit Finesse ausgeführt, ein Gefühl von Verbundenheit erzeugt, dass über jedes Raum- und Zeitgefühl hinausgeht (Harper 2010, S. 76). Spätestens hier wird deutlich, dass ein Mehr an Verbindungsmöglichkeiten in Echtzeit nicht zwangsläufig ein Mehr an technologischen Möglichkeiten braucht. In jedem Medium ist es möglich, mitzukriegen und zu fühlen, ob jemand wirklich präsent ist und einem zuhört oder nicht. Wenn man mitbekommt, ob jemand online ist oder nicht, kann das für den Arbeitsprozess im Team hilfreich sein. Auf der anderen Seite kann dies auch als ein Managementvorgang wahrgenommen werden, als eine Art Überwachung, was seinerseits moralische Bewertungen nach sich ziehen kann.

Präsenz zu erzeugen, kann auch bedeuten, einen spielerischen Umgang mit den zur Verfügung stehenden technischen Werkzeugen zu kultivieren. Gibt es Möglichkeiten für informelles Spielen mit den Funktionsmöglichkeiten und Optionen ohne ernsthafte Folge? Wenn es wiederum ernsthafte Folgen gibt für das Posten und Erstellen bestimmter Inhalte, wie geht das Team damit um, wenn dabei Fehler gemacht werden? Was wird als Fehler gewertet und warum? Werden diese Fragen offen diskutiert? Gibt es Nachteile oder sogar Formen von Strafe, wenn etwas falsch gemacht wurde?

1.4.1 Warum wir über Medien kommunizieren

Der Mathematiker Alan Turing glaubte, dass er eine neue Disziplin erfand, die sich mit Algorithmen beschäftigte. Aber seine Vision beinhaltete auch eine Perspektive auf den Menschen. Norbert Wiener dachte seinerseits, dass die Wissenschaft, die er aus der Taufe hob, die Kybernetik, sich mit dem Menschen beschäftigte. Auch wenn diese Wissenschaft in großem Umfang mathematisch geprägt war und nah an dem dran war, was Turing tat.

Allerdings trugen diese beiden Wissenschaftler zu einem Weltbild bei, in dem Menschen – die User – nicht gerade sehr menschlich wirken. Sie weisen menschliche Kapazitäten und menschliches Verhalten auf, sind allerdings in ihren Gefühlswelten so reduziert, das ihnen die gesamte Menschlichkeit genommen wurde. Wenn Menschen sich daher über zu viele E-Mails oder Social Media Postings beschweren, dann geht es um das Gefühlsleben, das unsere Kommunikation ausmacht. Maschinen können dies nicht bemerken oder verstehen. Es geht darum, mit anderen verbunden zu sein – dabei geht es um ein wertebasiertes Miteinander, weniger um ein physisches oder gar technisches (Harper 2010, S. 99).

Doch wieso erfinden wir stets neue Kommunikationstechnologien, während wir uns darüber beschweren, mit zu vielen Kanälen jonglieren zu müssen? Wir sind von den unterschiedlichen Erfahrungen bezaubert, die unterschiedliche Kommunikationswerkzeuge ermöglichen und wie sie unsere Ausdrucksmöglichkeiten in Hinblick auf Vielfalt, Tiefe, Leichtigkeit, Spontanität und Einfachheit erweitern. Wir wissen auch, dass wir in manchen Kanälen privat unterwegs sind, während wir in anderen mehr öffentlich agieren.

Menschen suchen nach der Besonderheit in ihren Handlungen und ihrer diversen Verhaltensmustern. Während Sie nach neuen Kanälen und neuen kommunikativen Ausdrucksformen suchen, denken sie allerdings nicht an Effizienzen oder ökonomische Aspekte. Sie denken darüber nach, was diese Kanäle und Kommunikationsmodi über sie selbst und ihre Wertewelten aussagen. Um kommunikativ ökonomisch zu agieren, muss man sich präzise ausdrücken. Allerdings kann Präzision oftmals auch als Unhöflichkeit gewertet werden.

Menschen kommunizieren aus vielerlei Gründen und nur wenige haben mit dem Austausch von Worten, Geräuschen, Absichten und Codes zu tun. Wenn Menschen sich zum Beispiel über das Wetter unterhalten, hat das nicht unbedingt mit dem Austausch von Informationen zu tun. Manchmal geschieht dies lediglich, um Stille zu vermeiden. Die Worte an sich sind egal, aber sie füllen die Leere. Menschen kommunizieren auch aus Spaß, was ebenfalls kaum als ein einfacher Akt von Informationsübertragung bewertet werden kann (Harper 2010, S. 185).

In der Regel geschieht nichts Geheimnisvolles, wenn sich Menschen über das Wetter unterhalten. Kommunikation kann allerdings durchaus Elemente von Betrug und Geheimnis beinhalten. Fragen stellen, kann ein Zeitvertreib sein, kann aber auch ein Aushorchen sein. Menschen können ihre wahren Absichten hinter den Worten, die sie sagen, verschleiern. Sie können Dinge vorgeben und unehrlich sein in Hinblick auf den Kommunikationsanlass.

Wissenschaftler scheitern oftmals daran, zu verstehen, was Menschen tun, wenn sie kommunizieren, da sie von den Inhalten abgelenkt werden, die kommuniziert werden (Harris 1981). Wenn allerdings einige Linguisten, Kognitionswissenschaftler und Philosophen die moralische Wertigkeit von Kommunikation ignorieren und damit Denkfehler begehen, wie sehr wahrscheinlich ist es dann, dass Menschen auch im alltäglichen Miteinander Schwierigkeiten mit der Interpretation von Bedeutungen einer Nachricht haben?

Wie wir die Dinge sprachlich ausdrücken, als Zeichen oder in Form eines Geschenks, all das hat mit uns als menschliche Wesen zu tun. Es ist menschlich, Fehler zu machen und bestimmte Handlungen als Entschuldigungen zu verstehen. Wenn wir mit einer Welt konfrontiert sind, in der mehr und mehr Nachrichten ausgetauscht werden und immer mehr Kommunikation stattfindet, müssen wir uns klar darüber sein, dass auch vermehrt Fehler gemacht werden. Informationsüberlastung deutet zwar auf eine rein numerische Problematik hin, es wird uns allerdings immer klarer, dass es um viel mehr geht. Kommunikation nicht mehr an Effizienzen und Informationsumfang zu messen, sondern im Rahmen eines Wertesystems, dessen Teil sie sind, scheint einleuchtend.

1.4.2 Die soziale Wahl der Werkzeuge

Warum wählen wir bestimmte Geräte aus? Mobiltelefone wurden zum Beispiel von Anfang an dazu genutzt, Einzigartigkeit durch ihre jeweilige Wahl und individuelle Gestaltung zu zeigen (Hamill und Larsen 2006). Neben der eigenen Darstellung wurde es allerdings auch dazu genutzt, die unsichtbare, soziale Gemeinschaft präsent zu halten – mit Kurznachrichten als kleinen Aufmerksamkeiten, Anrufen für Verabredungen, dem Reagieren oder nicht Nicht-Reagieren auf Anrufe von Kollegen oder um Bilder von besonderen Momenten mit anderen Menschen zu machen (Plant 2002). Die HCI (Human Computer Interaction)-Expertin Brenda Laurel trifft in ihrem Klassiker „Computer as Theatre" die Feststellung, dass Computernutzer wie ein Publikum seien „who are able to have a greater influence on the unfolding action than simply the fine-tuning provided by conventional audience response" (Laurel 1993, S. 16). Ein Publikum, „who can march up onto the stage and become various characters, altering the action by what they say and do in their roles. […] In a theatrical view of human-computer activity, the stage is a virtual world. It is populated by agents, both human and computer-generated" (Laurel 1993, S. 16 f.). Zu ähnlichen Schlüssen kommt auch Daniel Miller in seinen Untersuchungen zum „wilden Netzwerk" Facebook (Miller 2012).

Wenn Menschen per Telefon miteinander kommunizieren, arbeiten sie an ihren sozialen Beziehungen und bauen dies in soziale Handlungen ein, von denen technologische Ausdrucksformen nur ein Teil sind. Gemeinschaften, Gruppen und einzelne Personen nutzen Technologien so, dass sie zu ihren Bedürfnissen passen. Mobile Technologie verändert nicht wirklich das soziale Wesen von Gruppen und Menschen. Die Gemeinschaft und die Menschen bestimmen, was diese Systeme für sie tun (Harper 2010, S. 124). Oder anders ausgedrückt: „Culture eats technology for breakfast."

So können uns digitale Technologien auch helfen, die Kultur eines Unternehmens besser zu verstehen. „The characteristics of the medium itself give us insight into the invisible cultural context" (Laurel 1993, S. 210). Sozialer Status wird zum Beispiel daran gemessen, mit wem, wie oft und in Anwesenheit von wem man kommuniziert, dabei wahrgenommen oder ignoriert wird. Einen Link, ein Bild oder eine einfache Textnachricht zu verschicken und dabei zu wissen, was die jeweilige Person interessiert, zeigt, was für ein toller Kollege oder guter Freund man ist (oder sein könnte).

Viele Aktivitäten, die Menschen vollführen, wenn sie zusammen sind, sind bei weitem systematischer als einfaches Zeigen und Teilen. Sie beinhalten das Geben und Nehmen von Dingen – auch wenn es „nur" Textnachrichten sind (Harper 2010, S. 129 ff.). Mobile Geräte ermöglichen es, gegenseitige Hilfsbereitschaft in Beziehungen zu demonstrieren und konkret erfolgen zu lassen. Die gegenseitigen Abhängigkeiten, die aus Schuldmomenten entstehen (wie die ausstehende Antwort auf eine SMS) bindet Menschen aneinander, begründet und verstärkt das, was man als *wert*vollen Umgang miteinander beschreiben könnte. In jeder Gruppe gibt es die Notwendigkeit, regelmäßig das Kollektiv zu feiern, Gefühle zu erzeugen und, ähnlich wie in archaischen Gesellschaften, die Grundlagen des Beisammenseins zu erneuern, die normativen Erwartungen zu festigen und die moralischen Verbindungen zu stärken (Berking 1999; Harper 2010, S. 136 f.). Allerdings ist es wichtig, sich immer wieder eines klar zu machen: „Man wird die Werkzeuge erst beherrschen, wenn man nicht nur weiß, wie man sie benutzt, sondern auch, wann man sie beiseite legt. Man muss lernen einzuschätzen, wie viel E-Mail, Twitter, SMS wirklich wichtig ist, welche Arbeiten später gemacht werden können, was noch Unterhaltung ist und was bloße Zerstreuung" (Lovink 2012, S. 42).

1.4.3 Die Wertebasis menschlicher Beziehungen

All unsere digitalen und analogen Geräte, Technologien und Werkzeuge sind weniger dazu da, Probleme zu lösen, als vielmehr darauf eingehen zu können, was Menschen tun, wollen und hoffen, über sich aussagen zu können. Diese Handlungen und Wünsche wirken zusammen mit dem Vergnügen, das Menschen empfinden, wenn sie sich ausdrücken und ihre Geschichten erzählen können.

Kommunikative Handlungen sollten also nicht als ein Informationstransfer zwischen zwei Maschinen (in Form zweier Körper) verstanden werden, sondern vielmehr als eine Handlung, die auf das moralische Gefüge zwischen dem Sender und Empfänger Einfluss nimmt. Um diese Werte verstehen und bewerten zu können, brauchen wir ein besseres Verständnis für den performativen Vorgang (Harper 2010, S. 244). Wenn Menschen handeln und kommunizieren, entwickeln sie Bindungen zwischen sich und anderen (Harper 2010, S. 247). Gleichzeitig erschaffen sie sich quasi durch diese kommunikativen Akte, indem sie sich nach außen hin darstellen und ihre Charakteristika entwickeln. Der Reichtum unserer kommunikativen Handlungen kann nur verstanden werden, wenn man die Anlässe und Konsequenzen dieser Kommunikation erkennt, die Annahmen über uns selbst kennt, wenn wir uns ausdrücken und die Ergänzungen sieht, die wir mit jedem weiteren kommunikativen Akt zu diesem Verständnis beitragen – in einer riesigen Vielfalt an Möglichkeiten in Form von Anrufen, Texten, Briefen, E-Mail, Instant Messanger Chats, Blogeinträgen oder Tweets (Harper 2010, S. 248).

Auf der anderen Seite gilt es aber auch zu berücksichtigen, dass auch die Technologien ihre Ansprüche, Limitierungen und Möglichkeiten an uns heran tragen. Menüstrukturen und Auswahloptionen geben ihrerseits vor, welche Darstellungs- und Ausdrucksmöglichkeiten bestehen und auf welche Art und Weise Informationen dargestellt werden können. Oder nicht. Der amerikanische Philosoph und Vordenker einer gesellschaftlichen

Spieltheorie James P. Carse beschreibt das mit den folgenden Worten: „We make use of machines to increase our power, and therefore our control, over natural phenomena. [...] While a machine greatly aids the operator in such tasks, it also disciplines its operator. As the machine might be considered the extended arms and legs of the worker, the worker might be considered an extension of the machine. All machines, and especially very complicated machines, require operators to place themselves in a provided location and to perform functions mechanically adapted to the functions of the machine. To use the machine for control is to be controlled by the machine" (Carse 1986, S. 145).

So kann es sehr schnell dazu kommen, dass die eigenen Botschaften, Informationen und Mitteilungen von Wertekategorien zu den Botschaften werden, die die Software, die Technologien, das Medium zulassen. Oder das Medium selbst wird sogar am Ende zur Botschaft, wie es der kanadische Medienphilosoph und Linguist Marshall McLuhan beschrieben hat (McLuhan 2001).

Praxisbeispiel

Wie man in Kommunikationsagenturen „kommuniziert"

Es bietet sich ein Großraumbüro in einem top modernen Glasbetonbau mit rund 40 voll ausgestatteten Arbeitsplätzen: Computer, Telefon und oftmals je zwei Monitore stehen auf den zweireihigen Schreibtischzeilen,. Vieltelefonierer sitzen in Glaskästen, die wenig Schall absorbieren und aufgrund der klimatischen Verhältnisse niemals geschlossen werden.

Es herrscht trotz eines geschäftigen Treibens kein übermäßiger Lärm. Die Kaffeemaschine, die in regelmäßigen Abständen aufgesucht wird, ist der größte Lärmfaktor. Wie aber tauscht man sich hier über Projekte aus? Wie arbeitet man zusammen? Wer verteilt die Aufgaben? Was wird an diesen Monitoren gemacht?

Bei Start des Computers wird sofort das Mailprogramm geöffnet, interne Mitteilungen, Kundenanfragen oder Projektaufgaben sind dort zu finden. iChat dient der direkten Kommunikation mit den lokalen Kollegen und Platznachbarn, selten bemüht man sich einige Meter weiter, um von Angesicht zu Angesicht zu diskutieren oder Nachfragen zu einer Aufgabe zu stellen. Über ein Online-Jobsystem wird mit Kunden und Kollegen weltweit kommuniziert, hier lassen sich Projektstände, Teilaufgaben und Daten hinterlegen und auch abrufen. Zudem werden zugewiesene Aufgaben auch per Mail versandt, so dass man über beide Medien up to date gehalten wird.

Skype hilft gelegentlich bei der Kommunikation mit Subunternehmern und privaten Kontakten. Fast alle Mitarbeiter habe ihr privates und zudem oft noch ein Diensthandy neben der Computertastatur liegen.

Meine Platznachbarin (Ende 30) telefoniert mit einer Kollegin im Ausland, nebenbei pflegt sie ein CMS und chattet mit anderen Kollegen bezüglich des Mittagstisches. Nach dem Gespräch beendet sie ihre Webaktualisierungstätigkeit und verfolgt auf dem zweiten Bildschirm eine Fernsehsendung in einer Mediathek. Manchmal kommt es auch vor, dass sie Excellisten aktualisiert, nebenbei Sneakers in einem Shop sucht, mit

Kollegen chattet und private Kontakte über Facebook pflegt. Viele Monitore machen Vieles möglich …

Eine andere Kollegin (Anfang 20) verbindet Private und Geschäftliches noch selbstverständlicher. Nach Betreten der Agentur und Stempeluhr verschwindet sie für ca. 10 min in der Küche und kehrt mit einer Karaffe selbst gemachter Limonade und einem Obstmüsli an ihren Platz zurück. Dann werden die digitalen Nachrichtenquellen gecheckt, weiterhin Müsli kauend, kurz Aufgaben weitergeleitet, die in der Regel beim Adressaten immer Nachfragen offen lassen, und danach werden weitere Tagesnews online abgerufen, weil man ja wissen sollte, ob beim nächsten Urlaubsreiseziel eventuell ein Vulkan aktiv ist, oder?

Wenn eine Zusammenarbeit mit ihr ansteht, sind es meist nicht sehr komplexe Aufgabenstellungen und wenn alle Informationen zur Umsetzung bereit stünden, wären die Arbeiten innerhalb von 30 min zu erledigen. Da aber zumeist die Hintergrundinformationen zur Umsetzung fehlen oder auch mit Dokumenten gearbeitet wird, die während ich damit arbeite, nochmals von ihr überarbeitet werden, habe ich es mir zur Angewohnheit gemacht, bevor ich mit der Umsetzung einer ihrer Aufgaben anfange, bei ihr vorbei zugehen und noch so absurde Fragen persönlich zu stellen und so Doppelarbeit zu vermeiden.

Meistens störe ich sie dann gerade dabei, wie sie ihr Handy nach Nachrichten durchstöbert oder auf Facebook ihren Kontakten folgt. Aber man kann ja nie wissen, was an Informationen noch irgendwo schlummert oder in welchen Sprachversionen und Formaten die Daten noch zusätzlich aufbereitet werden müssen. Und besser man fragt, als das man anfängt und dann wie so oft alles dreifach macht. Eine beliebte Strategie meiner jungen Kollegin ist es, dann Teilaufgaben, die eine Projektleitung in der Regel erfüllen müsste, auf den Sachbearbeiter – also mich – abzuwälzen. Wenn ich viel zutun habe, gehe ich auf diese Spielchen ein, weil ich dann schneller an die Informationen komme, als abzuwarten, bis sie nachfragt und ihr zweites Frühstück zubereitet hat. Sehr oft passiert es in den Abläufen, dass wir ein Layout mehrmals mit Content bestücken, weil die Infos nicht final freigegeben oder durchdacht sind oder aber zusammenhanglos an anderen Teilprojekten, die im Kontext stehen, vorbei gearbeitet wird, weil nicht groß gedacht wird.

Wichtig scheint an ihrer Art der Arbeitsabwicklung zu sein, sehr schnell alle Aufgaben zu scannen und so rasch wie möglich den E-Mail-Eingang wieder leer zu bekommen, indem man weiterleitet und „delegiert". So ist man schnell frei für persönliche Interessen, die sich perfekt vom Firmencomputer aus steuern lassen.

Ich war es in meiner alten Agentur gewohnt, dass man sich jeden morgen um 9.00 Uhr kurz zusammensetzte und die Tagesaufgaben besprach und so verteilte, dass das Team entsprechend ausgelastet war und zudem der Projektmanager einen Überblick über den jeweiligen Stand der Arbeit erhielt. Ab und zu kommen in der neuen Agentur Anfragen von Projektmanagern über den Chat, ob ich gerade mal Zeit habe. Ich muss dann in der Regel nachfragen, um was es sich genau handelt, wie lange es dauern wird, bis wann der Job abgewickelt werden soll … und oft kommt es vor, dass kurz nach der Anfrage dann ein anderer Job per Online-System fest für mich zugewiesen wird und ich in meiner flexiblen Jobplanung dann doch sehr eingeschränkt bin. Es scheint so, als habe niemand den Gesamtüberblick über die Aufgaben und Deadlines. Liegt es an der Vielzahl der Kommunikationswege, die sich nicht bündeln lassen oder daran, dass die Projektmanager keinen Überblick über die Ressourcen face to face einholen? Oder ist es überhaupt möglich in einer weltweit tätigen Agentur mit über 100 Mitarbeitern eine Transparenz zu schaffen und aufgrund der Zeitverschiebungen klare Zeitvorgaben zu machen?

Ließe sich dies nicht mit einer „Agentursoftware" lösen in der alle Aufgaben angelegt und gepflegt würden, Arbeitsstände kleinschrittig dokumentiert werden könnten? Oder ist dies wirklich eine Art von unzumutbarer Kontrolle, die die jüngeren Mitarbeiter durch ein solches Instrument befürchten und strikt ablehnen. Würde dann umso klarer, wieviel Zeit effektiv auf den Job investiert wird und wieviel in der Küche vertratscht? Wie arbeitet ein solches Unternehmen, dass immer in einer Art Feuerwehrstellung verharrt und handelt? Oder ist dies sogar die Schnelllebigkeit und Hektik, die eine Agentur erfolgreich macht, weil für lange Prozesse kein Langmut mehr vorhanden zu sein scheint in unserer heutigen Arbeitswelt. Alles geht schnell und meist alles parallel und irgendwie, wird es dann doch für den Kundentermin fertig. Alles ist im (Daten) Fluss …

Literatur

Alvares de Souza Soares, P. (2015). Traumberuf Gründer: Gel, Geld, Größenwahn. Spiegel online. http://www.spiegel.de/karriere/berufsstart/start-ups-deutschland-fehlt-ein-elon-musk-a-1050452.html. Zugegriffen: 7. Sept. 2015.

Barrett, F. J. (2012). *Yes to the mess: Surprising leadership lessons from Jazz.* Boston: Harvard Business School Publishing.

Basar, S., Coupland, D., & Obrist, H. U. (2015). *The age of earthquakes.* London: Penguin.

Berking, H. (1999). *Sociology of giving.* London: Sage.

Bertram, U. (2012). Ein Muster für die Zukunft – Vom künstlerischen Denken in außerkünstlerischen Feldern. In U. Bertram (Hrsg.), *Kunst fördert Wirtschaft – Zur Innovationskraft des künstlerischen Denkens* (S. 33–44). Bielefeld: Transcript Verlag.

von Beyme, K. (2009). *Geschichte der politischen Theorien in Deutschland 1300–2000.* Wiesbaden: Springer VS.

Bunz, M. (2012). *Die stille Revolution.* Berlin: Edition unseld.

Carse, J. P. (1986). *Finite and infinite games. A vision of life as play and possibility.* Toronto: Ballantine Books.

Dell, C. (2012). *Die improvisierende Organisation. Management nach dem Ende der Planbarkeit.* Bielefeld: Transcript Verlag.

Gloger, B., & Rösner, D. (2014). *Selbstorganisation braucht Führung – Die einfachen Geheimnisse agilen Managements.* München: Hanser.

Grassegger, H. (2014). *Das Kapital bin ich. Schluss mit der digitalen Leibeigenschaft!* Zürich: Kein & Aber AG.

Gray, J. (2013). *Von Menschen und anderen Tieren – Abschied vom Humanismus* (2. Aufl.). München: dtv.

Haken, H., & Schiepek, G. (2006). *Synergetik in der Psychologie – Selbstorganisation verstehen und gestalten*. Göttingen: Hogrefe.

Hamill, L., & Larsen, A. (2006). *Mobile worlds: Past, present and future*. Godalming: Springer.

Harper, H. R. (2010). *Texture – Human expression in the age of communication overload*. Cambridge: MIT Press.

Harris, R. (1981). *The language myth*. London: Ducksworth.

Hirszowicz, C. (2015). Der Weg zurück in die Eigenverantwortung. In G. Pfleiderer, P. Seele, & H. Matern (Hrsg.), *Kapitalismus – eine Religion in der Krise II – Aspekte von Risiko, Vertrauen, Schuld* (S. 77–86). Zürich: Pano Verlag.

Hofstetter, Y. (2014). *Sie wissen alles. Wie intelligente Maschinen in unser Leben eindringen und warum wir für unsere Freiheit kämpfen müssen* (2. Aufl.). München: C. Bertelsmann.

Honegger, C., Neckel, S., & Magning, C. (2010). *Strukturierte Verantwortungslosigkeit – Berichte aus der Bankenwelt*. Berlin: Suhrkamp.

Kelly, K. (2010). *What technology wants*. New York: Viking.

Klein, O. G. (2007). *Zeit als Lebenskunst*. Berlin: Wagenbach.

Lanier, J. (2011). *You are not a gadget*. London: Penguin.

Lanier, J. (2013). *Who owns the future?* London: Allen Lane.

Laurel, B. (1993). *Computers as theatre*. Boston: Addision-Wesley.

Lovink, G. (2012). *Das halbwegs Soziale – Eine Kritik der Vernetzungskultur*. Bielefeld: Transcript Verlag.

McLuhan, M. (2001). *The medium is the massage*. Corde Madera: Gingko Press.

Miller, D. (2012). *Das wilde Netzwerk. Ein ethnologischer Blick auf Facebook*. Berlin: Edition unseld 42, Suhrkamp.

Morozov, E. (2013). *To save everything click here. Technology, solutionism and the urge to fix problems that doesn't exist*. London: Allen Lane.

Plant, S. (2002). On the mobile: The effects of mobile telephones on social and individual life. Report commissioned by Motorola. http://www.momentarium.org/experiments/7a10me/sadie_plant.pdf. Zugegriffen: 2. Okt. 2015.

Pohlen, M., & Bautz-Holzherr, M. (1991). *Eine andere Aufklärung – Das Freudsche Subjekt in der Analyse*. Frankfurt a. M.: Suhrkamp.

Rifkin, J. (2009). *Die empathische Zivilisation – Wege zu einem globalen Bewusstsein*. Frankfurt a. M.: Campus.

Scharmer, O. (2009). *Theory U. leading from the future as it emerges*. San Francisco: Berrett-Koehler.

Seemann, S. (2010). *Organisationales Spielen in Form gebracht – Denkhilfen für dynamische Situationen in hyperkomplexen Umwelten*. Berlin: Kulturverlag Kadmos.

Taleb, N. N. (2012). *Antifragile*. London: Allen Lane.

Weizenbaum, J. (2006). *Inseln der Vernunft im Cyberstrom? Auswege aus der programmierten Gesellschaft*. Bonn: Bundeszentrale für politische Bildung.

Wilkens, A. (2015). *Analog ist das neue Bio. Ein Plädoyer für eine menschliche digitale Welt*. Berlin: Metrolit.

Hybride Arbeitskulturen

Zusammenfassung

Im Gegensatz zu der schon digital geprägten Generation Y wächst die nachfolgende Generation Z seit ihrer Geburt als digital Lernende auf. Dieser an die VUCA-Welt angepasste, zappende Lern- und Lebensmodus stellt traditionelle Führungskräfte und Unternehmen vor immer größere Herausforderungen. Die Bindung besteht nicht mehr zur Firma, sondern zu interessanten Projekten und zu begeisterungsversprühenden Führungspersönlichkeiten. Digitale Strategien beschränken sich nicht bloß auf Technologien, sondern auf kulturelle Gestaltungs- und hybride Arbeitsräume, auf digitale Kulturen und Werte. Was es bedarf, ist eine kompetenzbasierte, generations- und kultursensible Führung fernab der bloßen Statussymbolik, die alle fünf Generationen begeistert und verbindet, damit alle an der gemeinsamen Arbeitsumgebung arbeiten und fortlaufend hybride (analoge wie digitale) Kompetenzen entwickeln. In der Tat: „(Digital) Culture eats technology for breakfast".

© Springer-Verlag Berlin Heidelberg 2016
M. A. Ciesielski, T. Schutz, *Digitale Führung*, DOI 10.1007/978-3-662-49125-6_2

2.1   Off/On – analog und digital, mehrdeutig eindeutig, vernetzt in der Hierarchie

2.1.1   Culture eats technology for breakfast

„The 2015 Digital Business Global Executive Study and Research Project by *MIT Sloan Management Review* and Deloitte identifies strategy, not technology, as the key driver of success in the digital arena" (Kane et al. 2015). Auf der anderen Seite wird der Ökonom und Managementberater Peter Drucker häufig und gerne mit den Worten „Culture eats strategy for breakfast." zitiert. Auch wenn gar nicht klar ist, wann und wo er das gesagt haben soll. Allerdings war es für Drucker stets wichtig zu betonen, dass alles, was in einer Organisation geschieht, unter Berücksichtigung der Unternehmenskultur geschehen muss.

Ist es also am Ende die Kultur der Unternehmen, die sich den digitalen Technologien annehmen muss? In der Studie heißt es denn auch weiter: „What separates digital leaders from the rest is a clear digital strategy combined with *a culture and leadership* poised to drive the transformation" (Kane et al. 2015).

Das Digitale ist ein Kultur- und Leadership-Thema. Und ein Kulturthema in vielerlei Hinsicht. Zum einen muss berücksichtigt werden, dass viele der sozialen und „BIG"-Technologien, die heute in Unternehmen zum Einsatz kommen sollen, entweder im Silicon Valley entwickelt oder zumindest der globale Zugang von dort aus eingeleitet und ermöglicht wurde. Was für Technologien das sind und wie ihre Implementierung vorangetrieben wird, wird zu einem großen Teil durch die nordamerikanische Businesskultur und die so genannte kalifornische Ideologie geprägt, wie dies bereits 1995 die beiden Sozialwissenschaftler Barbook und Cameron beschrieben hatten.

In einem größeren, historischen Kontext fällt auf, dass das Vorgehen der digitalen Verbreitung sehr stark der Fortbewegung der amerikanischen Frontier-Bewegung ähnelt, bei der sich die europäischen Siedler im 19. Jahrhundert von der Ostküste nach Westen durch das Land bewegten. „Eine Frontier ist ein sich großräumig, also nicht bloß lokal begrenzt manifestierender Typus einer prozesshaften Kontaktsituation, in der auf einem angebbaren Territorium (mindestens) zwei Kollektive unterschiedlicher ethnischer Herkunft und kultureller Orientierung meist unter Anwendung oder Androhung von Gewalt Austauschbeziehungen miteinander unterhalten, die nicht durch eine einheitliche und überwölbende Staats- und Rechtsordnung geregelt werden. Eines dieser Kollektive spielt die Rolle des Invasoren. Das primäre Interesse seiner Mitglieder gilt der Aneignung und Ausbeutung von Land und/oder anderen natürlichen Ressourcen" (Osterhammel 2013, S. 471). „Eine spezifische Frontier ist das Produkt eines Eindringens von außen, das primär privater Initiative entspringt und nur sekundär staatlich-imperialen Schutz genießt oder von staatlicher Seite gezielt instrumentalisiert wird." (Osterhammel 2013, S. 471)

„Auf Seiten der Invasoren werden je nach Bedarf drei Rechtfertigungsmuster einzeln oder in Kombination herangezogen:

- Das Recht des Eroberers, das eventuell vorhandene Besitzrechte der anderen Seite für nichtig erklärt;

- Die schon bei den Puritanern des 17. Jahrhunderts beliebte Doktrin der terra nullius, welche Land, das von Jägern und Sammlern oder von Hirten bevölkert ist, als „herrenlos", frei akquirierbar und kultivierungsbedürftig betrachtet;
- Die oft erst später als sekundäre Ideologisierung hinzukommende Vorstellung eines zivilisierenden Missionsauftrags gegenüber den „Wilden"" (Osterhammel 2013, S. 472).

Womöglich hatte Angela Merkel doch recht, als sie im Juni 2013 davon sprach, dass das Internet Neuland sei. Ein Schrei der Entrüstung ging damals durch die Medien, wie denn die Kanzlerin im Jahr 2013 noch davon sprechen könne, dass das Internet Neuland wäre. Allmählich zeigt sich, wie Recht sie hatte. Die Technologien des Internets sickern erst allmählich in die Kulturen aller Länder ein. Wir sind noch weit davon entfernt, dass sich die vernetzten Technologien bereits als Kulturtechnik etabliert hätten. Was man an den Kämpfen um digitale Überwachung, Privatsphären und die Nutzung von Internettechnologien in Unternehmen hervorragend sehen kann.

Doch diese Kämpfe resultieren nicht, wie so oft behauptet, aus den Grabenkämpfen zwischen Technikaffinen und Maschinenstürmern, sondern aus einem kulturellen Clash. Es handelt sich, wie bereits oben beschrieben, um eine digitale Landnahme. „Digital Natives" stoßen auf vermeintlich „digital Naive" und wollen die digitale Zivilisation bringen. Dabei geht es allerdings nicht nur um die Vermittlung einer neuen Kulturtechnik, sondern gleichzeitig um die Nutzbarmachung der dazu notwendigen Ressourcen: Der Daten. Daten, die durch die Aktivitäten der Menschen aus anderen Regionen, Ländern und Kulturkreisen generiert werden. Es handelt sich tatsächlich um einen Track, der die digitale Frontier über den Rest der Welt verschiebt. Es handelt sich sogar um viele Tracks, die aufgebrochen sind. Und viele dieser Tracks und deren Wagen tragen das Logo von Google oder seit kurzem das von Alphabeth Inc.

Andre Willkens beschreibt es in seinem Buch „Analog ist das neue Bio" so: „Die großen digitalen Technologie-Konzerne entwickeln geschlossene Systeme und sie wollen ihre eigenen Standards weltweit durchsetzen, so wie Microsoft und Apple, und jetzt auch Facebook. Sie sind nicht an offenen Systemen interessiert, sondern nur an Offenheit innerhalb der Welt, die sie beherrschen" (Willkens 2015, S. 145).

Ähnliches antwortet Holger Spielberg, Managing Director Digital Private Banking der Credit Suisse auf die Frage, ob es im Silicon Valley Veränderungsprozesse gibt: „Silicon Valley ist da eigentlich kein gutes Beispiel für Change, weil der Change nicht in Silicon Valley passiert, sondern das, was aus Silicon Valley kommt, verändert den Rest der Welt – wo der Change dann passiert" (Roehl 2015, S. 10). Mittlerweile ist diese Sichtweise selbst bei höchsten europäischen Gremien angekommen, die nunmehr versuchen, der digitalen Rohstoffausbeute einen Riegel vorzuschieben – wie im Falle der erfolgreichen Klage des Österreichers Maximilian Schrems am Europäischen Gerichtshof gegen Facebook und seine Datenpolitik im Oktober 2015 (Schrems 2015). Digital Leadership at its best. Schließlich gilt es, die digitale Heilserklärung fortlaufend auf ihre realen Auswirkungen zu hinterfragen und ggf. die Spielregeln anzupassen – oder anpassen zu lassen.

In vielen Veröffentlichungen zur Digitalen Transformation wird verlangt, dass sich die Unternehmenskulturen an die digitalen Möglichkeiten und Herausforderungen anzupassen haben. Wenn dies nicht gelingt, so der Tenor, wird man schon morgen auf der Resterampe der Wirtschaftsgeschichte seinen Platz haben. Doch diese Argumentation greift zu kurz.

Jede Technologie basiert auf oder ist sogar selbst eine Kulturtechnik. Wie der Begriff schon sagt, entspringt diese einem speziellen, kulturellen Kontext und prägt diesen ihrerseits auch. Es geht bei der Digitalen Transformation nicht allein um die Einführung einer neuen Technologie. Es geht um die digitale Landnahme einer bestimmten Kultur, die ihrerseits nach bestimmten Werten und Verhaltensweisen oder sogar die Umdeutung von Werten verlangt.

In den vergangenen Jahren hat es sich insbesondere an Begriffen und Slogans wie „Friends", „Share" oder „Information is free!" gezeigt, dass neben dem technologischen auch ein Wertewandel angestrebt wird. Während die Sozialpsychologie gesichert davon ausgeht, dass ein Mensch maximal sechs gute Freunde haben kann, steigen die Friends-Zahlen im Internet weiterhin an. Geteilt wird jetzt, wenn dafür gezahlt wird und seit Edward Snowden wissen wir, dass der Informationszugang im Wesentlichen für Geheimdienste und Großkonzerne kostenlos ist (bis auf die Milliardeninvestitionen in die entsprechende IT-Infrastruktur, von der allerdings anscheinend davon ausgegangen wird, dass diese sich am Ende rechnet), während wir mit unseren Daten zahlen, die der Rohstoff des 21. Jahrhunderts sind. Diese Praktiken und Verfahrensweisen werden allerdings auch von Jungunternehmen weltweit mit Begeisterung aufgegriffen, kopiert und als innovative Geschäftsmodelle der nächsten Generation ausgebaut oder an die großen Player verkauft. Die digitale Führungskraft wird daher zunehmend nicht nur mit monetären, sondern auch mit kulturell-ethischen Wertefragen konfrontiert werden. Direkt oder versteckt technologisch.

Letztendlich stellt sich für jedes Unternehmen, für jede Führungskraft im Einzelnen die Frage, wie auf die digitale Herausforderung reagiert werden kann und soll. Was ist eine geeignete digitale Strategie bzw. Methode, um im digitalen Zeitalter zu führen?

Bei den jeweiligen Entscheidungen kann es sich stets nur um temporäre Beta-Lösungen handeln, deren Erfolg von Tag zu Tag überprüft werden muss. Dies zeigen insbesondere zwei Beispiele:

Zum einen der Fall VW, der im September 2015 begann. Dem Unternehmen wurde einen Softwaremanipulation zum Verhängnis, die bei technischen Überprüfungen zu falschen und somit besseren Werten führte. Somit konnten Autos aus dem Konzern als sauberer verkauft werden, als sie eigentlich waren. Das Resultat war bis dato ein erheblicher Kurseinbruch an den Börsen und anstehenden Strafverfahren – weltweit mit wahrscheinlichen Kosten in Millionen, womöglich in Milliardenhöhe.

Man muss sich fragen, unter welchem Druck Führungskräfte sind, die sich allein durch solche Maßnahmen in der Lage sehen, wettbewerbsfähig zu bleiben. Darüber hinaus bleibt der Eindruck einer völlig fehlverstandenen „digitalen Strategie". Wenn Software dazu genutzt wird, um zu manipulieren, falsche Eindrücke zu erwecken und regelrecht „digital verstärkt zu lügen", dann muss man sich natürlich fragen, ob dies bei VW zum einen ein Einzelfall ist und ob diese Möglichkeiten nicht bereits massiv auch in anderer Hinsicht genutzt werden – wie beim Einsatz von Bots oder Maßnahmen zur Search Engine Optimization

(SEO), wo sie allerdings als durchaus legitim gelten. Wo also verlaufen die Grenzen zwischen moralisch und rechtlich vertretbar und absolut unzulässig im digitalen Zeitalter?

Diese Frage stellt sich auch beim Blick in einschlägige Ratgeber zu den Erfolgsstrategien im digitalen Business. Dort werden zumeist die Erfolgsstrategien von momentan erfolgreichen Startups analysiert und als „Best Practices" zur Verfügung gestellt (u. a. Hoffmeister und von Borcke 2015). Dabei geht es u. a. darum, den Kunden die eigentliche Arbeit machen zu lassen (Stichwort „Prosumer"), was dieser vermeintlich auch genau so als einen Service erleben will. Prinzip: Outside-In. Oder mit Schikanen zu arbeiten, die es dem Nutzer immer schwieriger gestalten, das anfangs kostenlose Produkt weiterhin kostenlos zu nutzen und ihm eigentlich nichts weiter übrig bleibt, als auf die Bezahlversion umzusteigen oder ganz von Bord zu gehen.

Ein weiteres „Erfolgsprinzip" wird durch subliminales Vorgehen erreicht. Dies heißt, für sich als Anbieter an der bewussten Aufmerksamkeit der User vorbei Vorteile zu generieren, sei es durch die unübersichtliche Änderung von Allgemeinen Geschäftsbedingungen oder dadurch, dass (Nutzungs-)Daten unbemerkt abgegriffen (auch Intransparenz-Prinzip) und zur Gestaltung eines verbesserten Lock-Ins der Nutzer genutzt werden. Im „Idealfall" werden dazu auch „Gambling"-Prinzipien benutzt, um den Spieler in eine Art Spielsucht zu führen, wie es durchaus auch bei Plattformen wie Facebook der Fall ist.

Zumeist scheint es den Autoren bei diesen „Best Practice" Sammlungen auch nicht ganz wohl zu sein, weshalb diese Erfolgsprinzipien im Einzelfall auch schon mal mit einem kritischen Kommentar oder Warnhinweis versehen werden. Es bleiben aber Erfolgsprinzipien im digitalen Zeitalter. Wobei sich in diesem Falle einmal mehr die Frage stellt, was im digitalen Business eigentlich Erfolg ist und ob sich dieser von den Maßstäben der Old-Economy (siehe Fall VW) eigentlich so sehr unterscheidet.

2.1.2   Digitale Strategien und Gestaltungsräume

Doch was sind die treibenden Kräfte hinter den Ausprägungen von solcherlei Erfolgsprinzipien? Und folgen diese wirklich so zwangsläufig aus den wirkenden Kräften, wie so oft behauptet?

Immer wieder wird und wurde Google als eines der großen Unternehmen aus dem Silicon Valley angeführt, das die digitale Revolution vorantreibt. Wichtige Weichen wurden dafür bereits 2003 u. a. von Shona L. Brown gestellt. Basierend auf ihrer Tätigkeit u. a. für McKinsey veröffentlichte sie 1998 zusammen mit der Stanford Professorin Kathleen M. Eisenhardt ihren späteren Fahrplan für Google: „Competing on the Edge – Strategy as structured Chaos" (Brown und Eisenhardt 1998).

Darin macht sie u. a. deutlich, dass es im digitalen Business nur nachgelagert um Effizienzen gehen kann: Aufgrund der Unsicherheit und Nicht-Planbarkeiten in der heutigen Wirtschaftswelt der digitalen Technologien, müssen *kurzfristig mehr Tracks losgeschickt werden, als am Ende ankommen*. Dies muss *kontinuierlich* und auf *unterschiedlichste Art* und Weise geschehen. Noch bevor klar ist, ob irgendeines der Projekte/Wagen/Tracks erfolgreich ankommen ist, müssen *proaktiv* weitere losgeschickt werden. Außerdem muss allen Beteiligten klar sein, dass die notwendigen Entscheidungen und Aktivitäten während der Reise *nur teilweise vorhersagbar* und in ihrem Verlauf *kaum kontrollierbar* sind. Strategisch relevante Entscheidungen werden in der Gegenwart gefällt. Aufgrund einer fortlaufend aktualisierten Daten- und Informationslage. Strategische Planung wird in der Arbeit von Shona Brown zu einer Form Angewandter Improvisation oder wie sie es auch nennt: *Playing the Improvisational Edge* (Brown und Eisenhardt 1998).

Ob man nun die globale Agenda von Google und Co. mag oder nicht: Sie sind die Player, die die Spielregeln der digitalen Frontier (noch) bestimmen. Will man dort mitspielen, muss man sich zumindest der strategischen und operativen Handwerkszeug bewusst sein, mit denen dort gearbeitet wird. Der eigene Wettbewerbsvorteil muss in einem zweiten Schritt durch den eigenen, ganz spezifischen kulturellen und stark pfadabhängigen Hintergrund einfließen. Einfaches „Copy/Paste" und der Verzicht auf eigene kulturelle Werte, regionale Spezifika, Rechtslagen und die eigene Geschichte können und werden bei einer solch starken und kulturgetriebenen Technologie wie der des Internets langfristig nicht funktionieren. Weder für Regionen noch für einzelne Unternehmen aus anderen kulturellen Umfeldern. Die kalifornische Kultur hat sich die Technologie bereits einverleibt, die nun ihren weltweiten Siegeszug antritt und dabei behilflich ist, andere Kulturen ihrerseits einzuverleiben. „Culture eats technology for breakfast. And then the next culture!"

Digitale Führung in Organisationen muss dementsprechend lernen, mehr mit kulturellen Verunsicherungen und Überraschungen umzugehen, als dies bislang der Fall war. Unsicherheiten sind keine Risiken. Es existieren keine Wahrscheinlichkeiten. Berechnungen und Planungen sind nicht oder kaum möglich. Die digitale Transformation, die die Unternehmenswelt heute erlebt, ist der Aufbruch der Tracks in die digitale VUCA Welt. Diese Welt schwankt stark in ihren Ausprägungen und Eigenschaften, ist eben volatil, unsicher, komplex und mehrdeutig.

Bislang wurde der Veränderung der Arbeitswelt im Bereich der Kompetenzen von Führungskräften und Mitarbeitern hauptsächlich mit Maßnahmen in den Fach- und Methodenkompetenzen begegnet. Mitarbeiter und Führungskräfte wurden dazu angehalten, sich mit den digitalen Möglichkeiten, technologischen Entwicklungen und Märkten proaktiv auseinander zu setzen. Datenspezialisten und Berater wurden in die Häuser geholt, um das notwendige Fachwissen aufzubauen, das notwendig ist, um die neuen, digitalen Instrumente spielen zu können. Die Unternehmen rufen fortlaufend nach mehr Hochschulabsolventen aus den sogenannten MINT Fächern. Allerdings spricht sich allmählich auch rum, dass es durchaus sinnvoll ist, auch Mitarbeiter einzustellen, die man vermeintlich gar nicht bräuchte (Sutton 2001), um Perspektivenvielfalt, Diversität und interdisziplinäre Arbeitsweisen zu etablieren.

Auf methodischer Ebene wurden teilweise ebenfalls Veränderungen induziert. Methoden wie Design Thinking oder agile Projektmanagementmethoden wie SCRUM wurden auf die ein oder andere Art und Weise vollständig eingeführt oder in Teilen genutzt. Doch wie bereits weiter oben erwähnt, handelt es sich um eine kulturelle Transformation, bei der es nicht allein darum gehen kann, die Technologien 1:1 ins Unternehmen zu holen, sondern eine eigene digitale Kultur zu entwickeln. Hierbei sind die personalen und sozialen

Kompetenzen gefragt. Dort haben die meisten Entwicklungsmaßnahmen in den Unternehmen jedoch bislang noch nicht einmal angefangen.

Während es bei dem Zusammenspiel von Fachkompetenzen und Methodenkompetenzen im Resultat in der Regel um schnelle Prototypen (Rapid Prototypes) von Prozessen, Services oder Produkten handelt, geht es bei den personalen und sozialen Kompetenzen um das soziale Prototypen. Mit der zunehmenden Diversität der Fachdisziplinen, Kulturen, Geschlechter und Generationen in den Organisationen kommt es zunehmend darauf an, auch für die unterschiedlichen Formen der Zusammenarbeit, der Kommunikation und Identifikation mit der Arbeit immer wieder erneut soziale Prototypen zu entwickeln, die als Ausgangspunkt für Projektstrukturen, IT-Werkzeuge und Zieldefinitionen etc. dienen.

Technologie ist immer auch Kulturtechnik. Kulturell geprägte Sichtweisen der Welt und damit verbundene Handlungsweisen prägen auch die technologischen Entwicklungen. Die Fragen, die wir an die Natur stellen, sind immer auch kulturell geprägte Fragen. Allerdings kommt es eben auf genau diese Fragen und die daraus resultierenden Technologien und Verfahrensweisen an, wie uns die Natur darauf antwortet. Das stellte bereits der Physiker und Nobelpreisträger Werner Heisenberg fest (Carse 1986, S. 122).

2.1.3   Hybride Arbeitsräume

In einer hybriden Arbeitsumgebung zu führen, ist anders, als in einer einfach analogen. Wenn wir das so niederschreiben, bemerken wir bereits, wie schwierig es in der Praxis ist, noch zwischen einer digitalen und analogen Welt zu unterscheiden. Gibt es eigentlich noch eine Realität jenseits von Smartphones, Websites, Datenbanken etc.? Sind wir nicht bereits von diesen digitalen Werkzeugen so abhängig, dass wir sie quasi als lebensnotwendig erachten müssen? Es besteht aber ein großer Unterschied, ob wir diese Werkzeuge, für unsere individuellen Arbeitsweisen und hauptsächlich zur Informationsbeschaffung nutzen oder ob wir medial vermittelt mit anderen Menschen produktiv zusammen arbeiten wollen und können. In deutschsprachige Länder geben immer noch ca. 2/3 der Führungskräfte an, nicht wirklich erfolgreich virtuell verteilt zusammen zu arbeiten. Was im Kern Schwierigkeiten im adäquaten Umgang mit digitalen Medien im Arbeitskontext bedeutet (Hildebrandt et al. 2013, S. 11).

Die Herausforderungen, denen mit Hilfe digitaler Medien begegnet werden muss, sind oftmals auch eben jene vermeintlichen Vorteile (und häufig auch die Nachteile) der räumlich verteilten Zusammenarbeit:

- Verschiedene Standorte
- Unterschiedliche Zeitzonen
- Technologien
- Unterschiedliche kulturelle Sicht-, Verhaltens- und Arbeitsweisen

(Hildebrandt et al. 2013, S. 13).

Verschiedene Standorte können verschiedene Geschäftseinheiten in unterschiedlichen Ländern sein. Womöglich haben diese andere Ziele als der eigene Standort. Sie können sich in Bereichen des öffentlichen Nahverkehrs unterscheiden oder in der Erfahrung, die bereits im jeweiligen Geschäftsfeld vorliegt. Unterschiedliche Zeitzonen können die Chance für 24/7 Projektarbeit eröffnen; können es aber auch erschweren, alle Parteien in einen „Telefon-Call" zu bekommen. Dies deutet auch schon auf das Feld der Medienkompetenz und der Nutzung der zur Verfügung stehenden Technologien – ggf. seinerseits mit Hilfe von Applikationen oder einfach nur einem bewussten und sinnvollen Umgang mit den Technologien (Kap. 6.2).

All dies findet vor einem sehr differenzierten Hintergrund von kulturellen Verhaltens- und Verständniswiesen statt. Dieser reicht von Sprachen über die Art und Weise, Feedback zu geben und anzunehmen, bis hin zu Feiertagen, Ritualen und Generationsunterschieden (Kap. 2.2). Diese Faktoren und viele mehr befinden sich in einem kontinuierlichen Zusammenspiel und erschaffen so einen reichhaltiges Arbeitsumfeld für positive, aber auch negative Überraschungsmomente. In ein neues Team, ein neues Projekt, eine neue Gruppe einzutreten, stellt stets einen Schritt ins Unbekannte dar. Die Fähigkeiten, mit dem „Unbekannten" in professioneller Art und Weise umzugehen, ist somit eine Kernfähigkeit für digitale Führungskräfte (Hildebrandt et al. 2013, S. 14).

Hybride Arbeitsräume sind die Arbeitsräume, mit denen jenen Herausforderungen der VUCA Welten begegnet wird, wie auch den Herausforderungen verteilter, virtueller Zusammenarbeit. Die Zusammenarbeit in diesen Arbeitsräumen muss ihrerseits Mittel und Wege finden, mit Volatilitäten, Unsicherheiten, Komplexitäten und Mehrdeutigkeiten umzugehen. Gerade Manager nennen, wenn sie heute nach ihren dringlichsten Fragestellungen gefragt werden, den konstruktiven Umgang mit dem Unerwarteten (Dell 2012, S. 170). „Managing the Unexpected" von den Organisationswissenschaftlern Weick/Sutcliffe gründet auf der These, dass „High Reliablity Organizations (HROs)" in Zeiten zunehmender Unsicherheiten für alle Organisationsformen von Relevanz sind. HROs sind Organisationen, die sich mit prekären, komplexen Situationen auseinandersetzen und vor allem antizipatorisch arbeiten müssen, ähnlich wie Fluglotsen oder Notfallmediziner (Dell 2012, S. 170; Weick und Suttcliffe 2003).

Als erste Eigenschaft von Akteuren in HROs gilt eine *hohe Aufmerksamkeit gegenüber Fehlern als Ressource*. Da HROs nichts falsch machen dürfen, wird jede noch so kleine Störung als Chance interpretiert, um daraus potenzielle Verbesserungsmöglichkeiten zu gewinnen. Fehler müssen geortet und offengelegt werden.

Ein zweites Merkmal ist das *Ablehnen vereinfachender Interpretationen*. Komplexität muss mit Komplexität begegnet werden. Die Aufgabe, Achtsamkeit aufrechtzuerhalten, nehmen HROs zum Anlass, Komplexität zum Spiel zu erheben. Nicht dasjenige Team hat den meisten Wert, das durch intensives Planen eine vereinfachende Lösung für ein Problem gefunden hat, sondern das Team, das Lösungen und Problemstellungen hinterfragt.

Als drittes Merkmal wird ein *sensibler Umgang mit betrieblichen Abläufen* gepflegt. Weil HROs anerkennen, dass es ein Ding der Unmöglichkeit ist, alle Abläufe bis ins Detail hierarchisch zu planen, zu kontrollieren bzw. als Unordnungen zu beseitigen, werden komplexe Aufgaben unter den Mitarbeitern verteilt. Befugnisse werden in Richtung Know-how delegiert, wo immer es liegt, und nicht die Hierarchie hinauf und herunter in Richtung Dienstalter oder Dienstrang (Dell 2012, S. 171; Weick und Suttcliffe 2003).

Die vierte Eigenschaft wird ganz direkt *als Eingang in improvisatorische Situationen* bezeichnet. Zwar entwerfen HROs für alle möglichen Szenarien Tausende von Pläne, stecken aber auch erhebliche Ressourcen in den Aufbau von schnellen Rückkoppelungen und den kommunikativen Austausch und den Ausbau von Improvisationsfähigkeit (Dell 2012, S. 171; Weick und Suttcliffe 2003). Um konstruktiv mit Unordnung umgehen zu können, braucht man ein lernendes Wissen, ein Methoden- und Werkzeugrepertoire an unterschiedlichsten relationalen Verschaltungsmöglichkeiten, aus denen neue Handlungen ermöglicht werden (Dell 2012, S. 171).

Dies führt dann auch zum fünften Aspekt, dem *Respekt vor fachlichem Wissen*. HROs suchen immer danach, jeweilige Fragestellungen den jeweilig kompetentesten Teammitgliedern zuzuführen. Mal nicht zu wissen, wie es geht, und dann den anderen zu fragen, ist Teil der Sache: „Es ist ein Zeichen von Stärke und Selbstbewusstsein, zu erkennen, wann man die Grenzen des eigenen Wissens erreicht hat und die Hilfe anderer in Anspruch nehmen sollte" (Dell 2012, S. 171). Ziel dieser hybriden Arbeitsräume muss eine minimale, strukturelle Vorgabe sein, bei maximaler Autonomie der Akteure, so dass eine emergente Selbstorganisation möglich ist (Barrett 2012, S. 67 ff.).

Der Fluss von Informationen und das Wissen über die Kompetenzen der anderen ist in hybriden Wissensräumen somit ein zentrales Element. Die Kehrseite dessen ist sicherlich die Frage nach der Verfügbarkeit dieser Informationen. Was muss für wen transparent und einsehbar sein, um einen solchen kommunikativen Austausch zu ermöglichen? Welche Grenzen kann oder sollte es dafür geben?

2.1.4   Digitale Werte – Eine Annäherung

Schon in den vorangegangenen Kapiteln war viel von Werten die Rede. Sei es in Hinblick auf die Kulturen, die sich im Internet begegnen, sei es die theatrale Darstellung eigener Haltungen und Werte oder eben die Nutzung digitaler Medien zur Beziehungsgestaltung und damit auch zum Abgleich von Wertekategorien.

Eine weitere wichtige Kategorie ist die der Privatsphäre. Ein Dauerthema im digitalen Kontext. Zum einen werden Medien genutzt, um innerliche Befindlichkeiten und fotografische Darstellungen der eigenen Arbeits- und Lebenswelt nach außen zu kommunizieren – zum anderen braucht es einen intimen und privaten Teil im Leben eines jeden Menschen, um sich zurückziehen zu können, um mit sich oder seinen Liebsten allein sein zu können. Die Privatsphäre ist und sollte somit auch weiterhin als ein fundamentales Recht anerkennt sein, wobei wir in letzter Zeit zunehmende Verletzungen dieses Rechts auf Privatsphäre erleben – sei es durch politisches oder wirtschaftliches Handeln. Zum einen, weil es weiterhin schwer fällt, im digitalen Zeitalter abzugrenzen, wo genau Öffentlichkeit, Berufswelt und Privatleben aufhören bzw. anfangen und es dadurch zu Verletzungen kommt, die nicht beabsichtig sind.

Andererseits kann es aber auch zu Verletzungen der Privatsphäre kommen, die recht eindeutig festgestellt werden können und durchaus beabsichtigt sind. Dies kann u. a. durch das Veröffentlichen von oder auch nur durch den Zugang zu persönlichen Daten von Mitarbeitern geschehen. Die Datenbanken und Personalakten von Organisationen beinhalten eine immense Menge an privaten Informationen, deren Bekanntgabe die Rechte der Betroffenen erheblich verletzten kann.

Viele Firmen passen sehr darauf aus, dass mit diesen Daten adäquat umgegangen wird, aber das Potenzial für einen Missbrauch besteht dennoch. Auch wenn es bereits eine Vielzahl an Gesetzen und Gerichtsurteilen gibt, die den Zugang zu diesen Daten erheblich einschränken, gibt es ebenfalls eine Vielzahl an Fällen, wo es legitime oder illegitime Zugriffe gegeben hat.

So kommt es z. B. durchaus häufig dazu, dass Vorgesetzte in die als „privat" gekennzeichneten Bereichen auf der Festplatte oder in Ordnern schauen. Einige Firmen gehen sogar routinemäßig in Telefongespräche der Mitarbeiter unbemerkt hinein. Eine nicht unerhebliche Anzahl von Firmen liest auch die E-Mails der Mitarbeiter mit und überwacht ihre Aktivitäten im Internet. Gleichzeitig ermöglicht es zum Beispiel GPS Technology, Mitarbeiter auf ihren Fahrten in Dienstfahrzeugen zu überwachen – zumeist sogar ohne deren Wissen. Was in einzelnen Fällen durchaus sinnvoll sein kann – für die Mitarbeiter, wie auch für das Unternehmen – kann in anderen Fällen dafür sorgen, dass Mitarbeiter erst recht anfangen, solche Überwachungsmaßnahmen zu sabotieren, sich demotiviert fühlen aufgrund des erlebten Misstrauens und sich im Umkehrschluss Rechte rausnehmen, die sie ansonsten gar nicht erst eingefordert hätten – sei es aus Trotz oder um sich eben für jenes Verhalten ihnen gegenüber zu revanchieren.

Ein weiterer Aspekt ist die Art und Weise, wie Unternehmen auf das Verhalten der Mitarbeiterinnen und Mitarbeiter versuchen Einfluss zu nehmen – insbesondere wenn diese versuchen, ihre Unternehmenswerte auf die Mitarbeiter zu überführen. Dabei geht es nicht nur um die Balance zwischen Privat- und Arbeitsleben, wenn Unternehmen aufgrund ihrer Werte den Mitarbeitern vorschreiben wollen, was diese zu denken oder zu tun haben. In manchen Fällen kam es z. B. in den USA dazu, dass sich Führungskräfte dazu veranlasst sahen, Geldspenden an die politischen Lobbygruppen des Unternehmens vorzunehmen. Andere Unternehmen forderten Mitarbeiter zur Unterstützung von Wahlkampagnen auf (Shaw 2011, S. 347).

Was im ersten Moment befremdlich wirkt, geschieht jedoch auf der Seite der Kunden tagtäglich. Werden nicht immer mehr Daten von Nutzern auf Seiten der Unternehmen aufgrund von unübersichtlichen Geschäftsbedingungen erfasst und ausgewertet, vermeintlich anonymisiert und für die Ziele von politischen wie auch wirtschaftlichen Organisationen genutzt? Was für die einen eine erfolgreiche Wahlkampagne wie bei Obama ist, wo auf die Wähler abgezielt wird, ist für die anderen Smart und Big Data, um die Märkte und Kunden von morgen zu erkennen oder sogar zu generieren – im extremsten Falle sogar „zu nudgen", d. h. in ihren Handlungen und Entscheidungen in die „richtige" Richtung zu stubsen (Thaler und Sunstein 2009).

Am Arbeitsplatz, wie auch als Kunde weisen die Bedenken in Hinblick auf die Privat-sphäre mindestens drei Dimensionen auf:

Erstens muss es darum gehen, dass wir die volle Kontrolle über intime oder persön-liche Informationen haben und nicht damit einverstanden sind, dass diese für jedermann frei verfügbar sind. Wir müssen uns damit auseinander setzen, wer was über uns weiß, wie dieses Wissen generiert wurde und wie es eventuell weiterverbreitet wird.

Zweitens wollen wir stets bestimmte Gedanken, Gefühle und Verhaltensweisen frei von Beobachtung oder Erfassung wissen. Wir möchten unser privates Selbst nicht öf-fentlich dargestellt sehen – zumindest nicht von anderen. Häufig wird behauptet, dass die Grenzen zwischen Privat und Öffentlich ohnehin verschwimmen, doch das stimmt so einfach nicht. Was wir in der Öffentlichkeit teilen, ist nicht das gesamte private Selbst. Es entspricht eher einer Rolle, die wir für ein öffentliches Publikum spielen.

Drittens ist es uns wichtig, bestimmte Entscheidung unabhängig, autonom und anonym zu treffen. Wir streben danach, einen Bereich für uns aufrecht zu erhalten, in dem wir für uns selbst Entscheidungen treffen können, die frei von illegitimer Einflussname von Kol-legen, Vorgesetzten, Freunden oder Bekannten sind (Shaw 2011, S. 347).

Man muss allerdings auch feststellen, dass es bislang keinen eindeutigen Konsens, weder zwischen Philosophen noch im geltenden Recht gibt, vielleicht auch nicht geben kann, wie denn genau das Konzept der Privatsphäre zu definieren sei. Wie weit reicht es und wie wird im Falle von Konflikten mit anderen moralischen Ansichten und Absichten umgegangen? Dennoch gehen wir grundsätzlich davon aus, dass es private Bereiche ge-ben muss, die auch von anderen respektiert werden, wenn wir als Individuen mit eigenen Meinungen und Gefühlen handeln wollen. Dieses Recht steht fortwährend im Konflikt mit anderen Rechten und Interessen. Auch aus der Geschichte heraus ist ersichtlich, dass der Grad an Autonomie und Privatsphäre immer schon eine Frage der Gesellschaft war, in der man lebte (Pauen und Welzer 2015). Während es früher die Dorfgemeinde oder die Kirche war, die entsprechende Normen und Regeln festschrieb und einforderte, sind es heute oft-mals Unternehmen oder politische Akteure, die legitime oder illegitime Ansprüche daran stellen, was als öffentlich und was als privat zu gelten hat. Wann genau handelt es sich um Verletzungen der Privatsphäre oder im Falle von Unternehmen um Wirtschaftsspionage durch andere Firmen, seien es Mitarbeiter-, Kunden- oder Unternehmensdaten?

Es ist wichtig festzuhalten, dass es noch lange nicht rechtens ist, nur weil ein Unter-nehmen bestimmte digitale Praktiken kultiviert und diese als rechtens kommuniziert. Wie wir bereits im Kap. 1.2 beschrieben haben, kann man aktuell durchaus von einer digitalen Landname sprechen – von globalen Playern im weltweiten Maßstab nach außen und nach innen, während andere Firmen dem Beispiel zunächst einmal dieser Landname nach innen hinein folgen und die eigene Datenlandschaft der Maschinen und Mitarbeiter „aktivieren".

Ein Unternehmen sollte stets nachweisen können, dass die Maßnahmen aus legitimen Interessen heraus erfolgen und das die Maßnahmen, die daraus folgen, rechtlich und mo-ralisch den Betroffenen gegenüber vertretbar sind (Shaw 2011, S. 348). Legitime Interes-sen sind in der Regel alles, was die Arbeitsleistung signifikant betrifft. Doch was heißt „si-gnifikant" in diesem Zusammenhang? Unternehmen können zum Beispiel durchaus in die Privatsphäre eines Mitarbeiters eindringen, wenn sie von ihm ein bestimmtes Verhalten auch außerhalb des Unternehmens einfordern oder „freiwillige" Aktivitäten in Pro Bono Aktivitäten einfordern. Auch der mehr oder weniger explizit oder implizit artikulierte Wunsch zur Teilnahme an Wellness-Programmen kann bereits als ein solcher Übergriff gewertet werden (Shaw 2011, S. 350).

Besonders in Zeiten mobiler und soziale Kommunikationsmedien verschwimmen die Grenzen zwischen der privaten und der Berufswelt immer mehr. Jemand, der Überwachungen seiner privaten Aktivitäten (in und außerhalb von Unternehmen) zustimmt, jemand, der Big Data Produkten mehr Wert als seiner Privatsphäre bei misst, gibt nicht mehr oder weniger auf, als ein freier, autonomer Mensch zu sein.

Die, die die grundlegenden Freiheiten einer demokratischen Gesellschaft bewahren wollen, müssen darüber nachdenken, wie sie die Sicherheit ihrer privaten Daten und die Daten von Kollegen und Kunden stärker und besser vor rücksichts- und respektloser Ausbeutung schützen. Es stellt sich die Frage, wie weit wir das Geschäftsmodell des Überwachens und Kontrollierens innerhalb und außerhalb von Unternehmen akzeptieren. Dabei dürfen wir nicht vergessen, dass auch bei einem anonymisierten Erheben der Daten, diese jederzeit auch wieder persönlich zugeordnet werden und letztendlich auch verschlüsselt noch als ein Ressourcendiebstahl und illegitime, digitale Landnahme gelten können.

Ethische Überlegungen anzustellen und uns unserer Verantwortlichkeiten bewusst zu werden, sind die grundlegenden Aufgaben, um Freiheit und Würde zu bewahren (Hofstetter 2014, S. 288). Die Würde des anderen zu wahren, beginnt damit, die eigene Würde einzufordern. Dies ist eine, wenn nicht die zentrale Aufgabe digitaler Führung in der heutigen Zeit.

Sich dem Prinzip der Kontrolle hinzugeben, ist leicht getan. Eine Entscheidung, getroffen durch eine Maschine, ist eine Entscheidung, die wir nicht zu treffen haben – was uns vermeintlich auch von der Verantwortung für diese Entscheidung befreit.

Schon allein um diesen moralischen Komfort so schwierig wie möglich zu gestalten, müssen in den Unternehmen fortlaufende Aushandlungsprozesse hinsichtlich fundamentaler Rechte des menschlichen Datensubjekts stattfinden.

Mögliche Rechte, die dabei diskutiert werden sollten, sind:

1. Die Würde des Menschen erstreckt sich auf seine persönlichen Daten
2. Sie haben das Recht, Ihre persönlichen Daten jederzeit einzusehen
3. Sie haben das Recht, die Löschung persönlicher Daten zu verlangen
4. Die Veräußerung Ihrer persönlichen Daten an Dritte ist untersagt
5. Sie haben das Recht auf eine gerechte Gegenleistung für die Weitergabe persönlicher Daten
6. Ihre Privatsphäre ist unantastbar
7. Personen, die der Erhebung, Verarbeitung, Veröffentlichung persönlicher Daten *nicht zustimmen*, sind den Personen gleichberechtigt, die ihre Zustimmung erteilt haben (Hofstetter 2014, S. 285–296, 311).

Letztendlich läuft auch digitale Führung auf Fragen des Gewissens, Verantwortung und die Fähigkeit, moralisch zu handeln, hinaus. Es gibt keinen Grund, warum Technologien Rechte eingeräumt werden sollten, die über denen von Menschen stehen.

Dabei darf nicht vergessen werden, dass rechtlichen Konstrukten zumeist bestimmte Werte einer Gesellschaft zugrunde liegen. Und wahrscheinlich ist es genau das, was die größte Herausforderung für Führungskräfte im digitalen Zeitalter darstellt: Was sind die Werte, nach denen wir handeln wollen und die von den Technologien unserer Zeit herausgefordert werden? Um dies herauszufinden, wollen wir uns zunächst den unterschiedlichen Generationen und ihren Sichtweisen zu diesen Themen widmen.

2.2 Generation X, Y, Z: Viele Gemeinsamkeiten, die trennen

Beginnen wir mit dem, was für Unternehmen das Wichtigste ist: Mit den Menschen, die für das Unternehmen arbeiten. – Wenn Sie an dieser Stelle schmunzeln müssen, denken Sie eine Sekunde darüber nach, warum eigentlich! Aber es wird ja noch besser. – Und am Anfang stehen meist das Bewerbungsgespräch und ein treffliches Beispiel. Der Gründer und Partner einer international renommierten Beratungsfirma nahm sich persönlich Zeit, um die Bewerbungsgespräche mit besonders talentierten Digital Natives selbst zu führen. Hierfür hatte er sich mehrere Trumpfkarten vorbereiten lassen: „Bei uns finden Sie ein leistungsgerechtes Entlohnungssystem, bei dem sich Ihre Leistung wirklich lohnt", „Ein strategisches Talent- und Performance-Management haben wir flächendeckend und erfolgreich implementiert", „Sie entscheiden, wo Sie am effektivsten arbeiten: Im Büro oder Daheim". „Sie können bei uns sehr rasch Verantwortung übernehmen und schnell zur Führungskraft aufsteigen" und „Wir sind Ihr langfristiger Partner und eigentlich eine große, treue Familie". Doch als er siegessicher jede einzelne Trumpfkarte spielte, gingen die Bewerber innerlich zur Schnappatmung über: So hatten sie sich ihre berufliche Zukunft nicht vorgestellt.

Andere Unternehmen, die ihnen u. a. frei wählbare, zusätzliche und bezahlte Urlaubstage, geregelte Arbeitszeiten mit nahezu keinen Überstunden, einen Chillout-Room und eine Garten-Lounge angeboten hatten, erhielten ihren Zuschlag. Doch dort kaum angefangen, geschah sogleich Wundersames (Scholz 2014, S. 117): Freundlich und vorsichtig zurückhaltend fragte der Chef den neuen Mitarbeitenden, ob er morgen um 15:00 Uhr sein Konzept vor dem wichtigen Kunden präsentieren könne; er hatte dem Neuen ja in den letzten zwei Monaten mehrmals klar gemacht, wie wichtig der Kunde für das Unternehmen sei und wie viel von der Präsentation abhänge. „Ja, klar", bestätigte der neue Mitarbeiter und fügte im gleichen Atemzug hinzu, „ich müsste dann heute nur früher gehen, so um 16:00 Uhr. Ist doch ok?" Noch bevor er um 16:00 Uhr ging, bekam er eine Kurznachricht von einem Freund, dass es in der Firma, bei der er sich kürzlich auf Anraten des Freundes beworben hatte, durch die vielen Freizeit-‚Toppings' wirklich sehr, sehr angenehm sei, er für die Stelle ausgewählt worden sei und heute noch vorbeikommen könne, um zu unterschreiben.

So unterschrieb er noch am selben Tag bei der neuen Firma und kündigte bei der Alten mit der Anmerkung, dass, wenn der Kunde schon so wichtig sei, es die Aufgabe und Verantwortung des Chefs sei, sich zu kümmern, und nicht die seine. Schließlich sei es ja auch nicht seine Firma, sondern die des Chefs.

Ein illustrer Einzelfall? Vielen Studien und persönlichen Berichten zur Folge, eher nicht: „Zwar soll sich die Mehrheit der Entscheidungsträger in Unternehmen den veränderten Ansprüchen der Generation Y (GenY) bereits bewusst sein, eine aktive Berücksichtigung der Bedürfnisse und Potenziale der jungen Generation ist bei der Gestaltung von betrieblichen Strukturen und Abläufen aber bislang noch nicht durchgängig erfolgt" (Klaffke 2014, S. 58). Wie in vielen anderen Bereichen auch, scheint das Wissen um einen Sachverhalt, den man bestenfalls vollständig nachvollziehen kann, ausreichend. Änderungen bzw. Konsequenzen aufgrund des neuen Wissens? – Lieber nicht: „Ich weiss jetzt, wie die Generation Y tickt. Ok. Weiter, wie bislang."

Doch schon drängt die nächste Generation, die Generation Z (GenZ), in die Unternehmen. Oft werden beide Generationen, Y und Z, zusammen gerne als „Digital Natives" (Prensky 2001) angesprochen und beiden der gleiche information-age-Mindset (Frand 2000, S. 16–22) zugeschrieben. Doch die GenZ ist anders als alle Generationen vor ihr (Hesse et al. 2015, S. 77–89; Scholz 2012). Wie nicht nur das obige Beispiel zeigt, gibt es eklatante Unterschiede zwischen den beiden Generationen Y und Z, die es zu berücksichtigen gilt, wenn es neue Mitarbeiter zu gewinnen und zu halten gilt: „Klassische Anreizsysteme, wie etwa Firmenwagen und Statussymbole ganz generell, verlieren an Wert" (Kast 2014, S. 243).

Doch worin bestehen die Unterschiede ganz genau?

Exkurs: Generationen und Pauschalurteile

Wenn im zunehmenden Dickicht der Generationen von *Generationen* gesprochen wird, findet man häufig folgende Bedenken: „Nun – in manchen Artikeln über die Generation Y finde ich mich wieder – über andere rege *ich* mich auf. Wie ist es denn nun – wer sind wir GenYs wirklich und kann man uns überhaupt in eine Box packen?" (Paul 2014).

Hierzu zwei Bemerkungen:

1. In seinem Aufsatz *Kollektiv und Pauschalurteil* (2010) führt Klaus P. Hansen aus: „Bei der Erfassung von Kollektiven, also Gruppen von Menschen oder sonstigen Gegenständen, sind Pauschalurteile nicht nur angemessene, sondern die einzig möglichen Erkenntnisinstrumente. Wenn ich Kollektive beschreiben will, nehme ich ja nicht das einzelne Mitglied ins Visier, sondern alle zusammen. Insofern muss ich verallgemeinern und pauschalieren. […] Wenn eine Statistik feststellt, dass Kaffeetrinker zum Herzinfarkt neigen, so verkündet sie ihr Ergebnis als Pauschalurteil" (Hansen 2010, S. 73).

2. Weiter schreibt er in seinem Buch *Kultur und Kulturwissenschaft* (2011): Kultur umfasse die Gewohnheiten eines Kollektivs. Oder noch kürzer: Kultur bezeichne Standardisierungen. Diese Standardisierungen bergen allerdings – wie er an illustren Beispielen trefflich ausführt – die Gefahr der Stereotypisierung von Pauschalurteilen und der Homogenisierung von Heterogenitäten, um einen für die Statistik wichtigen repräsentativen Querschnitt bzw. um eine Gleichheit im Kollektiv zu generieren.

Dieser Gefahren gilt es, sich bei den folgenden Ausführungen immer bewusst zu sein. Für die weitere Betrachtung ist daher folgende Erkenntnis zentral:

> Individuelle Identität, so erkennen wir, setzt sich additiv aus vielen Eigenschaften, Überzeugungen und Hobbys zusammen, die kollektiv gestützt werden. So gesehen ist meine Identität eine Addition oder besser ein Amalgam aus einerseits vorgegebenen und andererseits frei gewählten Kollektiven. Diesen kollektiven Reichtum kennen die monokollektiv fixierten Tiere nicht. Ihnen gegenüber zeichnet sich das menschliche Individuum durch, wie wir es nennen wollen, Multikollektivität aus (Hansen 2011, S. 156).

In diesem Sinne wird der Begriff „Generation" zunächst als ein Natur- bzw. Abstraktionskollektiv verstanden. Zu einer Generation zählen also Menschen des gleichen Geburtszeitraums (Tab. 2.1).

So bezeichnet der von der Zeitschrift Advertising Age eingeführte Begriff „Generation Y" (Advertising Age 1993, S. 16) bspw. junge Menschen, die zwischen 1980 und 1995 geboren worden sind. Aus lernbiologischer Perspektive ist neben der schlichten Fortsetzung der alphabetischen Bezeichnung und der Anspielung auf das engl. ‚why' für den penetrant hinterfragenden Charakter dieser Generation ein anderer Aspekt viel folgenreicher: Die technologische Prägung in der Kindheit und Jugend (Abb. 2.1).

Erlebte die Generation X (GenX) in ihrer Jugend bspw. die Einführung des Taschenrechners, der ersten PCs und MTV, die GenY die der ersten Mobiltelefone, des Internets und der Digitalisierung, so wurde die GenZ seit ihrer Geburt von internetfähigen Smart-

Tab. 2.1 Generationenzugehörigkeit (entnommen Belwe und Schutz 2014, S. 33; mit freundlicher Genehmigung des hep-Verlages)

Name	Abkürzung	Geburtsjahr
Silent Generation	–/–	1925 bis 1945
Baby Boomer	–/–	1945 bis 1965
Generation X	Gen X	1965 bis 1980
Generation Y	Gen Y	1980 bis 1995
Generation Z	Gen Z	1995 bis 2010

Abb. 2.1 Generationen und die sie prägenden Geräte (entnommen Belwe und Schutz 2014, S. 33; mit freundlicher Genehmigung des hep-Verlages)

phones, von globalen Netzwerken wie Facebook, Youtube und Twitter, von permanent zur Verfügung stehenden Informationsquellen wie Google und Wikipedia als auch von Angebotsindividualisierung und Multi-Optionen-Konsum (Klaffke 2014, S. 61) geprägt. Ja, alle Generationen nutzen Smartphones. Das ist allen Generationen gemeinsam. Aber nur die GenZ kennt seit ihrer Geburt nichts anderes. Und die Gehirne der GenZ haben sich hieran angepasst (Belwe und Schutz 2014). Forscher der Universitäten Zürich und Fribourg konnten in einer Studie nachweisen, dass durch den alltäglichen Gebrauch der Smartphones nicht nur die Fingerfertigkeit trainiert wird ('Wischkompetenz'), sondern dass sich auch das Gehirn diesen wiederholenden Fingerbewegungen schnell anpasst (Gindrat et al. 2015). Gindrat et al. konnten ferner zeigen, dass sich die kortikale Repräsentation bei Nutzern von Touchscreen-Smartphones im Vergleich zu Personen mit herkömmlichen Handys unterscheidet und dass sie umfangreicher sind als bei Geige- oder Klavierspielern.

Infolge dieser alltäglichen technologischen Prägung des „homo zappiens" (Veen 2003) vermag es die GenY, mehr noch die GenZ, schnell zwischen mehreren Informationskanälen hin und her zu zappen und bedeutungsvolles Wissen aus mehreren Informationsquellen zu konstruieren. Als Folge der immer höheren Taktfrequenzen können immer kürzer werdende Aufmerksamkeitsspannen, eine geringere Sorgfalt, meist ein rudimentäres Google-Gedächtnis und fragmentierte Lese- und Schreibfertigkeiten auftreten (Mumme 2015, Belwe und Schutz 2014). Dies kann zu einer eingeschränkten Studier- und Arbeitsfähigkeit führen (Tab. 2.2):

2.2.1 Facebook: Das Netzwerk der älteren Generationen

In dieser sich schnell ändernden Welt vermag der homo zappiens aber nicht nur zwischen den Informationskanälen schnell zu wechseln, sondern auch Marken, Firmen und Gewohnheiten schnell an- bzw. abzuschalten. War vorgestern noch StudiVZ und SchülerVZ in aller Munde, war es gestern Facebook und Twitter. Sind die Firmen heute stolz auf ihre Facebook-Seiten – schließlich haben sie viel Geld und Zeit in diese investiert, damit sie auch lange 'funktionieren' –, präferiert die GenZ heute bereits wieder andere Kanäle: „72 % der 10- bis 18-jährigen Onliner nutzen WhatsApp und 56 % Facebook. Auf Platz

Tab. 2.2 Merkmale der Studierenden 1969 vs. 2009 (entnommen Belwe und Schutz 2014, S. 46; mit freundlicher Genehmigung des hep-Verlages)

1969	2009
meist studierfähig	Fehlen grundlegender Fertigkeiten
Fehlen von Erfahrungen mit Diversitäten	Akzeptanz/Toleranz von Diversitäten
Selbstunsicher	Selbstüberzeugt
Selbstverantwortlich	Verantwortung wird externalisiert bspw. an die Helikopter-Eltern
Akzeptanz institutioneller Strukturen	Kundenerwartung mit sofortigem Kundenservice
stabile Familienverhältnisse	instabile Familienverhältnisse
Papier und Stift	digitale Medien
Texte und Zahlen	Farben und Visualisierungen (Fotos, Grafiken)
händisches Mitschreiben	Tippen und/oder „Copy & Paste"

drei der beliebtesten Netzwerke liegt Skype mit 46 % vor Google + mit 19 % und Instagram mit 18 %. Twitter kommt auf 8 %. Andere soziale Netzwerke spielen in dieser Altersgruppe derzeit kaum eine Rolle" (Exakt 2015; BITKOM 2014, S. 28; Sinus 2012).

Facebook-Seiten und Twitter erreichen die GenZ, so das dominante digitale Muster der älteren Generation. Nein, tun sie nicht. Konnte Facebook im Jahre 2014 im Vergleich zu 2011 einen Zuwachs von 41 % in der Altersgruppe der 35- bis 54-Jährigen und sogar von 80 % in der Altersgruppe der über 55-jährigen Nutzer verzeichnen, ging der Anteil der 13- bis 17-jährigen Nutzer um 25 % zurück (iStrategyLabs 2014). Grundlage dieser ‚Studie' war die „Facebook Social Ads Platform (Estimated Reach)", ein Facebook-Anzeigentool, das bei einzustellender Reichweite die Nutzerzahlen ausgibt. Die so erhaltenen Werte für die Nutzerzahl sind allerdings eher als eine grobe Schätzung oder ungefähre Tendenz einzuschätzen und somit mit Vorsicht ‚zu genießen'. Würde man mit solchen Tools bspw. die Einwohnerzahl Berlins bestimmen wollen, so würden diese Tools neben den ‚angemeldeten' Einwohnern Berlins auch die Geschäftsreisenden, Touristen und andere eher zufällig in Berlin Seiende mit erfassen, bspw. auch die Autobahnreisenden die an Berlin vorbei fahren, aber vorübergehend eingelockt sind. Es hängt also von der zeitlichen und räumlichen Reichweite ab, wie sich die Schätzungen gestalten. Dies als „Studie" oder gar als „wissenschaftliche Studie" zu bezeichnen, ist gewagt bzw. unzutreffend und schlicht weg falsch. Demgegenüber kommen als empirische Basis für die Betrachtung der Generationen vier unterschiedliche Quellen in Frage (Scholz 2014, S. 28 ff.):

1. Wissenschaftliche Studien, die sich explizit mit der Generation beschäftigen
2. Belege aus Zeitschriften oder Zeitungsartikeln
3. Quellen aus sozialen Netzwerken wie Blogs, Foren etc.
4. Dokumentierte Einzelbeobachtungen.

All diese Quellen geben einen fundierten, zum Teil wissenschaftlich belegten oder exemplarisch-detaillierten Einblick in die dominanten Denkmuster einer Generation und ihrer Subkollektive.

Zurück zu GenZ: Anstelle von Facebook bevorzugt die GenZ Messenger-Dienste wie Snapchat oder WhatsApp und Foto- und Video-Sharing-Dienste wie Instagram oder Youtube (iStrategyLabs 2014). Zwei Gründe sind hierfür durchaus einleuchtend, recht simpel und lassen sich schnell bspw. durch die Befragung oder Beobachtung der eigenen Kinder verifizieren: Legt die Elterngenerationen (Baby Boomer und GenX) freudigste ein Facebook-Profil an, um dann u. a. mit ihren Kindern über Facebook Nachrichten auszutauschen und zu beobachten, was der eigenen Nachwuchs so denkt und schreibt, so will ebendieser eigene Nachwuchs (GenZ) eher nicht, dass Mama und Papa permanent alles mitlesen, was eigentlich für die Freunde gemeint war. Gerade in den USA hat aber auch die Elterngeneration auf Facebook gelernt, dass auch ohne diese ‚Kontrollfunktion' Facebook an sich Spaß macht. Zwei Drittel der Befragten einer GenX-Studie geben an, sich über Soziale Netzwerke mit ihren Freunden zu geselligen Treffen zu verabreden, weswegen dieses Subkollektiv der GenX auch „Friends Generation" genannt wird (Dawson 2011). Facebook dürften es freuen, dass auch gerade diese finanzkräftige Genration immer mehr Facebook für sich entdeckt.

Der zweite Grund, warum die jüngste Generation zu Messanger-Diensten wie Snapchat wechselt, der heute mehr Nachrichten übermittelt als die Facebook messaging App, ist in Hinblick auf die sooft beschworene Medienkompetenz ein recht positiver: „Snapchat represents the growing trend of erasable media — ephemeral photos, videos and comments which are here one minute, gone the next" (Lang 2015). Das, was auf Facebook ist, wird für die Ewigkeit gespeichert. Das auf Snapchat ‚verschwindet' wieder.

Fazit: „Auf dieser Plattform [‚Facebook'] die heutigen Schüler anzuwerben, bringt also nichts. Denn sie sind dort nicht anzutreffen" (Hesse et al. 2015, S. 80). Auch andere für die älteren Generationen ‚wertvolle' Karriereportale wie Xing und LinkedIn oder auch das Recruiting über Facebook und Twitter hält die GenZ für suspekt und unseriös (iStrategyLabs 2014). Wie das einleitende Beispiel zeigt, wird eher dem völlig vernetzen Freundeskreis vertraut, Optionen abgewogen und zeitnah bis sofort gehandelt: Kündigen die Baby Boomer erst nach zwei oder drei Jahren, die GenY nach rund einem halben Jahr, wird die GenZ vermutlich noch schneller kündigen und die ‚gewonnene' Zeit lieber zum kurzweiligem ‚Jobhopping' nutzen (Thampan 2013).

Auch andere mentale Muster haben sich in den älteren Generationen verfestigt und konserviert, obwohl die Datenlage genau das Gegenteil belegt. Denkt man bei Gamern gerne an männliche Teenager, die alleine im Keller sitzend, Pizza essend, Computerspiele spielen, so sieht die Datenlage etwas differenzierter aus: „In Deutschland spielen 93 % aller Kinder und Jugendlichen im Alter von 10 bis 18 Jahren Computer- und Videospiele. Nach der Selbsteinschätzung der Jugendlichen spielen die 10- bis 18-Jährigen im Schnitt 104 min pro Tag" (BITKOM 2014, S. 35). Doch „viele Jugendliche sind beim Spielen mit Computer oder Spielkonsole gerne mit Freunden, Bekannten oder der Familie zusammen. Ein Drittel (34 %) der 10- bis 18-jährigen Computerspieler sagt, dass sie am liebsten mit anderen Personen gemeinsam in einem Raum spielen" (BITKOM 2014, S. 36). Aber es geht noch weiter: „40 % aller Gamer sind Frauen. Jeder vierte Gamer ist älter als 50. Der durchschnittliche Spieler ist 35 und spielt bereits seit zwölf Jahren. Die meisten Gamer glauben, dass sie ihr ganzes Leben lang weiterspielen werden" (McGonigal 2012, S. 22) und „61 % aller Geschäftsführer nutzen täglich bei der Arbeit kleine Pausen zum Spielen" (Reinecke 2009). Bedenkt man die enormen Lernkompetenzen, die Gamer während ihres jahrzehntelangen Trainings auf Expertenniveau entwickeln (Lorber und Schutz 2016), so ist es recht schade, dass diese enormen Lernpotentiale nicht viel mehr in Schule, Hochschule oder im Beruf genutzt werden (Beck und Wade 2004). Obwohl „die Untersuchung relevanter Einflussfaktoren der Arbeitgeberqualität zeigt, dass Lernen, Führung und Aufgabengestaltung unverzichtbar für die Arbeitszufriedenheit eines Praktikanten sind und in hohem Maße die Arbeitgeberqualität beeinflussen" (Clevis 2015, S. 9).

Bis hierhin haben die GenY und GenZ viel gemeinsam, oberflächlich betrachtet. Erste Studien belegen – bspw. die ICILS 2013 (Bos et al. 2014), der Ford 2015 Trendreport (Ford 2015) oder die „Gen Y and Gen Z Global Workplace Expectations Study" (Millennial Branding und Randstad US 2014) –, dass es aber eklatante Unterschiede gibt (Tab. 2.3), die sowohl die Bildungslandschaft als auch die Unternehmen, ob große oder kleine, vor nicht zu unterschätzende Herausforderungen stellen.

Tab. 2.3 Einstellungen und Präferenzen der GenY und GenZ

	GenY		GenZ	Quelle
Unternehmergeist	11 %	wollen ein eigenes Unternehmen gründen	17 %	Millennial Branding und Randstad US (2014)
Motivator zu arbeiten	30 %	Möglichkeiten zum Aufstieg, zur Beförderung	34 %	Millennial Branding und Randstad US (2014)
	42 %	Gehalt	28 %	Millennial Branding und Randstad US (2014)
	15 %	Bedeutungs-/Sinnvolle Arbeit	23 %	Millennial Branding und Randstad US (2014)
	hoch	Stellenwert der Freizeit	sehr hoch	Twenge et al. (2010
	mittel	Stellenwert extrinsischer Anreize	sehr hoch	Twenge et al. 2010)
	niedrig	Stellenwert intrinsischer Anreize	sehr niedrig	Twenge et al. 2010
	niedrig	altruistische und soziale Motive	sehr niedrig	Twenge et al. 2010
Kommunikation	52 %	präferieren face-to-face Kommunikation	53 %	Millennial Branding und Randstad US (2014)
	18 %	präferieren E-Mail Kommunikation	16 %	Millennial Branding und Randstad US (2014)
	11 %	präferieren instant messaging Kommunikation	11 %	Millennial Branding und Randstad US (2014)
		App zu App innerhalb der Generation	85 %	Hesse et al. (2015), BITKOM (2014)
Arbeitsumgebung	45 %	präferieren die klassische Büroumgebung	28 %	Millennial Branding und Randstad US (2014)

Tab. 2.3 (Fortsetzung)

	GenY		GenZ	Quelle
	26%	arbeiten unabhängig vom Arbeitgeber	27%	Millennial Branding und Randstad US (2014)
	13%	präferieren das Home-Office	19%	Millennial Branding und Randstad US (2014)
Technologie (IT)	14%	glauben, IT bereichere die Zusammenarbeit	13%	Millennial Branding und Randstad US (2014)
	81%	möchten mit IT arbeiten, um Ziele zu erreichen	77%	Millennial Branding und Randstad US (2014)
	47%	nutzen Smartphones als Internet-Zugang	89%	Hesse et al. (2015, S. 79)
IT als Distraktor	25%	Instant messaging als größte Ablenkung	37%	Millennial Branding und Randstad US (2014)
	28%	Facebook als größte Ablenkung	33%	Millennial Branding und Randstad US 2014
	31%	E-Mail als größte Ablenkung	13%	Millennial Branding und Randstad US (2014)
‚Multitasking‘	66%	bejahen eine ‚Multitasking‘ Arbeitsumgebung	54%	Millennial Branding und Randstad US (2014)
	68%	mögen eine hohe Arbeitsgeschwindigkeit	59%	Millennial Branding und Randstad US (2014)
	Optimistisch		Realistisch	Millennial Branding und Randstad US (2014)
Qualität einer FK	52%	TOP 1: Ehrlichkeit, Aufrichtigkeit	52%	Millennial Branding und Randstad US (2014)
	35%	TOP 2: Solide Vision	34%	Millennial Branding und Randstad US (2014)
	34%	TOP 3: Gute Kommunikationsfähigkeit	32%	Millennial Branding und Randstad US (2014)

Millennial Branding und Randstad US 2014: In addition, when reporting on their own peer group, one-third of Gen Z (37%) feel they lack focus and 32% say they are self-centered

Dies umso mehr, da die Helikopter-Eltern der GenZ'ler als „mobile Eingreiftruppen" (Kraus 2013) für den nötigen Rückenwind und für eine trügerische Selbstsicherheit in der Kindheit und Jugend gesorgt haben als auch im jungen Erwachsenenalter weiterhin sorgen. Diese Überbehütung der ‚Generation Pampas‘ in Familie, Schule und Hochschule mit ihrer entschiedenen Unentschiedenheit fällt zeitlich zusammen u. a. mit einer früheren Einschulung, einer verkürzten Schulzeit bis zum Erwerb der Hochschulzugangsberechtigung und dem Wegfall der Wehrpflicht. „Als Folge werden sich vermutlich wichtige Reifeprozesse der Persönlichkeit nicht mehr hauptsächlich während des Studiums vollziehen, sondern sich in die Zeit des Erwerbslebens verschieben" (Klaffke 2014, S. 72). Somit sind auch Unternehmen wie nie zuvor unmittelbar betroffen. Insbesondere von der neuen Art einer Logik, der GenZ-Logik, welche Prof. Dr. Christian Scholz trefflich auf den Punkt gebracht hat (Scholz 2014, S. 130):

„Die Logik der Generation Z: Ich kann eine App bedienen, alles andere ist Zumutung."

Kann die GenY als Digital Natives bezeichnet werden, so ist für einen sehr großen Teil, für ein Subkollektiv der GenZ eher der Begriff ‚Digital Naives' (digital Naive) treffend (Scholz 2014, S. 125–130; Baroness Greenfield 2013). An dieser Stelle wird deutlich, dass eine Generation nicht als eine ‚homogene Masse' betrachtet werden sollte. Dies ist zwar weit verbreitet und recht bequem, siehe obiger Exkurs, doch birgt er u. a. die Gefahr, gewichtige Subkollektive und Heterogenitäten weg zu ‚homogenisieren'. Dieses vorgehen ist uns aus der Schule und der Hochschule bestens vertraut, aber gerade heute haben Schüler und Studierende unterschiedlichste Lernvoraussetzungen., Zugangsberechtigungen und Kompetenzen. Von einer ‚einheitlichen', homogenen Schüler- oder Studierendenschaft innerhalb eines Jahrgangs auszugehen, ist schlichtweg realitätsfern und verkennt die Lage maximal. Ferner muss man sich fragen, ob die dann einsetzende Homogenisierung der (Lern-)Heterogenitäten – alle lernen zur gleichen Zeit mit derselben Methodik in derselben Zeit und Geschwindigkeit denselben Lernstoff – (in der heutigen Zeit) überhaupt didaktisch sinnvoll ist und organisatorisch bei der heutigen Unterfinanzierung der Bildungssysteme überhaupt noch leistbar ist. Denn jedes Lernorgan, jedes Gehirn hat seine eigene Geschwindigkeit und seine eigenen Lernpräferenzen. Je heterogener die Lerngruppe ist, desto größer ist der Aufwand und mitunter auch der Verlust für die ‚Gleichtaktung'. Halten wir fest: „Diversity within each generation can be as different as across generations" (Stuart 2015, S. 6).

Doch nun zurück zu den ‚digital Naives'. Diese gelebte Naivität bzw. Logik – die „Wischkompetenz" für das non plus ultra zu halten – hat viele Facetten, die alle den Lern- und Arbeitsgewohnheiten der anderen Generationen diametral entgegenstehen und u. a. in der generationalen Einstellung zur Arbeit münden: Arbeit ist Spaß, Arbeit ist unsicher und Arbeit ist unklar (Tab. 2.4):

Die hierfür ursächlichen Facetten hat die GenZ mit Unterstützung der Eltern, der Schule und der Hochschule jahrzehntelang eingeübt (Tab. 2.5):

Belege dafür bietet u. a. die ICILS-Studie 2013 (Bos et al. 2014), in welcher die Computer- und informationsbezogenen Kompetenzen von Schülerinnen und Schülern in der 8. Jahrgangsstufe international verglichen wurden. Herrscht im öffentlichen Bewusstsein die Meinung vor, dass die GenZ dank ihrer permanenten Smartphone-Nutzung reich

Tab. 2.4 Generationale Einstellungen zur Arbeit (modifiziert nach Gulnerits 2014)

	Merkmale:	Arbeit ist …
Silent Generation	beständig, loyal, fleißig	Verpflichtung
Baby Boomer	durchsetzungsstark, engagiert, beziehungsorientiert	Herausforderung
Generation X	anpassungsfähig, pragmatisch, unabhängig	Kontrakt
Generation Y	kritisch, optimistisch, ‚Multitasking-fähig'	Mittel zum Zweck einer sinnhaften Erfüllung
Generation Z	engagiert, offen, schnell	Spaß, unsicher und unklar

Tab. 2.5 Facetten der Digital Naives (modifiziert nach Scholz 2014, S. 125–130)

Neues Merkmal statt	Altes Merkmal
Fragmentierte Kurztexte & multiple choice	zusammenhängend Schreiben und Sprechen
Suchen von Informationsschnipseln	Vertieftes und vernetztes Wissen
Sich in Emotikons, Fotos und Videos mitteilen	Verbalisieren, Nach- und Mitdenken
Lernen, Prüfen, Vergessen	Lernen, Prüfen, Behalten (?)
Partielles Anwendungswissen	Vertieftes Verständnis
Leichte Teilanwendungen beherrschen	Komplexe Techniken entwickeln

an IT-Kompetenzen sei, so liegen die 14-Jährigen aus Deutschland im internationalen Vergleich von computer- und informationsbezogenen Kompetenzen nur im Mittelfeld (Bos et al. 2014). Erschreckender sind allerdings drei weitere Details: 30 % der Alterskohorte erreichen nur die unteren beiden Kompetenzstufen, haben demgemäß nur rudimentäre Fertigkeiten und basale Wissensbestände. Aber auch das andere Ende der ‚Kompetenztreppe' gibt zu großer Sorge Anlass: „ICILS zeigt, wie andere internationale Vergleichsuntersuchungen auch, dass der Anteil der besonders leistungsstarken Schülerinnen und Schüler in Deutschland nicht sehr hoch ist" (BMBF 2014).

Das Interessante ist jetzt das dritte Detail, das eine Andeutung auf die ursächlichen Zusammenhänge in Deutschland aufzuzeigen vermag: Bei der Häufigkeit der Computernutzung durch Lehrpersonen im Unterricht belegt Deutschland im internationalen Vergleich den allerletzten Platz (Bos et al. 2014, S. 204). Ähnlich wie bei vielen Infrastrukturaufgaben – wie bei maroden Straßen und Brücken – laufen die in Deutschland chronisch unterfinanzierten Bildungssysteme Schule und Hochschule nicht nur im internationalen Vergleich weit hinterher, sondern leben qualitativ wie quantitativ, personell wie baulich, nur noch von der Substanz. Der mitunter gesellschaftlich akzeptierte bzw. tolerierte Unterrichtsausfall an deutschen Schulen beginnt jetzt auch die ersten (Elite-)Universitäten zu treffen, die den Lehrbetrieb nicht mehr aufrecht erhalten können: „Universität Hamburg: Professorin kündigt 100 Studenten. [...] Bis zu 70 % des Unterrichts wird durch externe Dozenten abgedeckt" (Padtberg-Kruse 2015). Diese haben jetzt gekündigt und die Stellen können nicht neu besetzt werden. „Auch wenn jemand gefunden wird, bedeutet es nur notdürftiges Zusammenstoppeln" (Padtberg-Kruse 2015). Wie bei den Schlaglöchern oder gesperrten Brücken auch, werden jetzt in Deutschland die Konsequenzen dieses Zusammenstoppelns über zunehmende Kosten in den Unternehmen direkt und indirekt sichtbar.

Um weitere allgegenwärtige Generationen- und Organisationskonflikte verstehen und erst gar nicht entstehen lassen zu können, werfen wir nun unseren Blick auf zwei weitere Phänomene und leiten u. a. daraus essentielle Haltungen für digitale Führungskräfte ab.

2.2.2 Multioptionales Handeln und Selbstorganisation

Selbstorganisation bzw. Selbstorganisiertes Lernen. Da sind sie wieder, diese penetranten Modewörter, die einen auf Schritt und Tritt verfolgen. Nachhaltig. Lebenslang – klingt fast wie Gefängnis. Transparenz. Authentizität. Talent, Kompetenz und eben Selbstorganisation. Auch wenn sich alles in einem zu sträuben scheint, lohnt sich ein kurzer Blick darauf, wie die Generationen diesen Begriff jeweils aus ihrer Perspektive überdehnen und in seiner Wichtigkeit verkennen. Es gibt aber auch positive Beispiele, die eines sofort deutlich machen: Dank der Selbstorganisationsfähigkeit wird Komplexität handhabbar. Und das in der Regel spielerisch leicht und freudvoll. Was muss ich tun? Ebenfalls ganz einfach: Nicht im Weg stehen! Klingt arrogant, ist aber so. Jeder Gehirnträger trägt einen Prototypen eines sich selbst organisierendes Systems täglich mit sich herum: Sein eigenes Gehirn. Jedes Hirn ist aus sich selbst heraus – quasi genetisch – motiviert, gerade an und in höchst komplexen Prozessen zu lernen. Und das ohne Gebrauchsanleitung, Fünf-Jahres-Plan, Score Cards etc. und das vor allem mit unersättlicher Neugierde und Spaß seit bzw. vor Geburt an. Wir fassen zusammen: Jedes Hirn, jeder Mensch kann Selbstorganisation.

Der damals 12-jährige Thomas Suarez ist so ein Beispiel. In seinem TEDx-Talk in Manhattan Beach im Oktober 2011 (Suarez 2011) steckte er zum einen Hunderte von Eltern und Lehrern mit seiner Begeisterung an, Apps für das iPhone zu programmieren. Seine TEDx-Präsentation wurde weltweit über drei Millionen mal angeschaut, in mehr als 34 Sprachen übersetzt und zählt somit zu den meist gesehenen TED-Talks überhaupt. Zum anderen stellte er charmant fest, dass heute Schüler und Studierende ein besseres Verständnis vom Gebrauch digitaler Technologien haben und dass die Lehrer von dieser Ressource Gebrauch machen sollten, um Schülern kollaboratives Lernen zu lehren.

Wie kam er zum Programmieren? Im Alter von sieben fragte er seine Eltern und Lehrer, ob sie ihm Computersprachen beibringen könnten. Sie konnten es nicht. Wie auch? Aber sie bestärkten ihn in seiner natürlichen Neugierde und schufen eine Umgebung, in welcher er seine Leidenschaft und Stärken entdecken und seine Ideen umsetzen konnte. Nachdem Apple 2008 mit dem iPhone auch das iPhone/iOS Software Development Kit (SDK) veröffentlicht hatte, brachte er sich die nötigen Grundlagen selbst bei und programmierte seine erste App im Alter von neun Jahren. An seiner Schule gründete er dann seinen App-Club. Er fragte Lehrer, wann und wie Apps für das Lernen sinnvoll seien, und teilte seine Erfahrung, wie man Apps programmiert, mit anderen interessierten Mitschülern und Lehrern. Schließlich gründete er als 13-Jähriger seine eigene Firma, CarrotCorp Inc., entwickelt dort gerade als Chefingenieur einen neuen 3D-Drucker namens ORB, http:// orbprinter.com, der 10x schneller ist als herkömmliche 3D-Drucker (Sher 2015), und inspiriert nebenbei Gleichaltrige wie Erwachsene mit seiner Vorstellung über die Zukunft des Lernens: „Learning about electronics through Modules. Allowing every student to create what they want, without waiting in a long queue" (Suarez 2015).

Herrlich: So geht Selbstorganisation! Nicht zaudern, jammern, weinen und anderen ‚die Schuld' geben, sondern selber machen. Und zwar voller Neugierde, Spaß und Freude. In der Regel steckt dies an und schon organisiert sich ein Team selbst. Doch all zu oft werden wir älter und es scheint, dass wir unsere erfolgreichen Selbstorganisationsfähigkeiten und das implizite Erfolgskonzept des Selbstorganisierten Lernens aus den Augen verlieren und stattdessen Selbstorganisationsmythen viel Raum erhalten: „Selbstorganisation hat jedenfalls weder etwas mit „Laissez-faire" noch mit „Durchwursteln" oder chaotischen

Alltagsstrukturen zu tun. Umgekehrt legt das Wort „Selbstorganisation" es scheinbar nahe, an besonders ausgeprägte Eigeninitiative zu denken: selbst organisiertes Lernen im Gegensatz zu fremd bzw. von außen organisiertes Lernen. Kreativität und Willensstärke, so könnte man meinen, führen zum Erfolg und zeichnen den leistungsstarken Manager aus. Organisieren wir uns lieber selbst als von außen über uns verfügen zu lassen. Basisdemokratie statt Fremdbestimmung, [...]. Die Theorie der Selbstorganisation erhält hier eine besondere Affinität zu emanzipatorischen Werten und aufklärerischen Idealen. Das mag man sympathisch finden, doch auch dies bringt uns einem Verständnis nicht näher" (Haken und Schiepek 2006, S. 65).

Da der Begriff des selbstorganisierten Lernens oft als schicker Marketingbegriff oder Qualitätsmerkmal von Organisationen und Einzelpersonen verwandt wird, möchten wir eine klare Linie ziehen zu dieser Anwendung als eine Pillepalle-Pädagogik, die das selbstorganisierte Lernen schlicht nicht ist. Ganz im Gegenteil: Da beim selbstorganisierten Lernen nahezu alle Entscheidungen von den Systemmitgliedern selbst getroffen und ausgeführt werden, kann der kurzfristige Lernaufwand für den Lehrenden und den Lernenden immens sein. Zwei weitere „unangenehme" Aspekte kommen hinzu:

Erstens trifft man nahezu alle Entscheidungen selbst, wodurch man auch lernt, sich selbst entscheiden zu müssen – was wiederum positiv eine Selbstwirksamkeit bewirkt. Mit der Entscheidung hat man aber auch die Verantwortung „gewonnen", die man so jedoch keinem Anderen in die Schuhe schieben kann. Gerade hier hat die GenZ gelernt, Verantwortung für fast alles eher bei allen anderen zu suchen als bei sich selbst (Scholz 2014). Was dies für Bildung und Wirtschaft konkret bedeutet, darf mit Spannung erwartet werden.

Zweitens führt der Modebegriff des selbstorganisierten Lernens oft dazu, dass man erst einmal in diese am Anfang aufwendigere Lernmethode investiert – vorerst. Wenn dann die Umwelt verstanden hat, dass man selbstorganisiert lernen kann und somit selbstständig, verantwortungsbewusst, umsichtig, reflektiert, gebildet,..., ist, behält man den Schein gerne bei und wechselt wieder zu anderen Methoden, die nicht so viel Eigenengagement erfordern. Dies ist gerade in „Hotel-Mama"-Lebensumgebungen sehr einfach möglich und beliebt.

Zwei weitere Fehl-Dehnungen des Begriffs wollen wir noch zerstreuen: man kann beim selbstorganisierten Lernen auch mit anderen zusammen lernen; denn „selbst" muss nicht „allein für sich" heißen – ähnlich wie „allein" nicht das Gleiche ist wie „einsam" und man „gemeinsam einsam" seien kann.

Zweitens sollte man die „entweder-das-Eine-oder-das-Andere"-Logik, wie sie schon recht verbreitet zu sein scheint, beim selbstorganisierten wie auch bei anderen Lernmethoden eher nicht anwenden, sondern das selbstorganisierte Lernen zusammen mit anderen Methoden und Formen anwenden: „In einer Firma wird dem einzelnen Mitarbeiter genau vorgegeben, was er zu tun hat. [...] Dieser geplanten Organisation und detaillierten Steuerung eines Systems stellt die Synergetik der Natur folgend ein anderes Prinzip gegenüber, nämlich das der Selbstorganisation. [...] In der Praxis kommt es stets auf eine geschickte Kombination aus Organisation und Selbstorganisation an" (Haken 2005, S. 17).

Zurück zu Selbstorganisationsfähigkeiten, sprich zu den Kompetenzen. Diese spielen für den Einzelnen in der Zukunft eine immer größer werdende Rolle sowohl für den Alltag als auch für einen nicht so häufig auftretenden Bewerbungsprozess: Entscheidend sind neben den Qualifikationen zunehmend die Kompetenzen, die man bislang erworben hat. Professor Christian Scholz formuliert dies auf seine eigene erfrischende Art und Weise: „Wie Unternehmen müssen auch Einzelpersonen ihre Ich-Aktien im Kompetenzportfolio mischen: Da gibt es Kompetenzen, die gegenwärtig am Markt voll durchsetzbar sind (‚Milchkuh-Kompetenzen‘) und andere, bei denen die Ertragskraft zumindest hoch wahrscheinlich ist (‚Star-Kompetenzen‘). Gleichzeitig besteht aber die Gefahr, zu lange an solchen Kompetenzen festzuhalten, die am Markt nicht mehr nachgefragt werden (‚Arme-Hunde-Kompetenzen‘). Und dann gibt es noch die ‚Fragezeichen-Kompetenzen‘, deren Entwicklung noch nicht abzusehen sind" (Scholz 2003, S. 149 f.). Diese Einteilung ist nicht nur recht spaßig, sondern auch völlig treffend: „Der Umgang mit den eigenen Kernkompetenzen als überlebensfähigen Wettbewerbsfaktoren wird damit zum zentralen Aspekt der individuellen Karriereplanung aller Mitarbeiter" (Scholz 2003, S. 144).

Auf organisationaler Ebene ist folgende Einschätzung von Professor Mitra in der heutigen VUCA Welt essentiell: „I think we've just stumbled across a self-organizing system. A self-organizing system is one where a structure appears without explicit intervention from the outside. Self-organizing systems also always show emergence, which is that the system starts to do things, which it was never designed for. Which is why you react the way you do, because it looks impossible. I think I can make a guess now. Education is a self-organizing system, where learning is an emergent phenomenon" (Mitra 2010). Bildung ist ein sich selbst-organisierendes System und es gilt, die „Sprache", die „Logik", die „Prinzipien" dieses Systems verstehen zu lernen. Selbständiges Lernen als „emergentes Phänomen" zu betrachten und zu erlernen lernen, ist eine, wenn nicht die Vorbereitung auf unsichere, komplex-dynamische Zeiten.

Demgegenüber sind die heutigen digitalen Konsumwelten und deren digitale Produkte u. a. durch stark individualisierte Angebote und durch Multioptionalität geprägt. Gekoppelt ist diese größere Wahlfreiheit meist mit einer kostenlosen Rücknahmeverpflichtung im Falle einer Fehlentscheidung oder einer Umentscheidung. Dies führt zu einer entschiedenen Unentschiedenheit, wobei die Kosten und Konsequenzen immer andere zu tragen haben. Bspw. führt die bei diversen Online-Händlern für den Kunden – oberflächlich betrachtet – kostenfreie Rückgabeoption dazu, dass zum einen die Umsätze, nicht aber die Gewinne steigen. Zum anderen entscheidet sich der Kunde bei der Bestellung meist kurzfristig und ‚oberflächlich‘, denn die Konsequenzen seine Entscheidung können später beliebig rückgängig gemacht werden. Da die dadurch entstehenden Mehrkosten vom Unternehmen ‚getragen werden‘ (müssen), findet auch die Entwicklung von Verantwortungsübernahme für seine Entscheidungen mitunter nicht oder nur rudimentär statt. Dieses, in der Kindheit und Jugend der GenZ eingeübte Muster, kann auf andere Entscheidungsprozesse in Schule, Hochschule oder Beruf leicht übernommen werden: In den letzten Jahren hat sich ein Phänomen immer deutlicher gezeigt, dass Studierende ein Seminar oder ein Praktikum anwählen, dieses antreten oder auch nicht und im Falle eines Beginns dieses abschließen oder eben auch nicht. Als Konsequenz wird dieses Seminar oder dieses Praktikum mit „N" für „Nicht angetreten" bewertet, was für die weitere Wahlmöglichkeit und auf die Benotung keinen Einfluss hat. Dieses didaktisch und ökonomisch äußerst ungünstige Verfahren verstärkt wie auch andere Wahlverfahren an Schule und Hochschule die entschiedene Unentschiedenheit im besonderen Maße.

Betrachtet man aber die außerschulische/außeruniversitäre digitalen Spielwelten der Computer- und Videospiele, so konnte in mehreren Studien nachgewiesen werden, dass Gamer schneller die richtigen Entscheidungen trafen. Bspw. zeigt eine im ‚World Journal of Surgery' veröffentlichte Studie, dass sich Chirurgen bei der Durchführung virtueller Operationen signifikant verbesserten, nachdem sie zuvor fünf Wochen lang mit einem Ego-Shooter trainiert hatten (Lorber und Schutz 2016; Schlickum et al. 2009).

Zusammenfassend kann festgestellt werden, dass ein Teil der jeweiligen Generation selbstorganisiert gelernt hat, in großer Komplexität und unter enormer Unsicherheit durch Selbstorganisation erfolgreich das Lernen und das unternehmerische Arbeiten zu gestalten. Viele Teilkompetenzen entwickeln sich im digitalen Zeitalter eher nicht an traditionellen Orten wie Schulen oder Hochschulen, die als äußerst schwerfällige und unterfinanzierte Institutionen dem Wandel nicht folgen können, sondern in außerschulischen, außeruniversitären informellen Lernumgebung wie beim Gamen. Die Kunst ist es nun für den Einzelnen als auch für die Unternehmen und die Gesellschaft allgemein, inwieweit die vornehmlich informell erworbenen Kompetenzen auf die Hochschule und den Beruf konkret übertragen werden können: Kompetenzen auf Expertenniveau sind vorhanden, sie müssen nur auf andere Bereiche transferiert werden (Lorber und Schutz 2016).

2.2.3   Freiwillige Partizipation vs. der BORG-Effekt

Damit Menschen ihr volles Potential entfalten und ihre beste Leistung für eine Firma erbringen können, ist es wichtig, dass sie richtig in die Firma integriert sind. Dies kann auf vielfältigste Arten und Weisen geschehen und in ausdifferenzierten Partizipations- und Akzepttanzformen münden. Die Mitarbeiter und Führungskräfte müssen dabei je nach Form wissen, was die Firma auszeichnet, wie ihre Mission und Vision aussehen, was die Menschen verbindet und antreibt und was ihre Rolle dabei ist. Peter M. Senge formuliert die „gemeinsame Vision" als einen der Kernbausteine der lernenden Organisation. Visionen „erzeugen ein Gefühl von Gemeinschaft, das die Organisation durchdringt und die unterschiedlichsten Aktionen zusammenhält" (Senge 2008, S. 252).

Vor allem die GenY verspürt das Bedürfnis, an etwas Größerem mitzuwirken und zusammen mit anderen die gemeinsame Vision zu verwirklichen (Dorsey 2009, S. 58f.). Doch auch allgemein lässt sich sagen, dass Menschen sich mehr mit einer Firma verbunden fühlen, wenn diese von einer gemeinsamen Vision getrieben wird (Lawler III 2008, S. 39). Senge nennt bspw. AT&T, Ford und Apple, deren Erfolgsgeschichten stark von einer gemeinsamen Vision geprägt sind (Senge 2008, S. 252).

Vielerorts wird dann davon ausgegangen, dass mit einer nach Außen sichtbaren Vision – meist plakatiert auf der Firmen-Homepage als Ergebnis einer extern beauftragten Agentur und meist eher nicht als das Spiegelbild interner Alltagsrealitäten und intern gelebter Visionen – die Talente der GenY/Z quasi automatisch überdurchschnittlich engagiert sind und überdurchschnittliche Leistungen erbringen. Diese Überzeugung wird von Martin und Schmidt (2010) jedoch als Irrtum bezeichnet: Talente der GenY wollen ihre individuellen Ziele explizit mit den Unternehmenszielen abgestimmt sehen. Sie wollen sich selbst organisieren und selbstbestimmt handeln. Gleichzeitig wollen sie Teil eines größeren Ganzen sein. Beides lässt sich nur durch eine gemeinsam erschaffene und gemeinsam gelebte Vision zusammenbringen: Talente werden ihr Potential nur dann entfalten können und zum vollen Einsatz bringen, wenn sie eine intrinsische Motivation für ihre Aufgabe entwickeln. Das heißt, wenn sie einen Sinn in ihrer Aufgabe sehen und sich ihre Aufgabe zu eigen machen. Sie müssen Werte, Vision, Mission und Überzeugung der Firma teilen, sich ihrer Bedeutung für den Gesamterfolg der Firma bewusst sein und ihrer Aufgabe mit Freude nachgehen.

Diese Feststellung ist jedoch nicht als alleinige Aufgabe für die Talente zu verstehen. Es liegt vielmehr am Management, welches akzeptieren muss, dass intrinsische Motivation nicht verordnet werden kann: Motivation kann nur und ausschließlich von Innen erzeugt und aufrecht erhalten werden, aber durchaus von Außen zerstört werden. Die Glaube, dass Lehrer und Führungskräfte motivieren können und müssen, ist immer noch weit verbreitet, beruht aber auf einen folgenschweren Denkfehler. An dieser Stelle verzichten wir bewusst darauf, diesen fundamentalen und weit verbreiteten Denkfehler ‚easy-to-read‘ weiter auszuführen, denn allein durch ‚schnelles Darüberlesen‘ kann kein reflektiertes und vertieftes Wissen aufgebaut werden. Hier ist bei wirklichem Interesse Zeit für eine eigene Suche angezeigt, zumal sie bereits einige wesentliche Schlüsselwörter schon gelesen haben.

Obgleich obige Feststellungen hier im Kontext von Talentmanagement besser Talententfaltung und Talententwicklung (Jacob und Schutz 2011) gemacht werden, gilt die gleiche Aussage für Arbeitnehmer im Allgemeinen und für die GenZ im Besonderen. Talente der GenY als auch die GenZ sind dank des demographischen Wandels in der komfortablen Situation, ihren Forderungen besonderen Nachdruck verleihen zu können.

Man kann also festhalten: GenY und GenZ können und müssen sich den Eigenarten eines Unternehmens anpassen. Aber dieser Prozess darf keine Assimilation sein, bei der sich die GenY/Z ihrem Schicksal fügen muss und mit der Organisation verschmolzen wird. Firmen, die versuchen, die GenY/Z nach dem BORG-Prinzip – „Sie werden assimiliert werden: Widerstand ist zwecklos" – der eigenen Unternehmenskultur und der herrschenden Praxis anzupassen, werden scheitern. Entweder, weil sie hiermit die Besten nicht für sich gewinnen können werden – warum sollten diese zu einem Unternehmen gehen, das von Ihnen eine solch radikale Form der Anpassung fordert, wenn ihnen alle Türen offen stehen – oder, weil eine solche Einstellung, selbst wenn sie „erfolgreich" ist, das Potential, welches in der Vielseitigkeit der GenY/Z steckt, durch Standardisierung systematisch vernichtet.

Exkurs: Die BORG

Die Borg, eine Spezies im Star Trek Universum, sind ein Kollektiv kybernetischer Bioorganismen (Cyborgs) mit nur einem Ziel: Die vollständige Assimilation ‚wertvoller Wesen und Technologien' in das kollektive Borg-Bewusstsein, um größtmögliche Perfektion zu erlangen. An der Spitze des vollständig vernetzten und alles teilenden Borg-Kollektivs aus Borg-Drohnen steht die Borg-Königin, die jede Auslese zur Assimilation oder – bei Gefahr – zur Elimination koordiniert. Vor der Assimilation wird nur eine Nachricht übermittelt: „Wir sind die Borg. Deaktivieren Sie Ihre Schutzschilde und ergeben sie sich. Wir werden Ihre biologischen und technologischen Charakteristika den unseren hinzufügen. Ihre Kultur wird sich anpassen und uns dienen. Widerstand ist zwecklos!" (Star Trek, Der erste Kontakt 1996). Beschäftigt man sich mit der Spezies Borg etwas tiefer gehender, hat man nicht selten Assoziationen mit heutigen Geschäftsstrategien globaler Konzerne: An was die Macher von Star Trek bei der Ausgestaltung der Borg wohl einst gedacht haben?

Damit die GenY/Z sich in einem Unternehmen wirklich entfalten kann, werden Unternehmen diese Feststellung verinnerlichen müssen. Tun sie dies nicht, dann wird es nicht nur zunehmend schwierig, die Besten der GenY/Z zu gewinnen und auch langfristig zu halten, sondern auch deren Potential für das Unternehmen zu nutzen. Hewlett et al. sind sich sicher, dass die Generation Y Unternehmen dazu zwingen wird, sich entsprechend zu entwickeln (Hewlett et al. 2009, S. 76). GenZ fordert zudem, dass dieses auch in der Gestaltung der Arbeitsplatzumgebung konsequent umgesetzt wird (Bridges 2015; Crouch 2015).

Aus diesen Überlegungen ergibt sich ein weiteres essentielles Element einer fundierten Haltung von Digitalen Führungskräften:

2.2.4   Generations- und kultursensibles Agieren und Führen

In managing demographics, German practitioners currently focus on how to change organizational practices to attract Generation Y employees and how to safeguard performance levels of elderly employees through health management. This strategy, however, may not be sufficient given the dramatic demographic change in Germany with a projected decline of its working population by 6 million until 2030. In fact, organizational practices are needed that make talent of any age a strategic priority, allowing organizations to present themselves as employers of choice for every employee generation, while enhancing fruitful collaboration between employees of different ages. (Klaffke 2015)

Viele Versuche, die GenY/Z für das eigene Unternehmen zu interessieren, kommen über eine mitunter sehr illustre Kommunikationskampagne nicht hinaus. Die Bandbreite der

Rap-Recruiting-Videos mit rappenden Auszubildenden und singenden Chefs reicht bspw. von der Polizei NRW (Weuster 2013), über die Volksbank Franken – „Die Goldene Runkelrübe 2014 für das peinlichste Karriere-Video geht an die Volksbank Franken" (Goldene Runkelrübe 2014) – bis hin zu BMW mit einer Auszeichnung zum schlechtesten Web-Video des Jahres 2012 (Kaufmann 2012). Diese treffen zwar die Einstellung der GenZ zur Arbeit, diese als Spaß aufzufassen (Tab. 2.4), sind aber eher nicht spaßig, sondern vielmehr lächerlich und durchaus Marken-schädigend. Auch andere oberflächliche Versuche, die Attraktivität des Unternehmens durch ein entsprechendes ‚Buzzwording' aufzupolieren, werden von der spaßig spielenden GenZ durchaus als solche erkannt und gerne mitgespielt, doch stellt dieses Aufgreifen des Pippi-Langstrumpf-Prinzips eher einen Schlüssel zum Misserfolg dar:

VeganMobi, mit Office in Berlin, hat es sich zur Aufgabe gemacht, den Whole Workflow beim Mobile Payment am Point of Sale zu downsizen. VeganMobi hatte einen Come-to-Jesus-Moment, der letztendlich zu einer Disruptive Innovation führte. VeganMobi möchte den MPayment-Workflow komplett vegan abbilden und so Best of Breed werden. Dabei deckt VeganMobi die ganze Bandwith ab, angefangen beim Merchand bis hin zum Customer. Die Core-Competency von VeganMobi ist ganz klar das Cloud-Computing auf veganer Basis. Target-Group ist B2B als auch B2C. (Klotz 2013)

Beabsichtigt man ernsthaft, eine generationenfreundliche, besser generationenübergreifende, idealerweise generationenverbindende (Möller et al. 2015, S. 127) Kommunikations- bzw. Unternehmenskultur zu leben, scheint ein Blick auf die mentalen Modelle bzw. Muster der Generationen und ihrer Facetten angebracht, die bspw. in den Einstellungen zur Arbeit sichtbar werden (Tab. 2.3 und 2.4). Diese zu ignorieren und nach dem alten Muster weiter zu verfahren – „dann halt kündigen und einen anderen neu einstellen" –, kann bei der heutigen demographischen Entwicklung nicht funktionieren: „Alle Interaktionsprozesse, von der Bewerbung über Steuerung und Entwicklung bis hin zum Austritt, müssen vom Mitarbeiter her gedacht werden" (Dahrendorf 2011, S. 148) und „Art und Umfang, in dem es gelingt, generationengerecht zu führen, wird zum erfolgsbestimmenden Wettbewerbsfaktor der Zukunft." (Möller et al. 2015, S. 127)

Doch wie agiere und führe ich generationengerecht und generationenverbindend?
Mitunter wird den Führungskräften ein kognitiver und emotionaler Spagat abverlangt werden zwischen den in der eigenen Sozialisation übernommenen Rollenmodellen und den veränderten Erwartungen der jüngeren Generationen. […] Letztlich gilt es jedoch, ein breites Repertoire an Verhaltensmustern zu erlernen, um jedem Beschäftigten in seiner individuellen Situation gerecht zu werden. (Klaffke 2014, S. 80)

Wird in der universitären Ausbildung gerne leicht abfragbare Informationen über Führungsstile den Studierenden dargeboten – in der Hoffnung, dadurch in der Zuhörerschaft Führungskompetenzen zu entwickeln –, so findet man häufig auch in Unternehmen – im

Rahmen einer ‚innovativen' Führungskräfteentwicklung – meist nur singuläre Teilaspekte: „Viel getan wurde auch beim Thema Führung. Machtstrukturen werden von den Jungen nicht so angenommen. Wir schulen die Generation 50plus darin, dass Führung nicht nur Macht bedeutet" (Gulnerits 2014). Diese Anstrengungen sind zwar löblich, doch gilt es, die Führungskräfte zu befähigen, Individuen aus mehreren Generationen mit ihren individuellen Ansprüchen und Kompetenzen in individuellen Situationen und unter unsicheren Bedingungen zu führen.

Wie kann dies gelingen? Im Prinzip ganz einfach. Erstens, indem man Irrwege in der Führungskräfteentwicklung wie den *Irrweg Talentmanagement* (Gloger und Rösner 2014, S. 222; Nussbaum 2012, S. 88; Jacob und Schutz 2011) durch individuelle Talententfaltungsformate ersetzt: Es gilt, individuelle Führungspersönlichkeiten zu entwickeln und nicht standardisierte Führungsklone als Vorgesetzte ‚vom Band plumpsen zu lassen'.

Zweitens: GenZ'ler arbeiten auf hohem Aktivitätsniveau gerne, aber ‚verantwortungsreduziert', da sie von Kindheit an bspw. durch ihre Helikopter-Eltern und in ihrer Umwelt gelernt haben, die Verantwortung stets bei anderen zu sehen (Scholz 2014, 2012). Für die Unternehmen und ihre Führungskräfte bedeutet dies, dass Verantwortung den GenZ'lern in kleinen Schritten und behutsam anerzogen werden muss. Führungskräfte werden substanziell als Erzieher im Sinne eines konstruktiven Lernbegleiters gefordert werden (Belwe und Schutz 2014).

Dies bedingt drittens einen doppelten Perspektivenwechsel: Hatte zum einen über viele Jahrzehnte, gar über viele Jahrhunderte der schlichte Satz „Die Jungen lernen von den Älteren" uneingeschränkte Gültigkeit, so gilt dies heute nur noch eingeschränkt (reziproke Kompetenzverteilung). Die Kunst ist es jetzt, die Kompetenzen der einzelnen Generationen im Alltag so zu erfassen und zu kombinieren, dass sie auch im Ganzen zur Entfaltung kommen können. Hierbei können völlig neue Rollenbilder entstehen und zusammenwirken.

Zum anderen muss die Frage von Seiten der Unternehmen und der Führungskräfte beantwortet werden, wie man die GenY/Z aktiv darin unterstützen kann, den „global achievement gap" zwischen der „New World of Work" und der „Old World of School" (Wagner 2008) zu überbrücken, damit sich die GenY/Z in den etablierten Teams der „New World of Work" in ihren Kompetenzen entwickeln zu kann. Auch hier können völlig neue Rollenbilder entstehen und zusammenwirken.

Literatur

Advertising Age. (1993). Generation Y. *Advertising Age, 64*(36), 16.

Baroness Greenfield, S. (2013). Facebook home could change our brains. The telegraph. Telegraph Media Group. http://www.telegraph.co.uk/technology/facebook/9975118/Facebook-Home-could-change-our-brains.html. Zugegriffen: 08. April 2013.

Barrett, F. J. (2012). *Yes to the mess: Surprising leadership lessons from jazz.* Boston: Harvard Business School Publishing.

Beck, J. C., & Wade, M. (2004). *Got game – How the gamer generation is reshaping business forever.* Boston: Harvard Business School Press.

Belwe, A., & Schutz, T. (2014). *Smartphone geht vor – Wie Schule und Hochschule mit dem Aufmerksamkeitskiller umgehen können*. Bern: hep.

BITKOM. (2014). Jung und vernetzt – Kinder und Jugendliche in der digitalen Gesellschaft. BITKOM. https://www.bitkom.org/Bitkom/Publikationen/Publikation_2306.html. Zugegriffen: 21. März 2015.

BMBF. (2014). Internationale Bildungsstudie ICILS misst Computerkompetenzen: Achtklässler in Deutschland beim Umgang mit neuen Medien im Mittelfeld. BMBF. http://www.bmbf.de/press/3691.php. Zugegriffen: 02. April 2015.

Bos, W., Eickelmann, B., Gerick, J., Goldhammer, F., Schaumburg, H., Schwippert, K., Senkbeil, M., Schulz-Zander, R., & Wendt, H. (2014). *ICILS 2013: Computer- und informationsbezogene Kompetenzen von Schülerinnen und Schülern in der 8. Jahrgangsstufe im internationalen Vergleich*. Münster: Waxmann.

Bridges, T. (2015). 5 ways the workplace needs to change to get the most out of Generation Z – Get ready: This newest generation thinks about work differently than any before. Fast Company. http://www.fastcoexist.com/3049848/5-ways-the-workplace-needs-to-change-to-get-the-most-out-of-generation-z. Zugegriffen: 22. Aug. 2015.

Brown, S.L., & Eisenhardt, K. (1998). *Competing on the edge – Strategy as structured chaos*. Boston: Harvard Business School Press.

Carse, J.P. (1986). *Finite and infinite games. A vision of life as play and possibility*. Toronto: Ballantine Books.

Clevis. (2015). Clevis Praktikantenspiegel 2015. Clevis Group. http://www.clevis.de/Documents/CLEVIS_Praktikantenspiegel_2015.pdf. Zugegriffen: 21. März 2015.

Crouch, B. (2015). How will Generation Z disrupt the workplace? Fortune. http://fortune.com/2015/05/22/generation-z-in-the-workplace/. Zugegriffen: 22. Aug. 2015.

Dahrendorf, S. (2011). Führung durch Kommunikation: Interaktionsprozesse für Millennials gestalten. In M. Klaffke (Hrsg.), *Personalmanagement von Millennials – Konzepte, Instrumente und Best-Practice-Ansätze* (S. 147–162). Wiesbaden: Springer Gabler.

Dawson, A. (2011). Study says Generation X is balanced and happy. CNN. http://edition.cnn.com/2011/10/26/living/gen-x-satisfied/. Zugegriffen: 03. Jan.2014.

Dell, C. (2012). *Die improvisierende Organisation. Management nach dem Ende der Planbarkeit*. Bielefeld: Transcript Verlag.

Dorsey, J. R. (2009). *Y-size your business – How Gen Y employees can save you money and grow your business*. Hoboken: John Wiley & Sons.

Exakt. (2015). Völlig vernetzt – Fluch und Segen der digitalen Welt. ARD Mediathek. http://www.ardmediathek.de/tv/Exakt-die-Story/Völlig-vernetzt-Fluch-und-Segen-der-di/MDR-Fernsehen/Video?documentId=27448810&bcastId=7545348. Zugegriffen: 02. April 2015.

Ford. (2015). Looking further with ford: 2015 trends. http://www.at.ford.com/SiteCollectionImages/2014_NA/Dec/Ford-2015-TrendReportBook.pdf. Zugegriffen: 10. Aug. 2015.

Frand, J. L. (2000). The information-age mindset: Changes in students and implications for higher education. *EDUCAUSE Review, 35*(5), 15–24.

Gindrat, A.-D., Chytiris, M., Balerna, M., Rouiller, E., & Ghosh, A. (2015). Use-dependent cortical processing from fingertips in touchscreen phone users. *Current Biology, 25*(1), 109–116.

Gloger, B., & Rösner, D. (2014). *Selbstorganisation braucht Führung – Die einfachen Geheimnisse agilen Managements*. München: Hanser.

Goldene Runkelrübe. (2014). Die glücklichen Gewinner 2014. Tsalikis & Knabenreich. http://www.goldenerunkelruebe.de/gewinner-2014/. Zugegriffen: 07. April 2015.

Gulnerits, K. (2014). Generationenkonflikte: „Am Ende zählt das Ergebnis". WirtschaftsBlatt Medien. http://wirtschaftsblatt.at/home/life/karriere/4593433/Generationenkonflikte_Am-Ende-zaehlt-das-Ergebnis. Zugegriffen: 21. März 2015.

Haken, H. (2005). Die Rolle der Synergetik in der Managementtheorie: 20 Jahre später. In T. Meynhardt & E. J. Brunner (Hrsg.), *Selbstorganisation managen – Beiträge zur Synergetik der Organisation* (S. 17–18). Münster: Waxmann.

Haken, H., & Schiepek, G. (2006). *Synergetik in der Psychologie – Selbstorganisation verstehen und gestalten.* Göttingen: Hogrefe.

Hansen, K. P. (2010). Kollektiv und Pauschalurteil. In C. Barmeyer, P. Genkova, & J. Scheffer (Hrsg.), *Interkulturelle Kommunikation und Kulturwissenschaft* (S. 73–86). Passau: Stutz.

Hansen, K. P. (2011). *Kultur und Kulturwissenschaft.* 4., vollst. überarb. Aufl., Tübingen: A. Francke (UTB).

Hesse, G., Mayer, K., Rose, N., & Fellinger, C. (2015). Herausforderungen für das Employer Branding und deren Kompetenzen. In G. Hesse & R. Mattmüller (Hrsg.), *Perspektivwechsel im Employer Branding – Neue Ansätze für die Generationen Y und Z* (S. 77–89). Wiesbaden: Springer Gabler.

Hewlett, S. A., Sherbin, L., & Sumberg, K. (2009). How Gen Y and boomers will reshape your agenda. *Harvard Business Review, 87*(7–8), 71–76.

Hildebrandt, M., Jehle, L., Meister, S., & Skoruppa, S. (2013). *Closeness at a distance – Leading virtual groups to high performance.* Oxfordshire: LIBRI Publishing.

Hoffmeister, C., & von Borcke, Y. (2015). *Think new! 22 Erfolgsstrategien im digitalen Business.* München: Hanser.

Hofstetter, Y. (2014). *Sie wissen alles. Wie intelligente Maschinen in unser Leben eindringen und warum wir für unsere Freiheit kämpfen müssen.* 2. Aufl., München: C. Bertelsmann.

iStrategyLabs. (2014). 3 million teens leave Facebook in 3 years: The 2014 Facebook demographic report. https://isl.co/2014/01/3-million-teens-leave-facebook-in-3-years-the-2014-facebook-demographic-report/. Zugegriffen: 14. Aug. 2015.

Jacob, L., & Schutz, T. (2011). *Die Kunst, Talente talentgerecht zu entwickeln.* Norderstedt: BoD.

Kane, G.C., Palmer, D., Phillips, A.N., Kiron, D., & Buckley, N. (2015). Strategy, not technology, drives digital transformation. http://sloanreview.mit.edu/projects/strategy-drives-digital-transformation/. Zugegriffen: 03. Okt. 2015.

Kast, R. (2014). Herausforderung Führung – Führen in der Mehrgenerationengesellschaft. In M. Klaffke (Hrsg.), *Generationen-Management – Konzepte, Instrumente und Best-Practice-Ansätze* (S. 227–244). Wiesbaden: Springer Gabler.

Kaufmann, M. (2012). Peinliche Recruiting-Videos – Die Parade des Schreckens. SPIEGELnet. http://www.spiegel.de/karriere/berufsstart/peinliche-recruiting-videos-wie-sich-firmen-im-internet-blamieren-a-841093.html. Zugegriffen: 02. April 2015.

Klaffke, M. (2014). Millennials und Generation Z – Charakteristika der nachrückenden Arbeitnehmer-Generationen. In M. Klaffke (Hrsg.), *Generationen-Management – Konzepte, Instrumente und Best-Practice-Ansätze* (S. 57–82). Wiesbaden: Springer Gabler.

Klaffke, M. (2015). Managing the multigenerational workforce: Lessons German companies can learn from Silicon Valley. http://ies.berkeley.edu/images/2014–2015%20Events/WP_IES%20Berkeley_Generation%20Management_Klaffke_FINAL.pdf. Zugegriffen: 23. Aug. 2015.

Klotz, M. (2013). Das Pippi-Langstrumpf-Prinzip als Schlüssel zum Misserfolg (Teil 2). yeebase media. http://t3n.de/news/pippi-langstrumpf-prinzip-2-499500/. Zugegriffen: 02. April 2015.

Kraus, J. (2013). *Helikopter-Eltern: Schluss mit Förderwahn und Verwöhnung.* 3. Aufl., Reinbek: Rowohlt.

Lang, N. (2015). Why teens are leaving Facebook: It's ‚meaningless‘. The Washington Post. https://www.washingtonpost.com/news/the-intersect/wp/2015/02/21/why-teens-are-leaving-facebook-its-meaningless/. Zugegriffen: 14. Aug. 2015.

Lawler III, E.E. (2008). *Talent – Making people your competitive advantage.* San Francisco: Jossey-Bass.

Lorber, M., & Schutz, T. (2016). *Gaming für Studium und Beruf? Was wir lernen, wenn wir spielen.* Bern: hep.

Martin, J., & Schmidt, C. (2010). So funktioniert Talentmanagement. *Harvard Business Manager, 32*(7), 27–36.

McGonigal, J. (2012). *Besser als die Wirklichkeit! – Warum wir von Computerspielen profitieren und wie sie die Welt verändern.* München: Heyne.

Millennial Branding, & Randstad US. (2014). Gen Y and Gen Z global workplace expectations study. http://millennialbranding.com/2014/geny-genz-global-workplace-expectations-study/. Zugegriffen: 16. Aug. 2015.

Mitra, S. (2010). The child-driven education. TED. http://www.ted.com/talks/lang/eng/sugata_mitra_the_child_driven_education.html. Zugegriffen: 15. Nov. 2010.

Möller, J., Schmidt, C., & Lindemann, C. (2015). Generationengerechte Führung beruflich Pflegender. In P. Zängl (Hrsg.), *Zukunft der Pflege – 20 Jahre Norddeutsches Zentrum zur Weiterentwicklung der Pflege* (S. 117–130). Wiesbaden: Springer VS.

Mumme, T. (2015). Kulturgut Handschrift kommt an den Schulen zu kurz. WeltN24. http://www.welt.de/politik/deutschland/article139024861/Kulturgut-Handschrift-kommt-an-den-Schulen-zu-kurz.html. Zugegriffen: 02. April 2015.

Nussbaum, A. (2012). Irrweg Talentmanagement. *Harvard Business Manager, 34*(12), 98–99.

Osterhammel, J. (2013). *Die Verwandlung der Welt. Eine Geschichte des 19. Jahrhunderts.* München: C. H. Beck

Padtberg-Kruse, C. (2015). Universität Hamburg: Professorin kündigt 100 Studenten. http://www.spiegel.de/unispiegel/studium/universitaet-hamburg-professorin-kuendigt-100-studenten-a-1026869.html. Zugegriffen: 07. April 2015.

Pauen, M., & Welzer, H. (2015). *Autonomie – eine Verteidigung.* Frankfurt a. M.: S. Fischer.

Paul, B. (2014). Generation Y – 11 Stärken und Schwächen der GenY. Ben Paul – IdeaCamp. http://anti-uni.com/generation-y-11-staerken-und-schwaechen/. Zugegriffen: 20. März 2015.

Prensky, M. (2001). Digital natives, digital immigrants: Part 1. *On the Horizon, 9*(5), 1–6.

Reinecke, L. (2009). Games at work: The recreational use of computer games during work hours. *Cyberpsychology, Behavior, and Social Networking, 12*(4), 461–465.

Roehl, H. (2015). Digitalisierung braucht Ehrlichkeit – Ein Gespräch mit Holger Spielberg. *Organisations Entwicklung, 3,* 6–10.

Schlickum, M. M., Hedman, L., Enochsson, L., Kjellin, A., & Felländer-Tsai, L. (2009). Systematic video game training in surgical novices improves performance in virtual reality endoscopic surgical simulators: A prospective randomized study. *World Journal of Surgery, 33*(11), 2360–2367.

Scholz, C. (2003). *Spieler ohne Stammplatzgarantie – Darwiportunismus in der neuen Arbeitswelt.* Weinheim: Wiley-VCH.

Scholz, C. (2012). Generation Z: Willkommen in der Arbeitswelt. DER STANDARD. STANDARD Medien. http://derstandard.at/1325485714613/Future-Work-Generation-Z-Willkommen-in-der-Arbeitswelt. Zugegriffen: 09. März 2012.

Scholz, C. (2014). *Generation Z – Wie sie tickt, wie sie verändert und warum sie uns alle ansteckt.* Weinheim: Wiley-VCH.

Schrems, M. (2015). JUDGMENT OF THE COURT (Grand Chamber) 6 October 2015. In Case C-362/14. https://d2huj1whasmze.cloudfront.net/docs/schrems_3OHQ.pdf. Zugegriffen: 09. Okt. 2015.

Senge, P. M. (2008). *Die fünfte Disziplin – Kunst und Praxis der lernenden Organisation.* Stuttgart: Schäffer-Poeschel.

Shaw, W. H. (2011). *Business ethics – A textbook with cases.* Boston: Wadsworth Publishing.

Sher, D. (2015). Teen takes 3D printing into "ORBit" with new ORB technology. http://3dprintingindustry.com/2015/01/13/teen-takes-3d-printing-into-orbit-with-new-orb-technology/. Zugegriffen: 20. Aug. 2015.

Sinus. (2012). Wie ticken Jugendliche? Lebenswelten von Jugendlichen im Alter von 14 bis 17 Jahren in Deutschland (Öffentlicher Foliensatz zur Sinus-Jugendstudie). SINUS: akademie. http://www.sinus-akademie.de/fileadmin/user_files/Presse/SINUS-Jugendstudie_u18_2012/Öffentlicher_Foliensatz_Sinus-Jugendstudie_u18.pdf. Zugegriffen: 14. Jan. 2014.

Star Trek. (1996). *Star Trek: Der erste Kontakt*. Los Angeles: Paramount Pictures Cooperation.

Stuart, R. (2015). Developing the next generation – CIPD learning to work research report 2015. London: CIPD. http://www.cipd.co.uk/binaries/developing-next-generation.pdf. Zugegriffen: 16. Aug. 2015.

Suarez, T. (2011). The iPhone application deve. https://www.ted.com/talks/thomas_suarez_a_12_year_old_app_developer?language=de. Zugegriffen: 16. Mai 2012.

Suarez, T. (2015). ORB: Why 10x faster & modular? http://orbprinter.com. Zugegriffen: 20. Aug. 2015.

Sutton, R. (2001). *Stellen Sie Leute ein, die Sie eigentlich nicht brauchen: 11 ½ Regeln für kreative Manager*. München: Piper.

Taler, R.H., & Sunstein, C.R. (2009). *Nudge: Improving decisions about health, wealth, and happiness*. London: Penguin.

Thampan, L. (2013). Jobs in the future – The career path of generation Y & Z. http://blog.wagepoint.com/h/i/70994661-jobs-in-the-future-the-career-path-of-generation-y-z-infographic. Zugegriffen: 12. Aug. 2015.

Twenge, J.M., Campbell, S. M., Hoffman, B. J., & Lance, C. E. (2010). Generational differences in work values: Leisure and extrinsic values increasing, social and intrinsic values decreasing. *Journal of Management, 36*(5), 1117–1142.

Veen, W. (2003). A new force for change: Homo Zappiensi. *The Learning Citizen, 7,* 5–7.

Wagner, T. (2008). *The global achievement gap:Why even our best schools don't teach the new survival skills our children need – and what we can do about it*. New York: Basic Books.

Weick, K.E., & Sutcliffe, K. (2003). *Das Unerwartete managen*. 2., vollständig überarbeitete Auflage. Stuttgart: Schäffer-Poeschel.

Weuster, K. (2013). Nach dem Peinlich-Video mit rappenden „Polizisten" – Jetzt machen sich die Hamburger über die NRW-Polizei lustig. BILD. http://www.bild.de/regional/ruhrgebiet/ruhrgebiet/polizei-video-erntet-viel-spott-32714278.bild.html Zugegriffen: 01. April 2015.

Willkens, A. (2015). *Analog ist das neue Bio*. Berlin: Metrolit.

Teil II
Hybride Teams, Ensembles und Rollen

From Goal to Role

3

Zusammenfassung

Im Zeitalter digitaler Führung kommt es zunehmend darauf an, Mitarbeiterinnen und Mitarbeiter in hybriden Kontexten zu führen, d. h. in Arbeitsumgebungen, in denen die Grenzen zwischen analoger und digitaler Arbeitswelt zunehmend verschwimmen. Ähnlich wie Kinder in kürzester Zeit lernen müssen, sich in einer völlig neuen, hochkomplexen und sich rasch verändernden Umwelt artikulieren und bewegen zu können, müssen auch Führungskräfte sich eines Werkzeuges bedienen, das ihnen ein solches, hochdynamisches Lernen ermöglicht: Das Spiel. Organisationen können ihrerseits als ineinandergreifende Spiele verstanden werden, auf die improvisierend reagiert und in denen spielerisch agiert werden muss.

Die Spiele der Organisation sorgen für die notwendigen Rollen, die es braucht, um die Organisation zu entwickeln. Diese notwendigen Rollen innerhalb der Organisation können sich komplementär oder in Konkurrenz zu anderen Rollen entwickeln, die die Mitarbeiterinnen und Mitarbeiter zu berücksichtigen haben (z. B. Mutter, Sohn, Kollege, IT-Spezialist, Freund, Dozent). Daraus können entsprechende Konflikte oder Potenziale für den oder die Einzelne(n) entstehen. Neben interpsychischen Konflikten gilt es dabei auch innerpsychische Rollenkonflikte zu berücksichtigen.

3.1   Teams No More: Ensembles!

Wenn wir im Folgenden von Ensembles statt von Teams sprechen werden, dann aus zwei Gründen. Zum einen ist der Begriff „Team" unserer Meinung nach verbrannt. Mit Bedeutungsakronymen wie „Toll Ein Anderer Machts" oder durch so genannte Teambuilding-Maßnahmen ist es unserer Meinung nach an der Zeit, nach anderen Formen der organisationalen Führung und Entwicklung Ausschau zu halten – und sei es, um neue Qualitäten und Ansätze überhaupt denken zu können und um bestehende Vorbehalte oder Kritiken einfacher loslassen zu können.

Ein anderer Grund besteht für uns genau darin, dass wir der Meinung sind, dass Ensembles auch andere Qualitäten als Teams aufweisen. Rob Austin und Lee Devin beschreiben Ensembles als „the penultimate quality of artful making" (Austin und Devin 2003, S. 128). Eric Schmidt, der damalige Chairman und CEO von Google, greift diesen Ansatz auf und bringt die sogenannten „Googlets" ins Spiel, „teams of three or four engineers who are set on a mission of exploration and innovation." (Austin und Devin 2003, S. xix) Es geht darum, ein Ensemble zu entwickeln, das am Ende mehr ist, als die Summe seiner Mitspieler. „It cannot be extracted for analysis, because a process without it will no longer be artful making" (Austin und Devin 2003, S. 129). „Whether you're designing a new product, running a business in volatile conditions, operating a process that might encounter unforeseen inputs, or just trying to figure out what to do with your life, the journey usually involves exploration, adjustment, and improvisation" (Austin und Devin 2003, S. xxi). „We became convinced that theatre practice, agile software development, some new methods of strategy making and project management, and activities in many other business areas are examples of a more general phenomenon we call artful making" (Austin und Devin 2003, S. 3; Abb. 3.1).

Abb. 3.1 Zusammenspiel
(© Martin A. Ciesielski)

Unserer Meinung nach entstehen starke Ensembles aus den Stärken der einzelnen Mitglieder heraus. Wie in einer Mannschaft bringt es nichts, allein Weltklassespieler zu haben, die nicht aufeinander abgestimmt miteinander spielen können. Es muss ein Zusammenspiel entstehen, das dazu führt, dass ein Gemeinschaftsspirit entsteht. Wir gehen dazu zunächst den Schritt zu schauen, welche organisationalen Spiele dafür sorgen, dass Rollen entstehen, die wiederum in Ensembles einmünden können und sollten.

3.1.1 Organisationale Spiele und Spielarten

Das Spiel illustriert gewissermaßen die existentielle Situation des Menschen vor dem Computer. Die Berliner Philosophin Sybille Krämer hat bemerkt, dass aller Kontakt mit dem Computer im Grunde darin besteht, mit dem „System der Regeln" des Computers zu experimentieren. […] Die Unfreiheit der Regeln ermöglicht die Freiheit des Experimentierens. Und das lieben die Menschen (Kucklick 2014, S. 219).

Interessant ist auch, dass Menschen im Zusammenhang mit Spielen etwas mögen, das sie sonst so weit wie möglich vermeiden: Das Scheitern. „Man schätzt, dass Spieler rund 80 Prozent ihrer Zeit damit verbringen zu scheitern, also: nicht weiterzukommen, Level zu wiederholen, neu anzufangen. Warum machen sie dennoch weiter? […] Die Spieler machen weiter, weil am Computer jedes Scheitern wichtige Informationen darüber liefert, wie es beim nächsten Mal besser klappen könnte. […] Scheitern ist also keine Niederlage, sondern Vorbereitung auf den Sieg. Der Computer ist ein virtuoser Motivator" (Kucklick 2014, S. 221 f.). Nach Kucklick entmenschlichen uns die Computer und digitalen Möglichkeiten nicht, sondern helfen uns vielmehr „das zu präzisieren, was uns eigentlich antreibt. […] Der Mensch wird also nicht nur ein spielender Mensch sein, weil er mit den Maschinen experimentiert. Sondern auch mit sich selbst. […] Dabei hilft auch eine weitere wichtige Eigenschaft von Games und digitaler Technologie insgesamt: Sie erlauben uns, eine Vielzahl von Perspektiven einzunehmen" (Kucklick 2014, S. 224).

Diese Vielzahl an Perspektiven kann am Ende sogar dazu beitragen, dass Fachwissen in den Unternehmen immer mehr ins Hintertreffen gerät. Laszlo Bock, Personalchef bei Google, sieht es als immer unwichtiger an, Fachkenntnis ins Unternehmen zu holen. „Sie ist der unwichtigste Faktor für uns." Denn Nicht-Experten gelänge es oft viel besser, neue Lösungen zu finden. Aber es gibt noch einen weiteren Grund für die Geringschätzung der formalen Expertise: Firmen wie Google suchen nach dem Noch-nicht-Erfundenen. […] Es geht darum, mit den Möglichkeiten zu spielen (Kucklick 2014, S. 209 f.). „‚Das Entscheidende', sagt Bock, ‚ist die Fähigkeit, ständig dazu zu lernen. Die Fähigkeit, disparate Informationspartikel zusammenzubringen'" (Kucklick 2014, S. 210).

Organisationen können auf die unterschiedlichsten Art und Weisen betrachtet werden. Der Einsatz von Social Prototyping (Kap. 5.4) zieht es nach sich, dass das Unternehmen in Form von organisationalen Spielen angeschaut wird. Welche Spiele werden gespielt? Welche Regeln gibt es?

Interessant ist die Spielperspektive darüber hinaus, wenn von einem notwendigen Kulturwandel in der Organisation gesprochen wird. Der Historiker Johan Huizinga schrieb 1938 „Homo ludens – Vom Ursprung der Kultur im Spiel". Darin führt er viele Beispiele und Beobachtungen dafür an, wie u. a. Spiele zur Entwicklung von Rechtsvorstellungen beigetragen haben, zur Entwicklung wissenschaftlichen Denkens, aber auch zu Formen von Kriegsführung und Dichtung (Huizinga 2004). Wenn man also Spiele als gesellschaftliche Kulturerscheinung und als kulturschaffend betrachten kann, dann liegt es auch auf der Hand, Organisationskulturen auf ihre Spiele hin zu untersuchen.

Der Charme einer solchen Betrachtungsweise liegt auch darin, dass über den Spiel-Zugang auch systemische Perspektiven auf die Organisation und Führungsaufgaben eingenommen werden können. Die Systemtheoretikerin und Beraterin Silke Seemann schreibt dazu: „Diese Art und Weise des stillschweigenden Vereinbarens, wie wir entscheiden, und das Unterscheiden selber, sowie das Beobachten dieses Unterscheidens in Organisationen, nenne ich das „organisationale Spielen" […] Wir versuchen dauernd herauszufinden, nach welchen Regeln „das Spiel" funktioniert, in das wir geraten sind. Spiele werden innerhalb und außerhalb von Organisationen gespielt. Wir einigen uns darüber, wie zu unterscheiden ist, das sind die Spielregel. […] Wir tun so „als ob", und wenn alle sich daran halten, d. h. oft genug die vereinbarte Unterscheidung wiederholen, wir aus dem „Als-ob" ein „Eigenvalue" und der Eindruck einer „Realität" entsteht. Dass dies vielleicht nicht die einzig mögliche Realität ist, merken wir immer dann, wenn eine kommt, die anderes unterscheidet. Die ist dann entweder Spielverderberin und muss ausscheiden, oder sie ist irritierend genug, dass das System lernt, anders zu unterscheiden und in einen anderen Zustand emergiert. Das kann man dann auch „Lernen" nennen. „Lernen" ist die Fähigkeit, Unterscheidungsvariationen zuzulassen und den neuen Unterscheidungen zu erlauben, sich zu wiederholen" (Seemann 2010, S. 100).

Jan Klabbers unterscheidet seinerseits zwischen zwei grundlegenden Spielarten, die zum einen in Trainingskontexten vorkommen, die aber auch ihrerseits Reaktionen auf bestimmte Spielarten in den Unternehmen sein können und eine Form von sozialer Problemlösung (Social Problem Solving) darstellen (Klabbers 2014, S. 20 ff.). Während Typ I Spiele auf „Manageable Knowledge Problems" angewandt werden, bzw. daraus als Umgangsform resultieren, erfordert die heutige VUCA-Welt Spiele des Typs II im Umgang mit so genannten „Wicked governance problems", im Falle von Unsicherheiten in Hinblick auf das zur Verfügung stehende Wissen.

Typ I Spiele zeichnen sich demnach durch folgende Charakteristika aus:

- „The course of the game session is well-defined;
- Rules drive the changing nature of processes and communication;
- Extensive charts, tables, and calculations incorporate the dynamics that model the system's resources;
- Type-I games are based on historic data and information;
- Prescriptive rules cover what the players can do;

- Descriptive rules cover what the immediate outcomes of each action will be (describing the system's behavior). They mirror the causal relationships in the system;
- The structure of the game is not questioned it is given" (Klabbers 2014, S. 23f.).

Typ II Spiele finden in hoch kontextuellen Umfeldern statt, sie sind

- „unpredictable in their execution;
- are driven by uncertain and indeterminate events;
- include action with unforeseen consequences;
- require the ad-hoc inclusion of new actors;
- tap actor's tacit knowledge that cannot be encoded in explicit rules and procedures;
- must enable players to add of adjust rules at any time" (Klabbers 2014, S. 23f.).

Die Herausforderung für die Führungskraft besteht nunmehr nicht allein darin, Spiele des Typs II spielen zu können, sondern diese zum einen von den Anforderungen eines Typ I Spiels abzugrenzen und Typ II Spiele mitgestalten zu können.

Spiele den Typs I, die im Rahmen von Social Prototyping Prozessen ihren Einsatz finden, sind z. B. Moderationsmethoden, die ihrerseits als Prozessmoderationen durchaus auch Spiele des Typ II begleiten können. Derartige Spiele werden u. a. bei Gray et al. in „Game Storming" (2011) beschrieben.

Für den Umgang mit Typ II Spielen braucht es allerdings eine Meta-Spiel-Kompetenz. Die Kompetenzen eines Game-Designers und Spielleiters, der gleichzeitig Mitspieler ist und im sozialen Kontext agiert. Eine Führungskraft oder einen externen Berater, der weiß, wie organisationale Spiele in Form von Social Prototypings zu bespielen sind.

3.1.2   Rollenspiele in der Organisation

„Die Idee des Spieles sollte man nicht vorschnell abtun," so Dirk Baecker im postheroischen Management in Hinblick auf die Möglichkeit, Unternehmen als Spiele zu betrachten (Baecker 1994, S. 96). So können Auseinandersetzungen in Unternehmen, in denen um Macht gekämpft wird, in denen aber auch Verwandlungen und Rollenwechsel gewagt werden, in denen Begeisterung, Euphorie und Ekstase möglich werden, eben durchaus als Spiele betrachtet werden (Baecker 1994, S. 96).

Wir gehen in unseren Darstellungen ebenfalls mit dieser Beobachtung mit, bauen sogar noch darauf auf, wenn wir in Anlehnung an die Arbeit von James P. Carse behaupten wollen, dass Organisationen aus den Spielregeln heraus entstehen, auf die sich die „Spieler" geeinigt haben (Carse 1986, S. 10). In Organisationen, als eine Mischform von endlichen und unendlichen (improvisierenden) Spiele gedacht, geht es in den endlichen Spielen zumeist darum, Titel zu gewinnen, Positionen oder Reputationen zu erlangen (Carse 1986, S. 10), darum Gewinner und Verlierer zu bestimmen (Carse 1986, S. 3).

Auch jüngere Untersuchungen, z. B. von Aaron Dignan machen deutlich, wie sehr Organisationen an menschliche Spielgewohnheiten angelehnt sind. So geht es in Unternehmen, wie auch in Spielen darum, Ziele zu erreichen, Widerstände mit einer begrenzten Anzahl an Ressourcen zu überwinden und entsprechende Aktivitäten vorzunehmen. Diese erfordern wiederum bestimmte Handlungen auf Grundlage von vorhandenen oder zu entwickelnden Kompetenzen – je nach Mitarbeiter- und Spielerprofil. Dabei ist kontinuierliches Feedback erforderlich und entsprechende Outcomes sind zu verschiedenen Zeitpunkten zu bewerten. Das Ganze unter dem fortlaufenden Vorhandensein von Unsicherheiten und Annahmen, die es durch Handlungen zu überprüfen gilt (Dignan 2011, 87 ff.). Dignan spricht in diesem Zusammenhang auch von Verhaltensspielen.

Uns ist dabei wichtig, dass in der Regel endliche Spiele herangezogen werden, um als Metaphern zur Beschreibung von Organisationen zu dienen. Spiele, bei denen es in der Regel am Ende einen Gewinner und einen Verlierer gibt. Seien es Fußballmannschaften, Basketball oder American Football. In Anlehnung an Huizinga ließe sich auch der Krieg als eine Spielform bezeichnen (Huizinga 2004, S. 101), dessen Metaphern und Begriffe immer noch für viele Unternehmen prägend sind – von Deadlines über das Gewinnen von Marktanteilen bis hin zu Strategien und Taktiken und den Bezeichnungen Chief XYZ Officer.

Doch wie wir alle wissen, ist das Spiel eines Unternehmens nicht nach zwei Halbzeiten vorbei. Mit einer Schlacht ist noch kein Krieg gewonnen. Das Unternehmen tritt, wenn überhaupt, eher in einem Turniermodus am Markt an. Aber auch hier steht am Ende ein Ranking und eine „Winner/Loser"-Bewertung. Somit greift auch eine Turnier- oder Kriegsperspektive zu kurz, wenn es uns primär darum geht, kooperative Spielformen zu betrachten, um in einer VUCA Welt am Ball bleiben zu können. Wenn Sie dennoch Interesse an Konkurrenz-Betrachtungen haben, empfehlen wir Ihnen das wundervolle Buch von Thomas Kirchhoff: „Konkurrenz – Historische, strukturelle und normative Perspektiven" (2015).

3.1.3 Emergente Rollen

Die Spielarten, die wir zur Betrachtung organisationaler Spiele heranziehen wollen, kommen aus dem Umfeld des Jazz und des Improvisationstheaters. Hier geht es zentral um das Einüben und Performen kooperativer, quasi unendlich fortlaufender Formen des Zusammenspiels – im Idealfalle mit so vielen Stakeholdern wie möglich.

Ein Impro-Ensemble 2. Ordnung, ein Ensemble oder hybrides Team ist für sich eine wissensintensive Organisation. „Auf Grund ihres hohen Kommunikationsaufwandes kann das Impro-Ensemble jedoch nur in kleinmaßstäblichen Organisationseinheiten funktionieren. D. h. dass großmaßstäbliche Organisationen, die technologisch improvisieren wollen, einen Weg finden müssen, ihre Form in kleinere miteinander verschaltete Einheiten herunter zu skalieren" (Dell 2012, S. 168). Aus diesen Einheiten heraus sind dann entsprechende Rollen und Aufgaben wahrzunehmen und festzulegen. „Die Rollenkonzeption gilt im Feld der Informations- und Entscheidungssysteme als das hauptsächliche Mittel der Verbindung von individualen und organisationalen Ebenen von Theorie und Forschung. […] Eine Rolle ist der Ausdruck der kognitiven Information faktischer und wertender Art, die ein Individuum mit einer Position assoziiert" (Dell 2012, S. 51).

Man kann davon ausgehen, dass es in Organisationen stets zu bestimmten sozialen Interaktionen kommen muss, damit eine Beziehungsstruktur entstehen kann, auf der wiederum Arbeitsprozesse beruhen. Zumeist geht es dabei um Kommunikation, Kohäsion, Arbeitsnormen, gegenseitiges Unterstützen, Koordination und Konfliktbewältigungen (Doll 2009, S. 47 f.). Diese sozialen Interaktionen lassen in der Regel auch bestimmte Rollen im Team oder in der gesamten Organisation entstehen.

Toshiko Kikkawa beschreibt in „Roles of Play: The Implications of Roles in Games" vier Kategorien von Rollen in Spielen (Kikkawa 2014, S. 81):

- Kategorie 1: Gruppenzugehörigkeiten A/B/C
- Kategorie 2: Keine spezifischen Rollen zu Beginn des Spiels, einige Rollen und Kulturen emergieren während des Fortlaufs des Spiels
- Kategorie 3: Hier sind die Rollen zu Beginn des Spieles nicht bekannt, im weiteren Verlauf lernen die Spieler Rollen kennen, die für den weiteren Verlauf des Spiels wichtig sind
- Kategorie 4: Rollen sind explizit aufgeschrieben und spielen eine wichtige Rolle im Spiel.

Jeder, der einmal die Gesellschaftsspiele „Werwolf" oder „Mafia" gespielt hat, weiß, welche unglaublichen Dynamiken aus der Interaktion zwischen Rollen entstehen können. Ähnliches gilt natürlich auch für unseren Alltag oder unsere Arbeitsumgebungen. Bestimmte Arbeitsplätze, Positionen und Aufgabenbereiche ziehen in der Regel bestimmte Wahrnehmungen durch andere, Spannungen, Machtpotentiale, Konfliktdynamiken, Statusspiele etc. nach sich. Während für die Praxis in der Organisationen alle Rollenentstehungsweisen eine wichtige Rolle spielen, wollen wir uns schwerpunktmäßig mit der Kategorie 2 auseinander setzen, während wir nach und nach auch andere Rollenentstehungsmöglichkeiten betrachten werden.

3.1.4 Die Organisation schafft sich ihre Rollen

Der Organisationsberater Frederick Laloux geht u. a. davon aus, dass sich evolutionäre Organisationen (der Organisationstyp, der auch unserer Meinung nach am Ende einer digitalen Transformation stehen sollte) sich von Stellenbeschreibungen und Stellenbezeichnungen getrennt haben. „Stattdessen hat jeder Kollege eine Reihe von Rollen, denen er zugestimmt und zu deren Erfüllung er sich verpflichtet hat. Wie werden diese Rollen geschaffen? Wie erhalten die Mitarbeiter neue Rollen? In den meisten Fällen geschieht es organisch und ohne großes Aufsehen. […] In einer evolutionären Organisation meldet sich einfach jemand und übernimmt die Rolle. […] Abhängig von der Kultur des Unternehmens und der Industrie, in der die Person tätig ist, kann es verschiedene Ebenen von Formalitäten geben, die mit dem Prozess des Schaffens von Rollen einhergehen" (Laloux 2015, S. 115).

Laloux nennt eine Vielzahl an Beispielen, u. a. den Ansatz den Brian Robertson mit seinen Kollegen entwickelt hat: Holocracy. „Robertson und seine Kollegen bei HolocracyOne haben ein allgemeines System mit einer minimalen Anzahl von Praktiken zusammengefasst, die ihrer Ansicht nach nötig sind, „um im Betriebssystem ein Upgrade zu installieren". Alle anderen Praktiken werden als Apps verstanden (also Applikationen, die auf der Grundlage des Betriebssystems funktionieren, um in der Analogie zu bleiben), die in vielerlei Weise angewendet werden können und an jedes Unternehmen angepasst werden müssen. Wenn jemand den Eindruck hat, dass eine neue Rolle geschaffen oder eine bestehende Rolle verändert oder abgeschafft werden muss, dann kann er es in seinem Team in einem „Governance Meeting" ansprechen" (Laloux 2015, S. 120). Der Ablauf eines Governance Meetings gleicht seinerseits sehr einem Prozess von kollegialem Coaching.

Somit kommt es zu einem kontinuierlichen und organischen Verändern der Organisationsstrukturen und der Führung der Mitarbeiter. „Die Rollen entwickeln sich ständig organisch weiter und können sich dadurch an Veränderungen in der Umwelt anpassen. Für Mitarbeiter, die so viele Veränderungen nicht gewohnt sind, kann es zunächst anstrengend sein. Mit der Zeit sind die meisten Leute begeistert. Wenn es nur einmal alle paar Jahre eine Beförderung gibt, dann sind die Leute bereit, dafür zu kämpfen. Wenn es aber jeden Monat einige Veränderungen bei den Rollen im Team gibt, dann macht sich bei allen Entspannung breit" (Laloux 2015, S. 121).

Laloux weist auch darauf hin, dass ein Kernelement der Holokratie die Trennung von Rolle und Identität ist, um die Verschmelzung der Menschen mit ihrer Stellenbezeichnung aufzulösen (Laloux 2015, S. 120). „Disgushing between your roles and yourself also helps you ward off unwarranted flattery, which I soften designed (consciously or not) to lull you into inaction. […] When you understand that it is about the role you are playing in other people's work and lives (the way you your perspective is gratifying to people) and not about you (as a worthy human being), you can stay focused on your message. If the flattery turn into idealization, that is, people really begin to believe that you are indispensable, you're on a slippery slope" (Heifetz et al. 2009, S. 214). Dies ist in der Praxis jedoch nicht nur eine methodische, sondern auch eine psychologische Frage, wie gut das gelingt.

Zumal es für den einzelnen Mitarbeiter und die einzelne Führungskraft neben den organisatorisch-formalen Rollen auch Rollenzuschreibungen seitens der Kollegen, Kunden und anderer Stakeholder gibt, sowie aus dem privaten Umfeld, über deren Anforderungen sich der jeweilige Akteur bewusst sein muss. Die Rollen, die man spielt, und das jeweilige Verhalten innerhalb dieser Rollen richten sich nach den angesprochenen Werten und Kontexten in den jeweiligen Situationen (Heifetz et al. 2009, S. 209): „If that way of playing that role doesn't work – for example, if your conciliatory skills were not what the situation needed and you did not succeed – it is not you who did not work. It is simply your performance within this role. […] When you think of roles in these terms, you become less vulnerable to taking things personally if your performance in that role does not work out, either in the moment or over time" (Heifetz et al. 2009, S. 213). Dies stimmt einerseits, andererseits kann aber eben gerade eine gelebte Rollenvielfalt auch ein erhöhtes Stressniveau mit sich bringen.

3.1.5   Rollenwechsel

Insbesondere in Zeiten der Nutzung von mobilen Kommunikationsgeräten und einer 24/7 Erreichbarkeit via Social Media Tools ist die Anforderung für Rollenwechsel in den letzten Jahren dramatisch angestiegen. Während man im Büro als Spezialistin von einer Kollegin angesprochen wird und parallel dazu am Telefon mit seinem Mann oder seiner Frau spricht, während in den nächsten Minuten ein Video-Chat mit einem Kooperationspartner ansteht.

Oder das anstrengende Meeting, gefolgt von einem intensiven Telefonat mit dem Kollegen und einer eintreffenden SMS von der Tochter.

Diese kurz skizzierten Situationen zeigen bereits, wie anspruchsvoll es ist, in emotional sehr unterschiedlichen Situationen und aus den angesprochenen Rollen heraus, teilweise in sehr kurzen Abständen, zu (re-)agieren. Gelingt dies nicht, kann daraus ein erhebliches Maß an Stress entstehen, das mittel- bis langfristig nachteilige psychosoziale Auswirkungen haben kann. Besonders anspruchsvoll ist dabei das vermeiden kognitiver Dissonanzen bei Wertekollisionen der einzelnen Rollen, die man in den unterschiedlichen Kontexten spielt. In der Regel kommt es zu Anpassungen der Werte in die eine oder andere Richtung. D. h. auf Dauer werden die zentralen Werte aus der Arbeitswelt auch in das private Umfeld übertragen oder der Erhalt privater Werte sorgt dafür, dass versucht wird, die Arbeitsbedingungen zu ändern oder den Bereich bzw. das Unternehmen zu wechseln.

Dem grundlegenden Vorgang, dass in unterschiedlichen Umgebungen unterschiedliche Rollenerwartungen an einen herangetragen werden, kann man jedoch nicht entgehen. Im Gegenteil: Es gilt, die Vorteile dieser Rollenvielfalt zu nutzen. „Groups of all kinds (families, teams, departments, factions, companies) create clarity and order by assigning roles to members, usually implicitly. [...] However, you are more than any role assigned to you. And you have some freedom, but not complete freedom, to choose whether and how to play any assigned role. [...] The more roles you can play, the more effective you will be. As with bandwidth, you will have a wider repertoire to draw from different situations, and you will be less predictable and thus less readily pigeonholed. And the more roles you play, the more factions in which you will be a part, and the more people with whom you will have connections as you try to make progress on tough issues" (Heifetz et al. 2009, S. 211).

Der Management- und Organisationsforscher Georg Schreyögg beschreibt den Prozess der Rollenübernahme mit dem Konzept der Rollenepisode: Rollenerwartungen bündeln sich in einer gesendeten Rolle. Diese wird wahrgenommen (empfangene Rolle), und die Antwort darauf drückt sich im Rollenverhalten aus (Steinmann und Schreyögg 2002, S. 544). Daraus entstehende entsprechend folgende Perspektiven auf Rollen:

Rollenerwartungen

Gruppenmitglieder entwickeln vor dem Hintergrund u. a. der Organisationsumwelt ganz bestimmte Erwartungen an das Verhalten einer Person (Rollenempfänger).

In einem Experiment, durchgeführt durch den Psychologen Kenneth Gergen, wurden Studenten vermeintliche Selbstbeschreibungen von Personen gegeben, mit denen die Studenten im Rahmen eines Projektes zusammenarbeiten sollten. Die Hälfte der Beschreibungen zeugte von persönlichem Scheitern, geringem Selbstbewusstsein und regelrechtem Selbsthass. Die andere Hälfte beschrieb die Verfasser als brillant, selbstbewusst und attraktiv. Nachdem die Studenten die Beschreibungen gelesen hatten, wurden sie dazu aufgefordert, eigene Selbstbeschreibungen zu verfassen. Die meisten Studenten antworteten mit Selbstbeschreibungen, die denen der anderen Studenten, die sie bekommen hatten, stark ähnelten. Die, die dachten, sie würden mit Partnern zusammen kommen, die unsicher und wenig kompetent erschienen, stellten sich ebenfalls als gering fähig dar. Jene, die dachten, sie würden mit einem sehr brillanten Partner zusammenkommen, fanden ebenfalls viel Positives über sich zu berichten und nur wenig negative Aspekte.

Das wirklich Überraschende an diesem Ergebnis ist jedoch, dass die Studenten nicht nur eine Persönlichkeit präsentierten, von der sie annahmen, dass diese am besten passen würde. Sie sprangen regelrecht in diese Selbstbeschreibung hinein, unabhängig wie sie sich zuvor gefühlt oder dargestellt hatten. Sie glaubten, dass sie eine neutrale und ehrliche Beschreibung ihrer wahren Persönlichkeit abgegeben hatten. (Gergen und Morse 1967 in Carter 2014, S. 32)

Gesendete Rolle

Die Erwartungen werden dem betreffenden Positionsinhaber durch Sprache, Mimik oder Gestik als Rolle übermittelt mit der Annahme, dass dieser auch bereit ist, diesen Erwartungen zu entsprechen.

Empfangene Rolle

Der Rollenempfänger nimmt die gesendete Rolle (mehr oder weniger genau) wahr und versucht, sie zu entschlüsseln. Es ist wichtig zu sehen, dass das Gruppenmitglied seine Rolle nur indirekt erschließen kann, nicht jedoch direkt erlernen kann. Der Rollenempfänger muss über ein gewisses Interpretationsvermögen und über ein hinreichendes Situationswissen verfügen, um die Erwartungen überhaupt entschlüsseln zu können. Tritt eine Person neu in eine Gruppe ein, so kann sie erst nach und nach erlernen, die Rollenanforderungen zu begreifen, sie muss sich erst mit den Sinnstrukturen und dem über Jahre gesammelten Erfahrungswissen, der sozialen Einheit vertraut machen. Dabei variiert allerdings der Grad der Implizitheit erheblich zwischen Gruppen und vor allem zwischen Kulturen.

Rollenverhalten

Die Antwort des Rollenempfängers auf die gesendeten Informationen ist sein (beobacht-bares) Rollenverhalten. Es kann den Erwartungen entsprechen oder davon abweichend sein. Inwieweit das Verhalten den Erwartungen entspricht, ist zunächst einmal eine Frage des Wollens, fern der Sanktionen negativer und positiver Art, die mit den Erwartungen verknüpft sind. Nonkonformes Rollenverhalten kann aber auch in Kommunikations-schwierigkeiten, Missverständnissen und Fehlinterpretationen, bedingt durch personale und/oder interpersonale Faktoren, sowohl was die Rollensender als auch die Rollenemp-fänger anbelangt, seine Ursachen haben. Die Abweichung ist dann unbeabsichtigt. Im Zyklus der Rollenepisode wird das gezeigte Rollenverhalten wiederum von den Rollen-sendern registriert und mit den gehegten Rollenerwartungen verglichen. Die Rolle wird dann – evtl. mit Korrekturinformationen versehen – erneut gesendet usw. (Steinmann und Schreyögg 2002, S. 546 f.)

Die gesamte Rollenstruktur setzt sich letztendlich aus den Rollenepisoden und dem jeweils notwendigen Rollenset, das es braucht, um einer bestimmten Rolle gerecht zu wer-den, zusammen. Mit einer bestimmten Rolle ist in der Regel ein Komplex von Verhaltens-erwartungen verbunden, der eine Reihe unterschiedlicher Rollensender umgreift. Rollen setzen sich aus einer Mehrzahl von Teileinheiten, von Rollensegmenten zusammen („role set"). So kann z. B. die Rolle des „Meisters" die Segmente Umgang mit der Werksleitung, Kollegen, Untergebene, frühere Kollegen, Personalabteilung u. a. haben. Die verschie-denen Erwartungen sind oft inkonsistent und geraten zueinander in Widerspruch (Intra-Rollen-Konflikte) (Steinmann und Schreyögg 2002, S. 544).

Aber auch zwischen den Rollen, die jemand hat, können Konflikte entstehen, z. B. zwischen der Vater-Rolle und der Rolle als IT-Spezialist in der Firma. Zentrale Konflikt-ursachen können hierbei die Verteilung von zeitlichen Kapazitäten auf die jeweiligen Rol-len sein, aber auch Fragen von Status und Macht. Diese Konfliktpotentiale werden heute verstärkt durch die neuen Technologien angetriggert. Zum einen dadurch, dass Rollen-wechsel aufgrund medialer Erreichbarkeit schneller geschehen müssen, zum anderen weil es im hybriden Arbeitsumfeld noch weniger klar sein kann, welche Rolle genau angespro-chen ist, da andere kontextbestimmende Umstände, wie Uhrzeit, Raum, andere Personen entfallen können. Die jeweiligen Fähigkeiten oder Unfähigkeiten im Umgang mit den entsprechenden Technologien können ihrerseits z. B. zu Statuswechseln zwischen bisheri-gen Rollen in der Organisation führen, wenn z. B. der junge Azubi besser mit bestimmten Technologien umgehen kann als der altgediente Vorgesetzte (Kap. 4.3.4).

Heifetz u. a. sprechen im weiteren Verlauf auch von der jeweiligen Autorität, die eine Rolle besitzt. Dabei unterscheiden sie zwischen formeller und informeller Autorität. Wäh-rend die formelle Autorität in Rollen- bzw. Aufgabenbeschreibungen, Budget-Verantwor-tung etc. liegen kann, liegt die informelle Autorität nirgends schriftlich niedergelegt vor. „Have you ever been hired into a job, told what you were supposed to do, and then when you started to do it, run into a brick wall and learned what was in your real but unwritten job description? Often, in our experience, people are hired as change agents and quickly come to realize that the person who hired them was part of the problem, but that changing that person was not in the job description" (Heifetz et al. 2009, S. 216).

3.2   Wer bin ich und, wenn ja, wie viele? Innere Teams und Persönlichkeiten

Neben den formellen und informellen Rollen, die es zu spielen gibt, gibt es noch eine weitere Kategorie an Rollen, die nicht sofort offensichtlich sind. Nämlich die Anteile innerer Charaktere, die in dem jeweiligen Kontext der Situation nicht zum Ausdruck kommen. Schultz von Thun spricht in diesem Zusammenhang auch vom „Inneren Team" (Schulz von Thun 1999). Heifetz et al. führen entsprechend aus, dass keine Rolle, egal in welcher man gerade agiert, zu jedem Zeitpunkt alles repräsentiert, was an Potentialen und Charakteristika in einem steckt (Heifetz et al. 2009, S. 212).

Die Wahrnehmung, dass es mehr als ein „Selbst " in einem einzelnen Körper gibt, mag für einen außenstehenden Beobachter offensichtlich sein. Die subjektive Illusion von Einzigartigkeit ist allerdings so stark, dass sie sich gegenseitig ignorieren und kaum bewusst wahrnehmen (Carter 2014, S. 26). Wenn wir dem Vorgesetzten die Meinung sagen, erleben wir uns als stark und mutig. Dabei vergessen wir, dass wir auch eine ängstliche, unsichere Person sind, die z. B. auf das Geld angewiesen ist. In Phasen der Begeisterung, erscheint es uns absurd, dass wir auch das Potenzial zur Depression in uns tragen (Carter 2014, S. 26).

Natürlich kommt es durchaus vor, dass die Wahrnehmung unserer unzweideutigen Identität Brüche bekommt. Dies geschieht, wenn mehr als eine unserer Persönlichkeiten aktiv werden. Wir brauchen nur die Augenblicke betrachten, wenn wir einen privaten Anruf im Büro bekommen. Oder wenn wir eine berufliche E-Mail von zu Hause aus bearbeiten, während wir unsere Eltern zu Gast haben. Wenn wir dies nicht bewusst erleben, erleben wir teilweise zutiefst beunruhigende und stressige Augenblicke, in denen die aktiven Persönlichkeitsanteile anfangen, sich gegenseitig zu bekämpfen und danach streben, die Oberhand zu gewinnen. In der Regel gewinnen dabei die dominanten Persönlichkeitsanteile über die weniger streitbaren; sogar wenn es sinnvoller wäre, die leiseren Anteile auszuleben. Kann sich keiner der Anteile durchsetzen, erleben wir diesen Zustand als Zweifel, Unentschiedenheit und Verwirrung (Carter 2014, S. 27).

Die meiste Zeit bleibt die Illusion der Singularität, also die wahrgenommene Einzigartigkeit unserer Persönlichkeit, ungestört. Aber selbst diese Illusion braucht einen hohen Aufwand an geistiger Kraft, damit dieser aufrecht gehalten werden kann. Das Gehirn verwendet dazu einen Trick, damit wir stets immer nur eine Persönlichkeit bewusst wahrnehmen. Dieser ist vergleichbar mit dem sogenannten Necker Würfel (Abb. 3.2). Hierbei nehmen wir die Vorderseite des Würfels entweder links unten oder rechts oben wahr. Wir können allerdings in der Regel nicht beides gleichzeitig wahrnehmen. Diese Schwierigkeit, ein und denselben Sachverhalt gleichzeitig aus unterschiedlichen Perspektiven wahrzunehmen, zieht sich durch die gesamte Wahrnehmungsfähigkeit des Gehirns (Carter 2014, S. 20).

Schließlich kann es auch sozial sehr nützlich sein, dass Menschen sich als kohärent und einzigartig wahrnehmen. Somit erfährt diese Illusion auch eine starke Unterstützung durch soziale Konventionen. Die Wahrnehmung einer kohärenten, einzigartigen Persön-

Abb. 3.2 Necker Würfel
(© Martin A. Ciesielski)

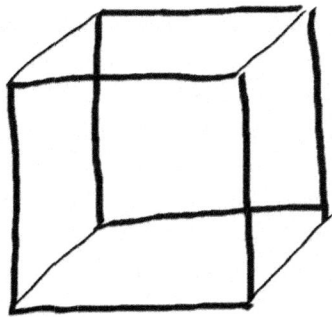

lichkeit ist ein elementarer Bestandteil unserer Selbstwahrnehmung und entsteht aufgrund einer Vielzahl kognitiver Tricks, die bereits im Kindesalter einsetzen.

Ein zentraler Entwicklungsschritt findet statt, wenn das Kind anfängt, sich von außen her zu sehen – als ein „Objekt", das von außen durch anderen gesehen und beurteilt werden kann. Dies setzt sich fort in den Beobachtungen, dass man selbst im Schlafen weiter existiert und dass das momentan „hungrige Ich" durchaus etwas mit der Person zu tun hat, die zuvor noch nicht hungrig war und mit der, die in wenigen Minuten nicht mehr hungrig sein wird. So werden die „hungrigen Ichs" mit den „wütenden Ichs" und den „müden Ichs" in einen kontinuierlichen und bruchlosen Zusammenhang gebracht (Carter 2014, S. 32).

3.2.1 Situatives Verhalten und Rollen

1968 publizierte der Psychologe Walter Mischel Studienresultate, bei denen Charakterprofile von einzelnen Personen mit ihren Verhaltensweisen in bestimmten Situationen verglichen wurden. Schüler und Studenten wurden dazu zunächst in Hinblick auf ihre „Ehrlichkeit" hin bewertet und dann in verschiedenen Situationen beobachtet, wo ihre Ehrlichkeit herausgefordert wurde. Sie wurden u. a. Situationen ausgesetzt, in denen sie Geld stehlen konnten oder in einem Test schummeln konnten und auch damit durchkommen konnten. Als Resultat trat zutage, dass die Aussagen über den Charakter in der einen Situation kaum dazu befähigten, Aussagen über das Verhalten in einer anderen Situation zu treffen. Ein Kind, das Geld gestohlen hatte, schummelte dadurch nicht eher, als ein Kind, das zuvor kein Geld entwendet hatte (Mischel 1969 in Carter 2014, S. 33).

Menschliches Verhalten unterliegt mehr der Kontrolle durch situative Umstände, als den meisten von uns lieb ist. Stanley Milgram, einer der Urväter sozialpsychologischer Experimente, drückte es einmal so aus: „The social psychology of this century reveals a major lesson. It is not so much the kind of person a man is as the kind of situation he finds himself in that determines how he will act" (Carter 2014, S. 34). Hier wird erneut deutlich, was für einen starken Einfluss organisationale Strukturen und die organisationalen Spiele, die dort gespielt werden, auf die jeweiligen Akteure, die Mitarbeiter und Führungskräfte und die ausgelebten Rollen und Persönlichkeiten haben. In anderen Worten: Die Orte und Umstände, unter denen wir agieren, sorgen für die Persönlichkeiten, die wir in diesen Augenblicken sind.

Authentisch sein, bedeutet in diesem Zusammenhang, dass wir uns diesen Umständen und Kontexten bewusst sind und wissen, welche Rolle(n) gerade von uns erwartet werden: Kollege, Partner, Freund, Kunde, Kritiker, Optimist etc. Authentisch heißt, dass wir diese Rollen richtig spielen – entsprechend den Erwartungen der Menschen um uns.

Der Freund sein, ist etwas anderes, als der Spezialist für IT-Fragen und der Spezialist ist jemand anderes als der Mitarbeiter. Die Herausforderung, stets die richtige Rolle und emotionale Gemengelage parat zu haben, ist im Zeitalter von 24/7 Erreichbarkeiten um ein Vielfaches angestiegen. „Wie im Improvisationstheater mit ständig wechselnden Handlungen sind wir gezwungen, so schnell Rollen, Schauplätze und Inhalte zu wechseln, dass wir Gefahr laufen, uns in dem Labyrinth kurzlebiger Verbindungen und Erfahrungen zu verlieren" (Rifkin 2009, S. 408).

Während die meisten von uns von einem Bewusstseinsstrang der einen Persönlichkeit zur anderen gleiten, schaffen es einige, im Gegensatz zur o. g. Necker Würfel Wahrnehmung, mehr als eine Persönlichkeit gleichzeitig wahrzunehmen. Statt sich als einzig und allein eine Persönlichkeit wahrzunehmen, sind sie sich durchaus der Gedanken und Gefühle der Hinterzimmer-Persönlichkeiten bewusst. Diese nehmen sie parallel zu den Gedanken und Gefühlen derjenigen wahr, die gerade das Geschehen bestimmt. Dieser bislang eher seltene Geisteszustand wird als Co-Bewusstsein bezeichnet (Carter 2014, S. 40). Wir glauben allerdings, dass es für Führungskräfte im digitalen Zeitalter immer wichtiger werden wird, sich diese Kompetenz zur Selbstbeobachtung anzueignen.

Ein Trend hin zu mehr Co-Bewusstsein gegenüber der Persönlichkeitsvielfalt wäre als eine adaptive Reaktion auf die sich immer schneller abwechselnden Arbeits- und Kommunikationskontexte zu begrüßen. Je größer die Vielzahl an Erlebnis- und Erfahrungsräumen, die wir Menschen bieten, umso größer wird auch die Anzahl an Persönlichkeiten, die ausgebildet werden. Diese Entwicklung ist bei weitem nicht als ungesund zu bewerten, sondern vielmehr als ein Ausdruck der atemberaubenden Flexibilität unseres menschlichen Gehirns. Unsere vielen inneren „Ichs" wahrzunehmen kann uns sogar vor Krankheit und Burn Out bewahren.

Eine Untersuchung der Yale-Psychologin Patricia Linville ergab, dass Personen besser auf stressige Situationen vorbereitet sind, je mehr Persönlichkeitszuflüsse und Selbstaspekte sie für sich im Vorfeld identifizieren konnten. Linville begründete die Ergebnisse damit, dass ein stressiges Ereignis weniger Auswirkungen auf eine Person hat, die sich ihrer Vielheit bewusst ist, da die Effekte nur einen Teil oder einige Teile der Persönlichkeiten betreffen.

Ein Tennisspieler, der gerade ein wichtiges Match verloren hat, fühlt sich niedergeschlagen und diese Gefühle schlagen sich auf den Persönlichkeitsteil „Tennisspieler" nieder. Aber es wird nicht auf andere Selbst-Aspekte überschwappen, wenn diese zahlreich und voneinander abgegrenzt sind. Man kann solche unbehelligten und unbeteiligten Bereiche im eigenen Leben als Puffer nutzen (Linville 1987 in Carter, 2014 S. 80).

Eine andere Erklärung kann schlicht und ergreifend sein, dass jemand, der bewusst mehrere Persönlichkeiten und damit verbundene Fähigkeiten zur Verfügung hat, auch mehr Möglichkeiten hat, wie er oder sie mit bestimmten Situationen oder Personen umgehen kann.

Nicht jedem liegt der Zugang über unterschiedliche Persönlichkeiten oder Rollen. Eine andere Möglichkeit, diese Fähigkeit zu beschreiben, kann über den Ansatz verschiedener, persönlicher Narrationen erfolgen. Eine persönliche Narration ist die Schnittmenge zwischen den Geschichten, die man über sich selbst erzählt und den Geschichten, die andere über einen erzählen. Diese Geschichten zu sammeln und sie sich genau anzuschauen, kann ebenfalls ein guter Weg sein, sich über seine persönliche Vielfalt bewusst zu werden (Guglielmo und Palsule 2014, S. 54). Besonders hilfreich können auch hier Methoden der Angewandten Improvisation aus dem Improvisationstheater sein.

Die Fähigkeit, zwischen verschiedenen Persönlichkeiten schnell hin und her schalten zu können, wird auch dadurch immer wichtiger, da die Strukturen, in denen wir heutzutage agieren, immer mehr Menschen statt Orte verbinden. Wo es bislang durch spezifische Verortungen immer auch einen örtlich-räumlichen Kontext gab, der mitkommuniziert wurde, werden diese zusätzlichen Informationen immer weniger. Menschen gehen in den Kontakt zueinander, unabhängig, wo sie sich gerade befinden. Mobile Menschen bewegen sich fortwährend von einem sozialen Netzwerk zum nächsten. Dabei können sie sich auch gegenseitig jederzeit erreichen und ignorieren dabei in der Regel die Umstände, in denen sich die andere Person gerade befindet. Allerdings gilt dies oftmals auch für die Person selbst, die sich der Einflüsse durch die Umgebung auf den Kommunikationsprozess kaum bewusst ist. So kommt es, dass interpersonelle Kommunikation im digitalen Zeitalter fortwährend zwischen verschiedenen Netzwerken hin und her „switchen" muss.

Wenn es in der digitalen Arbeitswelt immer stärker zur Kommunikation von Rolle-zu-Rolle kommen wird – wer sorgt dann am Ende für die Entwicklung der gesamten Persönlichkeiten? Was wir aktuell erleben, ist eine zutiefst fragmentierte Gesellschaft, wo es unendlich viele Person-zu-Person Verbindungen ohne einem übergeordneten Ziel, das diese Interaktionen zu etwas wirkliche Sinnvollem zusammenführt. Das Ergebnis lässt sich kaum als eine so oft zitierte Community, also als Gemeinschaft bezeichnen (Harper 2010, S. 118).

3.2.2   Das Spiel mit den Identitäten

Mit Identitäten und Persönlichkeiten zu spielen, heißt am Ende, mit Geschichten zu spielen. Die Kunst, die richtigen Geschichten parat zu haben, hängt stark davon ab, die richtige Geschichte zum richtigen Zeitpunkt am richtigen Ort zu erzählen. Man muss lernen, wie man sich an einem Ort zu verhalten hat und wie an einem anderen – und die angemessenen Geschichten zu erzählen, ist Teil dieses Verhaltens. Die Unterschiede für angemessenes Verhalten in der einen und in der anderen Situationen sind nicht einfach nur eine Frage des Denkens und des Willens. Sie stecken tief in den jeweiligen Fähigkeiten des eigenen Körpers und manifestieren sich in Bewegungen, der Art und Weise wie mit Gegenständen interagiert wird, dem Tonfall etc. Man braucht sich nur vor Augen zu halten, in welchem Tempo wir in einem Arbeitskontext an das Telefon gehen, wie schnell (oder langsam). In der Regel ist das körpereigene Tempo im Arbeitskontext schnell, angespannt-dringlich und interessiert. An anderen Orten verhalten wir uns wiederum durchaus anders (Harper 2010, S. 174 f.).

Auf der Arbeit, erfolgt unsere fleißige Abarbeitung von E-Mails als Ausdruck professioneller Kompetenz. Unter anderen Umständen kommunizieren und verhalten wir eher mit dem Fokus darauf, etwas über uns auszusagen (Harper 2010, S. 178). Was Menschen tun, wenn sie von zuhause private E-Mails schreiben oder ihre Profile auf sozialen Netzwerken pflegen, ist nicht das Gleiche, wie wenn sie das für die Arbeit tun. In beiden Fällen nutzen sie zwar digitale Mittel, um zu kommunizieren, aber was am jeweiligen Ort, Zuhause oder im Büro, hat völlig unterschiedliche Zielsetzungen, verfolgt andere Zwecke und dient einem anderen sozialen Gefüge.

Unsere Mediennutzung macht das durchaus deutlich. Dabei sind es nicht nur die diversen Kontexte und Persönlichkeiten, die sich mit den Medien Ausdruck verschaffen, sondern die Medienwahl erschafft ihrerseits Persönlichkeiten. Man kann sogar so weit gehen, dass wir unsere Kommunikationshandlungen sind. Für einige unserer Kollegen sind wir kaum mehr als eine E-Mail und für einige unserer Verwandten kaum mehr als der Empfänger von Einladungen. Doch manchmal sind wir auch mehr als das. Unserer E-Mails können Ideen und Hoffnungen vermitteln, die die Arbeitsabläufe und Wahrnehmungen durch unsere Kollegen oder sogar der gesamten Organisation verändern. Manchmal können sich Familien sogar nur im geschriebenen Wort begegnen. (Harper 2010, S. 265)

Die Motivation hinter einigen Kommunikationshandlungen ist, die Geschicklichkeit im Umgang zu vermitteln. Dabei geht es weniger um die Geschicklichkeit eine bestimmte Technologie zu nutzen, als um die Geschicklichkeit, als Mensch wahrgenommen zu werden. Identität dadurch übermittelt, wie Kommunikationskanäle genutzt werden. Das bedeutet, dass ein Nutzer sich stets darüber Gedanken machen sollte, was für einen Nutzen die Wahl eines Kanals mit sich bringt, und was das Vernachlässigen eines anderen zu vermeiden hilft.

Die Wahl eines Kommunikationskanals (oder eine Menge an Kanälen) wird von anderen immer dazu genutzt werden, um zu beurteilen, wer wir sind. Aus dieser Perspektive resultiert, dass die professionelle Identität stark daran geknüpft ist, wie sich Menschen darstellen und dies, insbesondere im digitalen Zeitalter, via Mobiltelefonen, E-Mails, Social Networking Sites – und anderen Technologien, die bald zur Verfügung stehen werden. Menschen sind, wie sie kommunizieren. Sie sind praktisch die kommunikative Handlung (Harper 2010, S. 179) und das, was sie damit transportieren. Abhängig vom Zeitpunkt und vom (medialen) Ort. Wir nutzen das Digitale als Ausdruck unseres körperlich lokalisierbaren Wesens.

„Die Cyber-Propheten lagen falsch: Es gibt keinen Beweis, dass die Welt virtueller wird. Eher wird das Virtuelle realer, es will in unsere realen Leben und sozialen Beziehungen eindringen und sie offenlegen. Selbstmanagement und Techno-Modellieren werden essentiell: Wie gestalten wir das Selbst in Echtzeit-Flüssen? Wir werden nicht mehr angespornt, eine Rolle zu spielen, sondern gezwungen, „wir selbst" zu sein (was nicht weniger theatralisch und artifiziell ist)" (Lovink 2012, S. 22). Spontanes Verhalten legt unsere innersten Wertekategorien frei und bringt uns dazu, diese fortlaufend mit unserem Umfeld abzustimmen.

Der Sozialwissenschaftler und Berater Jeremy Rifkin geht in „Die empathische Zivilisation" sogar auf die konkrete Selbstinszenierung in der Improvisationsgesellschaft ein, wie er sie nennt. „In der Milleniumsjugend, die als erste Generation in den virtuellen Gemeinschaftsräumen des Internets aufwächst, beginnt sich ein neues dramaturgisches Bewusstsein zu entwickeln. […] Das dramaturgische Bewusstsein tritt die direkte Nachfolge des psychologischen Bewusstseins an. Es ist die Universalisierung des Rollenspielexperiments, das mit Morenos Psychodrama begann und in der zweiten Hälfte des 20. Jahrhunderts in den Begegnungs- und Selbsthilfegruppen seine Fortsetzung fand. […] Rollenspiel ist kein therapeutisches Instrument mehr, sondern eine Bewusstseinsform" (Rifkin 2009, S. 401). Vertreter aller Berufsstände – Ärzte, Anwälte und Wissenschaftler, aber auch Verkäufer, Sekretärinnen und Büroangestellte – zeigen nach außen die Persönlichkeit, die den Erwartungen ihrer Mitmenschen entspricht. „Entfernen sie sich zu weit von der konventionellen Rollenvorlage, fallen also „aus der Rolle", so laufen sie Gefahr, ihre Glaubwürdigkeit und in der Folge auch ihre Patienten, ihre Kunden oder ihren Job zu verlieren" (Rifkin 2009, S. 402).

Haben sich nunmehr über organisationale Spielprozesse entsprechende Rollen gebildet, besteht die Herausforderung, diese hin zu Ensembles weiterzuentwickeln, dazu stehen u. a. Jam Sessions oder Prototyping Prozesse zur Verfügung – je nach Organisationskultur können diese zunächst auch einfach nur als Workshops, Labore/Labs oder Teamentwicklungen kommuniziert und durchgeführt werden.

Praxisbeispiel

„In Bauprojekten gibt es Rollen und Aufgaben – das kannst Du dir nicht vorstellen!" – Ein Interview mit Michael M., Bauprojektleiter

MC: Was macht Führung in der Baubranche aus?

MM: Ich würde sagen, in der Immobilien- und Baubranche herrscht ein recht direkter Ton. Ich führe hauptsächlich über interne und externe Aufgaben, Auftragsbezogen. Dabei ist mir immer das persönliche Gespräch am wichtigsten – direkt oder per Telefon. Ich muss sicherstellen, ob die Aufgabe wirklich richtig verstanden wurde. Ob das der Fall ist, sagt mir ein Stück weit mein Bauchgefühl. Der Rest kann dann auch über Sharepoint und Mail abgewickelt werden – sobald die Beziehung stimmt und ich den Eindruck habe, dass wir das gleiche Verständnis haben.

MC: Du hast den direkten Umgangston angesprochen. Was braucht eine Führungskraft, um dort bestehen zu können?

MM: Status. Es geht um Statusspiele. Weniger um Statuswechsel, als darum, einen Hochstatus halten zu können. Wenn Nachgeben, dann maximal so, dass man weiß, wie man sich im Hochstatus aus einem Meeting verabschiedet. Dann muss man versuchen, im Nachgang Zug um Zug nachzusteuern – wenn ich weiß, dass das für das Projekt einfach besser so ist. Wichtig für mich persönlich ist, die anderen Beteiligten in ihrem Hochstatus auch gut aussehen zu lassen.

MC: Wenn man die ganze Zeit im Hochstatus unterwegs ist und entsprechend agiert, fällt es da nicht schwer, umzuschalten – speziell im privaten Bereich?

MM: Das ist ein ganz wichtiger Punkt. Gerade, wenn die Frau oder die Kinder direkt nach einem heftigen Treffen mit dem Kunden, Bauleiter oder andere Projektbeteiligten anrufen. Da schnell umzuswitchen, fällt nicht leicht. Selbst wenn ich versuche, mit einer freundlichen Stimme zu sprechen, merkt die Familie das natürlich und sagt dann auch schon mal: „Das bist doch gar nicht Du!" In solchen Augenblicken fällt mir dann auch auf, dass man doch irgendwie immer hauptsächlich für die anderen jemanden verkörpert. Egal ob Kunde, Chef oder Familie – dass sind Rollen, die man da spielen muss. Den Zuhörer. Den Bestimmer. Den Vermittler. Das Mädchen für alles. Den Vater. Den Ehemann. Den Ideengeber.

MC: Wie gehst Du mit diesen widersprüchlichen Anforderungen an Dich um?

MM: Es ist halt, wie es ist, und wie es ist, ist es nicht einfach. Um Verständnis braucht man da nicht zu fragen. Meistens versuche ich, mir einfach etwas Zeit zu geben. Dass ich erst später zurück rufe. Oder dass ich versuche zu erklären, warum ich gerade so drauf bin.

Ich glaube, dass wichtigste ist, sich eigene Momente für sich zu schaffen. Augenblicke, in denen ich mit mir allein sein kann, um nachzudenken, runter zu kommen. Das schaffe ich am besten, wenn ich Klavier spiele. Ich liebe Klavierimprovisationen. Da kriege ich den Kopf wundervoll frei und kann mich auch emotional entspannen.

Ansonsten gehe ich auch gerne zu den Aufführungen der Kinder und schaue ihnen zu, wenn sie ihre Instrumente spielen oder Sport machen. Es gibt nichts besseres, um abzuschalten und völlig im Moment zu sein.

Natürlich ist Sport auch sehr wichtig, aber leider fehlt häufig die Zeit hierfür.

Literatur

Austin, R., & Devin, L. (2003). *Artful making – What managers need to know about how artists work*. New Jersey: FT Prentice Hall.

Baecker, D. (1994). *Postheroisches management*. Berlin: Merve.

Carse, J. P. (1986). *Finite and infinite games. A vision of life as play and possibility*. Toronto: Ballantine Books.

Carter, R. (2014). *The people you are*. London: Abacus.

Dell, C. (2012). *Die improvisierende Organisation. Management nach dem Ende der Planbarkeit*. Bielefeld: Transcript.

Dignan, A. (2011). *Game frame – Using games as a strategy for success*. New York: Free Press.

Doll, B. (2009). *Prototyping zur Unterstützung sozialer Interaktionsprozesse*. Wiesbaden: Springer Gabler.

Gergen, K. J., & Morse, S. J. (1967). Self-consistency: Measurement and validation. Proceedings of the American Psychological Association, S. 207–208.

Gray, D., Brown, S., & Macanufo, J. (2011). *Gamestorming: Ein Praxisbuch für Querdenker, Moderatoren und Innovatoren*. Köln: O'Reilly.

Guglielmo, F., & Palsule, S. (2014). *The social leader: Redefining leadership for the complex social age*. Brookline: Biblimotion.

Harper, H. R. (2010). *Texture – Human expression in the age of communication overload*. Cambridge: MIT Press.

Heifetz, R., Grashow, A., & Linsky, M. (2009). *The practice of adaptive leadership – Tools and tactics of changing your organization and the world*. Boston: Harvard Business Press.

Huizinga, J. (2004). *Homo ludens – Vom Ursprung der Kultur im Spiel*. Hamburg: rowohlts enzyklopädie.

Kikkawa, T. (2014). Roles of play: The implications of roles in games. In W. C. Kriz (Hrsg.), *The shift from teaching to learning: Individual, collective and organizational learning through gaming simulation* (S. 80–87). Bielefeld: wbv.

Kirchhoff, T. (2015). *Konkurrenz – Historische, strukturelle und normative Perspektiven*. Bielefeld: Transcript.

Klabbers, J. H. G. (2014). Social problem solving: Beyond method. In R. D. Duke & W. C. Kriz (Hrsg.), *Back to the future of gaming* (S. 12–29). Bielefeld: wbv.

Kucklick, C. (2014). *Die granulare Gesellschaft: Wie das digitale Zeitalter unsere Wirklichkeit auflöst*. Berlin: Ullstein.

Laloux, F. (2015). *Reinventing Organizations – Ein Leitfaden zur Gestaltung sinnstiftender Formen der Zusammenarbeit*. München: Franz Vahlen.

Linville, P. W. (1987). Self-complexity as a cognitive buffer against stress-related illness and depression. *Journal of personality and social psychology, 52*(4), 663–676.

Lovink, G. (2012). *Das halbwegs Soziale – Eine Kritik der Vernetzungskultur*. Bielfeld: Transcript.

Mischel, W. (1969). Continuity and change in personality. *American Psychologist, 24*(11), 1012–1018.

Rifkin, J. (2009). *Die empathische Zivilisation – Wege zu einem globalen Bewusstsein*. Frankfurt a. M.: Campus.

Schulz von Thun, F. (1999). *Miteinander Reden – Das innere Team und situationsgerechte Kommunikation*. Reinbeck: Rowohlt.

Seemann, S. (2010). *Organisationales Spielen in Form gebracht – Denkhilfen für dynamische Situationen in hyperkomplexen Umwelten*. Berlin: Kulturverlag Kadmos.

Steinmann, H., & Schreyögg, G. (2002). *Management. Grundlagen der Unternehmensführung. Konzepte – Funktionen – Fallstudien* (Nachdruck der 5., überarbeiteten Auflage). Wiesbaden: Springer Gabler.

Das Zusammenspiel gestalten

4

Zusammenfassung

Digitale Führung muss dafür sorgen, dass sich Ensembles für ein optimales Zusammenspiel bilden. Ensembles gehen über einfache Teams hinaus und sorgen für ein hochprofessionelles und kompetenzorientiertes Zusammenspiel der einzelnen Akteure. Dabei braucht es Solo- wie auch unterstützende Aktivitäten. Auch hier findet eine wertebasierte Zusammenarbeit statt, die u. a. in Shared Storytelling ihren Ausdruck finden kann. Gefahren bestehen, ähnlich wie auch bei anderen Formen der Zusammenarbeit, in Konformitäten und sich entwickelndem Gruppendenken. Im digitalen Zeitalter stellen sich darüber hinaus Herausforderungen in Hinsicht auf Methoden der Performance-Messungen und Monitoring-Aktivitäten.

Letztendlich braucht es, um diesen Effekten entgegen zu wirken, Momente individueller Verantwortung, Integrität und authentischem Handeln jeder einzelnen Mitarbeiterin und von jedem einzelnen Mitarbeiter. Dafür zu sorgen, dass dies möglich ist, ist eine zentrale Aufgabe der Führungskräfte.

© Springer-Verlag Berlin Heidelberg 2016
M. A. Ciesielski, T. Schutz, *Digitale Führung*, DOI 10.1007/978-3-662-49125-6_4

4.1   Die Jam Sessions der Ensembles

Während Improvisation 1. Ordnung eher dem geläufigen Bild von Improvisation als Reparaturbetrieb entspricht, beinhaltet Improvisation 2. Ordnung „konstantes Lernen in Organisation, das sich aus dem improvisatorischen Umgang mit organisationalen Situationen selbst, aus dem prozessualen Arbeiten an und mit situativ vorliegendem Material entwickelt" (Dell 2012, S. 167). Dieses konstante Lernen kann u. a. in Form von Jam Sessions gestaltet werden. Jam Sessions stellen eine Befreiung vom Zwang dar, das Publikum unterhalten zu müssen (Terkessidis 2015, S. 256) sprich, für den Markt zu agieren.

Für die Teilnehmer fungiert eine Session als Ort des „Peer Learning". Hier können zum einen Kommunikationsstandards ausprobiert werden, wie auch überraschende und ungewöhnliche Situation simuliert werden. Im Zentrum steht dabei stets die Kommunikation zwischen den Ensemble (Team-)Mitgliedern. Hier ist der Ort und Zeitpunkt, wo die improvisatorische Behandlungen von Situationen erweitert und vertiefend erlernt wird. Die Session ermöglicht es den Teilnehmern, in unterschiedlichen Konstellationen zusammenzukommen, um – ausgehend von einem bestimmten Thema (z. B. Selbst-Management, Innovationsprozesse, Kommunikations-, Abstimmungs- und Entscheidungsprozesse, Konflikte) oder einer bestimmten Systemkonstellation (Zusammenarbeit mit Kunden, Abteilungen, Partnern, Zulieferern etc.) – miteinander zu interagieren, Ideen auszutauschen und von dem Erfahrungsschatz und Wissen der jeweiligen anderen zu profitieren.

Die Fähigkeit, sich auf informellen Wege projektbezogen zu einer Improvisationseinheit zusammenzuschließen, erweitert wiederum die Kenntnisse und Handlungsmöglichkeiten, mit denen man einem Problem begegnen kann (Dell 2012, S. 169). Die Entwicklung einer Improvisationskultur auf Basis von Jam Sessions ist wichtig: „A climate of friendship and trust governs the situation. [...] The absence of an improvisational climate may be the greatest barrier to improvisation" (Dell 2012, S. 169, Crossan und Sorrenti 2002, S. 43 ff.).

Vertrauen, Verbindlichkeit, Verantwortungen und Vehlerkultur. Diese vier „Vs" können als konstituierend für eine improvisationsfreundliche Kultur gelten. Hier, im sozialen Rahmen entscheidet sich, wie mit Fehlern umgegangen wird und welche Werte wichtig sind. Schließlich sind es zum einen Fehler, die zu neuen Entdeckungen führen, aber es sind auch Fehler bzw. Fehlverhalten, die zu einem Ausschluss aus der Peer Group führen können, was die meisten Menschen um jeden Preis zu vermeiden versuchen (Kap. 4.2).

Fehler zerstören Erwartungen, sie unterbrechen Routinen und sorgen für bislang undenkbares Verhalten (Barrett 2012, S. 49). Viele Improvisationsschulen betonen, dass der Spieler lernen muss, Fehler wahrzunehmen und positiv zu bewerten (Lösel 2013, S. 143). Spätestens bei dieser Beschreibung sollte auffallen, dass eine innovationsfreudige Organisationskultur eine starke emotionale Komponente aufweist.

Es stellt sich u. a. die Frage nach der Emotionalität organisationaler Strukturen. „Auch wenn Strukturen auf emotionalen Beziehungen basieren, so suchen die Organisationsmitglieder dennoch diese Basis unter der Begründung, dass sie für rationale Entscheidungsfindung hinderlich sei, beiseite zu schieben. […] Forscher betonen den Wert und die Funktion von Emotionen in organisationalen Zusammenhängen, vor allem in Lern- und Wandlungsprozessen" (Dell 2012, S. 286). Hierbei geht es um das Erspüren von Regeln und Regelhaftigkeit, „feeling rules" (Dell 2012, S. 286). Die Organisationsforscherin Mary Jo Hatch ergänzt mit dem Verweis auf die Jazzimprovisation, dass Strukturen nicht nur als Regeln, sondern auch als Beziehungsgeflechte gedacht werden können: „If emotion can be communicated, and there is much social-psychological evidence that it can be, then emotion may contribute structurally to organizations by organizing relationships" (Dell 2012, S. 286).

Wenn es möglich wird, die Gefühle und zugrunde liegenden Werte der Organisationsmitglieder zu einem strukturellen Kompass der Arbeit und damit kommunizierbar zu machen, wird die Tatsache, dass Organisationsmitglieder sich untereinander emotional orientieren, als konstituierend für die Performativität von Organisation konzipiert (Dell 2012, S. 286). Dies macht deutlich, wie der emotionale Bereich Strukturen schafft, die als eine Komplementärbasis zur rationalen Entscheidungsfindung gesehen werden sollte. Daher sehen wir es als unausweichlich, neben Fach- und Methodenkompetenzen eben auch verstärkt personale und soziale Kompetenzen mit Hilfe von u. a. Social Prototyping zu entwickeln. Nur so kann digitale Führung erfolgreich und ganzheitlich in der Organisation umgesetzt und im Idealfalle Selbstmanagement-Prozesse bei den beteiligten Organisationsmitgliedern erreicht werden. Im Zeitalter von offenen Innovationprozessen, Crowdsourcing und vielen anderen Formen des Jams, macht es Sinn, die zuvor beschriebenen Prozesse auch in die virtuelle Umgebung zu bringen, z. B. in Form von Cyber-Jam Ansätzen (Barrett 2012, S. 113).

Improvisation zeigt an, dass wir immer dann, wenn wir interagieren (egal ob digital oder analog), in einen Bezugsrahmen emotionalen und psychischen Gefühls gebettet sind, auf den wir instrumentell zugreifen können (Dell 2012, S. 287). Hier nun zeigt sich auch ein weiteres Feld, dass in Jam Sessions entwickelt werden kann: Der Bereich des Groove and Feel. „Groove and feel in jazz terms involve making structural aspects of performance (e.g. tempo and rhythm) implicit, which jazz musicians accomplish by rendering them subjects of their emotions and physical bodies (i.e., by literally feeling tempo and rhythm in an emotional and physical sense). Jazz as jazz musicians assign tempo and rhythm to the emotional realm and communication this basis to one another as they improvise (even when they have never player together before), workers may equally depend upon their ability to emotionally communicate as they coordinate their efforts for organizational achievement in the context of temporary teams or fluid networks" (Hatch 2002, S. 86).

Ziel ist es, sich als Teil einer Gruppe zu fühlen, mit der man eine Erfahrung teilt (Spolin 2005, S. 27). Dabei geht es ganz zentral um den Erhalt von Spontaneität im Umgang der Gruppenmitglieder miteinander. Dies ist insofern wichtig, als das spontanes Handeln auf Vertrauen basiert und auch selbiges schaffen kann (Greene und Nowak 2012). Spontanes Handeln bringt zwangsläufig Unbewusstes zutage, sorgt für Emergenzen und Zufall (Lösel 2013, S. 122), erzeugt also ein mindestens ebenso komplexes Verhalten wie die hybriden Arbeitswelten, denen wir uns heutzutage gegenüber sehen. Doch was genau macht spontanes Verhalten aus? Gunter Lösel führt dazu aus:

1. Fehlen eines Auslösers: Es gibt keinen eindeutigen, von außen spezifizierbaren Auslöser.
2. Unmittelbarkeit (Plötzlichkeit): Das spontane Verhalten geschieht ohne Vorbereitung, Planung oder sonstige zwischengeschaltete Prozesse.
3. Unvorhersagbarkeit: Das spontane Verhalten ist weder in Bezug auf den Zeitpunkt noch auf seine Ausprägung vorhersagbar (Lösel 2013, S. 132).

Mit der Spontaneität zieht allerdings noch ein weiteres Kriterium für die erfolgreiche Zusammenarbeit von Ensembles ein: Echte Freiwilligkeit. Spontaneität braucht Freiwilligkeit (Gloger und Rösner 2014, S. 180), ist ohne eine solche überhaupt nicht denkbar. Schließlich kann man niemanden dazu zwingen, zu spielen oder spontan zu handeln. Alles was unter Zwang zu erreichen ist, ist maximal die geschickte Simulation von Kreativität oder Spontaneität.

Es geht zentral darum, im Hier und Jetzt mit den zur Verfügung stehenden Mitteln freiwillig zu agieren. Ähnliches sieht auch der bereits seit einigen Jahren untersuchte Innovationsprozess des Effectuations vor, wenn er davon ausgeht, dass erfolgreiche Entrepreneure mit den Ressourcen arbeiten, die ihnen zur Verfügung stehen (Sarasvathy 2008). Also mit dem, was da ist. Hier und Jetzt.

4.1.1 Follow the Follower, Soloing & Combing

Während es in den Jam Sessions darum geht, das Zusammenspiel in einem geschützten Raum zu verbessern, findet des reale Zusammenspiel als gleichzeitiges Experiment und Performance statt (Kap. 1.3). „Failure, after all, is an inevitable part of risk and experimentation" (Barrett 2012, S. 42). In einem Umfeld, das seinerseits stets mit Überraschungen aufwartet, muss der Umgang damit produktiv kultiviert werden. Es muss eine Kultur des Imperfekten, eine beta-Einstellung gepflegt werden. Alles ist nur so lange aktuell, bis es die neue Version gibt. Dabei sollten auch spontane Fehler weniger als Fehler betrachtet werden, sondern vielmehr als Impulse, etwas zu verändern. „Herbie Hancock recalls the time Miles David heard him play a wrong chord and responded by simply playing his own solo around the wrong notes so that they sounded correct, intentional, and sensible in retrospect" (Barrett 2012, S. 43).

Improvisation verzichtet dabei nicht auf Hierarchie, sie ist nur in der Lage, Hierarchie rotieren zu lassen. Was man im Jazz „practice of taking turn" nennt, wird im Improvisationstheater auch gerne mal zugespitzt als „Follow the Follower" bezeichnet. Das Taking Turns kann entweder im Vorhinein festgelegt oder während des Spiels durch „cues", sogenannte Zeichen, situativ aus dem Spiel heraus verteilt werden (Dell 2012, S. 168). Im Improvisationstheater wird in der Regel nicht abgesprochen, wann welche Phasen entstehen, hier wird Zug um Zug vorgegangen. Jeder Zug besteht aus einem (Kommunikations-)Angebot (offer) und einer Antwort (response) auf dieses Angebot. Der Improvisationsprozess schreitet dadurch Zug um Zug voran, wobei jeder Zug an den vorherigen anknüpft und auf diesen aufbaut. Es ist von großer Wichtigkeit, dass jedes Angebot mit dem vorherigen Angebot in Übereinstimmung (agreement) steht, also keine logischen Widersprüche und Brüche in der Bühnenrealität verursacht (Lösel 2013, S. 104).

Gleiches gilt für die „organisationale Bühne" und das Zusammenspiel im Ensemble hier. Das vorherige Angebot muss daher zunächst immer akzeptiert werden, bevor etwas Neues hinzugefügt wird – kurz und knapp wird diese Regel auch als „Yes, and!" bezeichnet. Das Yes-And-Prinzip fasst die zwei Aktionen zusammen, die gemeinsam einen turn bilden: Das Akzeptieren (Yes) und das Hinzufügen (And) (Lösel 2013, S. 105).

Damit ein solches Following the Follower möglich wird, ist es unbedingt erforderlich, dass Angebote nicht lange diskutiert, sondern kreativ angenommen werden und mit eigenen Ideen vorangebracht werden. Was steckt in den Ideen? Werden Ideen geblockt, ist es immer auch das Blockieren der eigenen Kreativität u. a. aufgrund von Angst vor Selbstentblößung (Lösel 2013, S. 107). Daher fällt das Annehmen und Vergrößern der Ideen der anderen leichter, wenn eine Vertrauenskultur herrscht, in der sich die Akteure zumindest sozial sicher fühlen – auch wenn andere Risiken, z. B. Marktrisiken oder technologische Risiken weiterhin bestehen. Das konstruktive Arbeiten mit den Angeboten der anderen kann auch als „Active Followership" bezeichnet werden (Barrett 2012, S. 130). Der Jazz unterteilt hier noch weiter in die Modi des Soloing und des Comping (Begleiten) (Dell 2012, S. 168). Im Improvisationstheater ist die Verzahnung sogar noch ein wenig enger.

Während es das Ensemble braucht, um das Spiel aufzubauen bzw. die Spielregeln zu erkennen und/oder zu etablieren, braucht es den einzelnen Spieler, um ein sogenanntes „Game Breaking" zu erzeugen, d. h. ein neues Angebot einzubringen, das auch als Block gewertet werden könnte, bei dem allen Mitspielern aber klar ist, dass es sich um ein Angebot handelt, ein neues Spielmuster zu finden (Lösel 2013, S. 307). Natürlich kann das „Game Breaking" auch dazu führen, dass Muster unterbrochen werden, die wichtig sind, oder dass Fehler gemacht werden. Hier müssen Mechanismen des Vergebens und Vergessens greifen. Kreatives Handeln zieht zwangsläufig ein Abweichen von der Norm nach sich – was im Einzelfall schwer genug sein kann. Umso wichtiger ist die Frage, wie mit Fehltritten und den Verletzungen von Werten und Normen umgegangen wird. Welcher Art das Feedback ist und wie sehr ein Lernen daraus unterstützt wird.

Im Kern geht es bei diesen Regeln darum, spontane, kreative Zusammenarbeit zu ermöglichen – im Wissen darum, dass Spontanität nicht verlangt werden kann. Es kann nur darum gehen, die Bedingungen für schöpferische Prinzipien zu optimieren. Die grundlegenden Fähigkeiten wie Spontaneität, kollaborative Kreativität und Erzählen werden als bereits vorhanden angenommen. Die via negativa der Improvisation („Was darf nicht sein?") spezifiziert daher vor allem Blockaden und Abwehrmechanismen (Lösel 2013, S. 127). Sind diese ausgeschaltet, dann entfaltet sich die Improvisation selbstorganisierend und sogar sich-selbst-hervorbringend – also autopoietisch.

Ein Abwehrmechanismus kann z. B. das Zuhören bzw. das Nicht-Zuhören sein (Barrett 2012, S. 121). Auf die Frage, wann Impro-Spieler auf der Bühne gut zusammen spielen, antwortete Keith Johnstone, wenn sie sich zuhören (Johnstone 2004). Auf die Nachfrage, wann sie sich denn gut zuhören würden, meinte er, dass sie sich dann verändern lassen würden.

Wenn wir einander wirklich zuhören, sind wir bereit, uns verändern zu lassen. Umgekehrt gilt: Wenn wir eine feste Meinung darüber haben, was richtig und was falsch ist, was funktioniert und was nicht, dann hören wir auch unserer Umgebung nicht mehr zu. Wir sind nicht im Hier und Jetzt und können kaum die Impulse wahr- und aufnehmen, die für spontanes Handeln notwendig wären.

Das Zuhören ist darüber hinaus aber auch eine zentrale Fähigkeit für einen der zentralsten und wichtigsten Prozesse für selbstorganisierte und werteorientierte Zusammenarbeit: Das geteilte Geschichtenerzählen oder Shared Storytelling.

4.1.2   „Shared Storytelling", geteilte Werte

„Spätestens seit dem Aufkommen der Video Game Studies und einer transmedialen Strömung in der Erzähltheorie steht das Verhältnis von Erzählen und Spielen verstärkt zur Diskussion" (Tecklenburg 2014, S. 117). Der Philosoph Ludwig Wittgenstein spricht sogar direkt von narrativen Sprachspielen (Wittgenstein 2006, § 23). Wittgenstein selbst verwendet das Wort Spiel in dreifacher Weise: Als Begriff und Metapher, als Gegenstand für bestimmte Spielformen und als Beschreibung seines eigenen Zugangs, seiner Methode zur Untersuchung von Sprache. Er selbst also spielt Sprachspiele, um sich dem Sprachspiel zu nähern (Tecklenburg 2014, S. 125). Ebenso macht es in unserem Falle Sinn, sich den organisationalen Spielen über Spiele zu nähern.

Ein solches Vorgehen wählt auch die Beraterin und Organisationsforscherin Patricia Show, wenn sie den Prozess des gemeinsamen Geschichtenerzählens sehr eindringlich in „Changing Conversations in Organizations" beschreibt: „After some introductory remarks on the themes of self-organizing emergence, I asked people to arrange their chairs in a haphazard way, facing different directions. I started by asking everyone to join me in playing a simple game of work association. Someone was to start by saying a word and the next person would say another word associated with the preceding one. The question of next was ambiguous, as it was not immediately obvious who was next in the haphazard arrangement of chairs. The sequence of people speaking was always a little uncertain and did not automatically repeat itself. Sometimes people spoke simultaneously. Some did not speak at all. This process ran for a while and then we talked together about what had struck us, what sort of patterns we discerned and how we made sense of the experience, and, in particular, how our sense-making evolved as we continued to talk together" (Shaw 2008, S. 100).

Shaw verändert wenig später die Anordnung noch einmal und lässt die Teilnehmerinnen und Teilnehmer nun jeweils ganze Sätze sagen. In der Auswertung wird von den Teilnehmerinnen und Teilnehmern u. a. festgestellt, dass zwar auf der einen Seite theoretisch gesagt werden konnte, was man wollte, aber dass man auch nicht alles hatte sagen können. Die entstehende Geschichte entwickelte aus einem offenen Anfang und einem offenen Ende heraus zunehmend Einschränkungen und Möglichkeiten, die man zwar genießen konnte, während sie entstanden, jedoch kaum vorhersagbar gewesen waren. Wer war verantwortlich für die Geschichte? Alle! Aber niemand im Speziellen (Shaw 2008, S. 102).

Während einige versucht hatten, die Geschichte in eine bestimmte Richtung zu bringen, hatten andere versucht, mit den bereits vorhandenen Elementen zu spielen, ihnen mehr Sinn zu verleihen. „I hoped people on the seminar might notice something of their experience or participating in the self-organizing process of meaning-making" (Shaw 2008, S. 105).

So entsteht der Sinn einer Unternehmung. Gemeinsam. Dadurch, dass gemeinsam darauf geachtet wird, was sich ereignet, wie die Ereignisse sinnvoll miteinander verbunden werden können. „Shared Storytelling" ist gleichzeitig gemeinsame Sinn- und Bedeutungssuche für das gemeinsame Handeln – insbesondere im Zeitalter digitaler und verteilter Formen der Zusammenarbeit. Wenn man nicht weiß, warum und wozu man etwas macht, macht es zwangsläufig auch keinen Sinn. Ohne Sinn, keine Motivation, keine Bereitschaft zur weiteren, gemeinsamen Improvisation und die Verbesserung des Zusammenspiels.

Die kleinste Form der Geschichten sind sicherlich von eh und je Metaphern. „Wir sind ganz schön unter Beschuss!", „Wir sind der Leuchtturm für das gesamte Projekt!" oder „Da ist aber Sand im Getriebe!" sind bildhafte Darstellungen von Zuständen der Gruppe. In jeder Metapher stecken aber auch Wertkategorien, wie Standhaftigkeit, Stolz oder der Drang zu Verbesserungen. „Während der Beschäftigung mit Metaphern bewegen sich Menschen nicht nur im Denkmodus, sondern können die Realität höchst differenziert erleben und erfühlen" (Gloger und Rösner 2014, S. 84).

Ähnliches lässt sich für die Zusammenarbeit von Mitarbeitern in Organisationen sagen. Durch den Austausch über Kunden, Kollegen, Marktentwicklungen, politische Ereignisse, Klatsch und Tratsch entstehen die Geschichte, Metaphern und Bilder, die man teilt. Dabei ist es wichtig, zu berücksichtigen, dass Geschichten nicht nur dazu da sind, Sinn zu erzeugen (Kap. 4.2.1 und 6.3). Geschichten transportieren Werte und ihr Erzählen dient dem Werteabgleich – insbesondere wenn es im täglichen Miteinander quasi Zug um Zug darum geht, die Geschichte der gemeinsamen Zusammenarbeit zu entwickeln.

Eine andere Möglichkeit, gemeinsame Geschichten zu erzeugen, sind gelebte Rituale (Gloger und Rösner 2014, S. 232). Rituale können in vielfältigen Formen auftreten und aktiv entwickelt werden. Im SCRUM Umfeld gibt es z. B. das Sprint Review. Dieses Meeting ist durchaus mit der Darbietung einer Theatergruppe vergleichbar (Gloger und Rösner 2014, S. 233). SCRUM Teams führen ebenfalls auf – im Idealfall für den Kunden und den eigenen Manager, der sich im Sprint Review von den Leistungen seiner Teams überzeugen kann. Darüber hinaus können Retrospektiven, Taskboards oder systematisches Feiern als Rituale zum Einsatz kommen (Gloger und Rösner 2014, S. 233), die einerseits ihre eigenen Ensemble-Dynamiken entfalten, aber auch gut dazu dienen können, danach über sie erzählen zu können.

Abb. 4.1 Längen einer Linie
in Anlehnung an Solomon
Asch. (© Martin A. Ciesielski)

Zum einen helfen die geteilten und gemeinsam erschaffenen Geschichten, Vertrauen, Sicherheit und Bedeutungen entstehen zu lassen. Zum anderen entstehen dadurch aber auch Konformitäten und Gruppenzwänge – insbesondere durch Erfolgsgeschichten, die einem ja bekanntlich stets Recht geben.

4.2 Die gefährlichen Seiten des guten Zusammenspiel

4.2.1 Konformität und Gruppendenken

Zunehmende Transparenz in Arbeitsprozesse und Einblicke in die Arbeitsweisen der anderen, geteilte Erlebnisse, Geschichten und Erfolge erzeugen nicht nur einen stärkeren Gruppenzusammenhalt, sondern können auch zu Konformitäten in der Gruppe führen. Schließlich ist es kein Geheimnis, dass Organisationen und Gruppen durchaus Druck auf ihre Mitglieder ausüben, damit diese sich an Normen und Ziele gebunden fühlen. Oftmals sind wir uns diesem Druck noch nicht einmal bewusst oder merken, wie leicht wir dafür empfänglich sind. Eines der bekanntesten Beispiele im Bereich der Konformitätsstudien sind die Arbeiten des Psychologen Solomon Asch.

In einem Experiment befragte Asch eine Gruppe von sieben bis neun College Studenten, welche Linien auf der einen Karte der Länge einer einzelnen Karte auf einer anderen Karte entsprechen (Abb. 4.1).

Dabei war es immer nur eine Person in der Gruppe, die nicht im Vorfeld vorbereitet worden war. Die Mehrheit wurde dahingehend instruiert, falsche Bewertungen bei zwei Drittel der Karten vorzunehmen, um so die Entscheidungen der einzelnen Person zu beeinflussen.

Das Ergebnis: Wenn die Versuchsperson nicht von anderen beeinflusst wurde, gab sie die korrekten Antworten. Aber sobald die anderen in der Gruppe falsche Antworten gaben und behaupteten, dass diese richtig wären, änderte auch die einzelne Person ihre Meinung, um mit der Mehrheit am Ende konform zu gehen. Warum taten sie das? Einige Versuchsteilnehmer sagten, sie wollten nicht aus der Reihe tanzen, obwohl sie weiterhin daran glaubten, dass ihre Antwort die richtige gewesen sei. Andere sagten, obwohl ihre Wahrnehmungen korrekt erschienen, konnte ja die Mehrheit nicht falsch liegen. Wieder andere hatten den Gruppendruck noch nicht einmal wahrgenommen. Die, die bei ihrer Meinung geblieben waren, fühlten sich sehr unwohl dabei und durchaus auch in Versuchung, sie zu ändern. Die, die trotz abweichender Meinung von der Mehrheit bei ihrer Meinung geblieben waren, hatten mit Angstgefühlen zu kämpfen, ein Teilnehmer war am Ende regelrecht in Schweiß gebadet (Shaw 2011, S. 27). Daran anschließend wurde 2014 eine Studie veröffentlicht, die in ihren Ergebnissen sogar noch darüber hinaus ging. Diese machten deutlich, dass die soziale Situation die individuellen Entscheidungen nicht nur im Sinne einer bewussten Anpassung beeinflusst, sondern schon die Wahrnehmung von vornherein der vorgegebenen Gruppenmeinung folgt (Trautmann-Lengsfeld und Herrmann 2014).

Wenn man sich vor Augen hält, dass es in diesen Versuchen um nichts weiter ging, als die richtige Antwort auf eine einfache Frage zu geben, so lässt es sich nur erahnen, welche Konformitäten in Organisationen zum Tragen kommen, in denen es um Beförderungen geht, um Entlassungen, Mobbing, Gehälter, Projekte, individuelle Investitionen von Zeit, Geld und Emotionen. In Unternehmen kommen darüber hinaus Status- und Autoritätssymbole und Einrichtungen zum Tragen, wie Vorgesetzte, Aufsichtsräte, Titel, Abteilungen, Reputation, Unternehmensrichtlinien uvm. Hier können „falsche" oder „richtige" Antworten weitaus längerfristigere Folgewirkungen haben, als einmalig getätigte Aussagen über die Länge einer Linie in einem psychologischen Testverfahren. Abschließend können wir festhalten, dass alle Angehörigen in einer Organisationen – egal ob analog oder digital – unter einem nicht unerheblichen Konformitätsdruck stehen. Aufgrund der Transparenz über die Aktivitäten und Arbeitsfortschritte ist dies womöglich im digitalen Zeitalter noch mehr der Fall als zuvor. Auch der Druck, nach außen hin seine Individualität zu zeigen, kann am Ende ein Konformitätszwang sein, der nicht zwangsläufig eine andere Meinung und alternative Sichtweisen nach sich zieht.

Alle Gruppen erwarten von ihren Mitgliedern Konformität, im Extremfall kann das Resultat allerdings in das so genannte Gruppendenken münden, wie es Sozialpsychologen bezeichnen. Gruppendenken setzt dann ein, wenn der Druck hin auf Einstimmigkeit die einzelnen Gruppenmitglieder derartig überwältigt, dass diese nicht mehr in der Lage dazu sind, Situation realistisch einzuschätzen oder alternative Handlungsweisen zu erwägen.

Negative Informationen werden ausgeblendet, Warnungen, dass die Gruppe falsch liegt, werden ignoriert und Ideen, die nicht der vorherrschenden Denkweise in der Gruppe entsprechen, werden schlichtweg abgewertet und nicht berücksichtigt. Im Rahmen von Gruppendenken haben die Mitglieder oftmals den Eindruck, die Gruppe sei unverwundbar, da sie ja gut ist oder einfach grundsätzlich richtig liegt. Was auch immer die Gruppe tut: Es ist absolut zulässig und bedarf keinerlei Legitimation.

Gruppenmitglieder betreiben bewusst oder unbewusst eine Selbstzensur in Hinblick auf alles, was gegen die Meinung der Gruppe sprechen könnte und argumentieren rational gegen anderslautende Hinweise an. Auf Abweichler wird implizit oder explizit Druck ausgeübt, sich konform zu zeigen. Gruppendenken kann dadurch zu irrationalem Verhalten mit teilweise desaströsem Ausmaß führen (Shaw 2011, S. 28; Sawyer 2008; Janis 1972).

In Hinblick auf digitale Führung und Konformitätseffekte ist es u. a. wichtig zu fragen, welche Werkzeuge im Unternehmen zum Einsatz kommen – und welche externen Instrumente wie Suchmaschinen, Microblogs etc. Schließlich lassen sich auch hier Phänomene beobachten, z. B. Filter Bubbles, die dazu beitragen können, bereits vorhandene Konformitäten zu verstärken und abweichende Sichtweisen zu erschweren: „The increasing personalization is leading to concerns about Filter Bubble effects, where certain users are simply unable to access information that the search engines' algorithm decides is irrelevant. Despite these concerns, there has been little quantification of the extent of personalization in Web search today, or the user attributes that cause it" (Hannak et al. 2013). Auch durch den fortwährenden Abgleich durch mobile Kommunikationsmedien und die Transparenz der eigene Arbeit und ihrer Inhalte gegenüber den anderen, können verstärkt Konformitätseffekte auftreten.

Schreyögg nennt auf Grundlage der Forschungsarbeit von J. Janis (Janis 1972) acht generelle Symptome des Gruppendenkens:

- Falsche Einmütigkeit schafft die **Illusion der Unverwundbarkeit** und lässt einen überzogenen Optimismus entstehen.
- Ein unbedingter **Glaube an die Moralität** der Gruppe macht blind für die ethischen Konsequenzen von Entscheidungen; was die Gruppe entscheidet, ist per se gerechtfertigt.
- **Rationalisierung**: Die Gruppe weist oder wertet Argumente und Fakten ab, die der Gruppenmeinung zuwiderlaufen.
- **Stereotypisierung**: Feinde und andere Außenstehende werden durchgängig negativ wahrgenommen; überflüssig, sich mit ihnen auf ernsthafte Erörterungen einzulassen.
- **Selbstzensur**: Gruppenmitglieder unterdrücken von sich aus eigene Zweifel an der Gruppenmeinung.
- **Gruppenzensur**: Die Gruppe übt massiven Druck auf Mitglieder aus, die wider den Komment Zweifel an Gruppenmeinungen und Prämissen artikulieren.
- **Gehirnwächter**: (mind guards): Bestimmte Gruppenmitglieder treten in Aktion, um potentielle „Dissidenten" schon im Vorfeld zum Schweigen zu bringen, bevor sie die herrschende Meinung mit ihren Zweifeln unterminieren können.
- **Illusion der Einmütigkeit**: Aufgrund der Selbstzensur und des Gruppendrucks entsteht bei allen Mitgliedern, insbesondere aber bei dem Gruppenführer, das Bild uneingeschränkter Einmütigkeit (Steinmann und Schreyögg 2002, S. 554).

Unserer Darstellung nach sind es aber auch die impliziten und expliziten Spiele, die im Team oder der Organisation gespielt werden, die das Gruppenverhalten prägen. Seien es Status- und Machtspiele, Gewinner-Verlier-Spiele etc. Daher greifen die Vorschläge von Steinmann/Schreyögg, wie dem Gruppendenken entgegen gewirkt werden kann, auch zu kurz, wenn sie empfehlen:

- die Gruppenführung sollte mit Worten und Gesten die Mitglieder ermutigen, Kritik und Zweifel zu äußern.
- die Gruppenführung sollte mit ihrer Meinungsbildung abwarten und nicht schon in der Frühphase eine dezidierte Meinung vertreten.
- die Gruppe sollte sich immer wieder einmal in mehrere Teams aufspalten und die verschiedenen Alternativen getrennt voneinander diskutieren.

- ein Mitglied sollte zum advocatus diaboli bestellt werden.
- wenn eine vorläufige Entscheidung gefallen ist, sollten anschließend in einer Art „dialektischen Sitzung" („second chance meeting") alle Gegenargumente und Einwände gesammelt und diskutiert werden (Steinmann und Schreyögg 2002, S. 556f.).

Eine tiefer gehende Möglichkeit wäre, implizite Spielregeln zu heben, ggf. zu ändern. Dabei können Frage nach Verantwortlichkeiten wichtig sein, die mit den zu treffenden Entscheidungen oder Verhaltensweisen in der Gruppe festzulegen sind.

Wie aus den zuvor gemachten Ausführungen ersichtlich wird, ist die Wechselwirkung zwischen den einzelnen Menschen, ihren Umgangsweisen mit Rollen und Gruppenzugehörigkeiten sowie dem Einsatz von Informations- und Kommunikationstechnologien hoch komplex. Insbesondere und zunehmend im digitalen Zeitalter. Digitale Führung muss eine Leitfunktion für einen gesunden, erfolgreichen und kritischen Umgang mit dieser Rollenkomplexität entwickeln. Dabei muss es darum gehen, ebenfalls ein komplexes Repertoire an Spiel- und Handlungsweisen zu entwickeln. Dabei können Regeln und Verhaltensweisen der Angewandten Improvisation helfen. Zum einen, um im Rahmen von „Social Prototyping" Prozesse und Dynamiken erlebbar zu machen. Oder um zu zeigen, wie sich Rollen aus dem Zusammenspiel der Akteuere quasi emergent ergeben und wie aus diesen Rollen heraus konstruktiv zusammen gearbeitet werden kann (Kap. 5.4).

Neben den emergenten Rollenspielen ist es allerdings auch wichtig, sich eines „wahren Selbstes" zu vergewissern, bzw. dieses weiter zu entwickeln. Der Psychater Robert Lifton drückt das so aus: „Das Gefühl des „Spielens einer Rolle" hängt in seiner Greifbarkeit von einem kontrastierenden Gefühl für ein „wahres Selbst" ab. Wenn es kein Bewusstsein dafür gibt, was es heißt, „sich selbst treu zu sein", ist das „Spielen einer Rolle" ohne Bedeutung (Rifkin 2009, S. 409). Wir gehen sogar noch weiter und sehen gar keine Möglichkeit, eine Rolle zu spielen, wenn keine Empfindung für ein wahres Selbst vorhanden ist.

Dabei sind im Kern drei zentrale Elemente zu berücksichtigen, die für jedes Mitglied eines Teams, einer Gruppe, ja sogar einer Organisation in Gänze zu berücksichtigen sind. Es handelt sich dabei um Verantwortung, Integrität und Authentizität (Kap. 4.3). Wie unsere Ausführungen in Kap. 1 und unsere Bezugnahmen auf Josef Weizenbaum bereits gezeigt haben, ist insbesondere die Verantwortungsübernahme durch den Einsatz digitaler Technologien schwieriger geworden. Doch dies ist nicht erst seit den vernetzten Medien der Fall. Heutzutage stellt sich jedoch u. a. die Frage, inwieweit authentisches und integres Handeln möglich ist, parallel zu einer Allgegenwart digitaler Erfassung und möglicher Überwachung.

4.2.2   Performance und Monitoring

Mittlerweile ist es ein offenes Geheimnis, dass Firmen Informationen über Mitarbeiter sammeln, speichern und auswerten. Je nach Land und geltendem Recht muss dazu z. B. der Betriebsrat gehört werden bzw. muss dessen Zustimmung eingeholt werden. Sofern es einen solchen überhaupt gibt.

In anderen Ländern muss der Mitarbeiter zumindest darüber informiert werden. In anderen Kontexten reicht die Information allein nicht aus, sondern man muss die aktive Zustimmung zur Datenerfassung einholen. In der Regel werden die Daten in zwei Zusammenhängen erhoben: Im Rahmen von Tests oder im Rahmen von Supervisionen und Maßnahmen zur Performance-Sicherungen.

Natürlich wird kein Mitarbeiter mit einer vorgehaltenen Pistole dazu gezwungen, sich Lügendetektortests, Persönlichkeits- oder Gentests zu unterziehen. Allerdings entstehen Zwänge, wie auch Freiheiten, oftmals in kleinen Schritten. Wenn sich Mitarbeiter oder Führungskräfte Tests oder Beurteilungen unterziehen, haben sie in der Regel zugestimmt. Allerdings muss es gestattet sein zu fragen, ob die Zustimmung wirklich zulässig oder legitim war. Handelte es sich um eine informierte Zustimmung? Diese Frage muss schon deshalb zulässig sein, gesammelte Informationen durchaus in den intimen oder privaten Bereich gehen können und die Privatsphäre durchaus verletzten können, wenn mit ihnen unachtsam umgegangen wird.

Informierte Zustimmung erfordert Bedachtsamkeit und die freie Wahl. Die betroffenen Mitarbeiter müssen verstehen, welchen Prozessen und Inhalten sie zustimmen, mit allen möglichen Konsequenzen und freiwillig. Bedachtsamkeit und Überlegung erfordert nicht nur die Verfügbarkeit aller notwendigen Informationen, die zur Entscheidung notwendig sind, sondern auch deren vollständiges Verständnis. Mitarbeiterinnen und Mitarbeiter müssen die Informationen, die sie zum Verständnis benötigen ggf. einfordern können.

Für ein legitimes Einverständnis muss dieses freiwillig erfolgen. Mitarbeiter, Angestellte und Führungskräfte müssen willentlich in die sie betreffenden Vorgänge einstimmen. Dabei müssen sie auch in der Position sein, freiwillig handeln zu können. Dabei kann es durchaus passieren, dass es einen impliziten oder expliziten Druck seitens der Organisation gibt, den Erfassungsvorgängen zuzustimmen.

Allerdings ist die Unterscheidung zwischen beruflichem Einsatz und privatem Verhalten auch an anderen Stellen unter erheblichen Druck geraten. Im direkten Kundenkontakt war und ist das emotionale Verhalten ein zentrales Moment. In jedem Verkaufs- und Verhandlungstraining wird sehr viel Wert auf die emotionale Komponente im Kommunikationsprozess gelegt. Allerdings muss man sich dabei vor einer „Kommerzialisierung der Gefühle" in Acht nehmen, insbesondere dort, wo Mitarbeiterinnen und Mitarbeiter zur Optimierung der geschäftlichen Beziehungen zu gefühlvollem und freundlichen Verhalten angehalten werden (Rifkin 2009, S. 407). Derartige Maßnahmen werfen nicht nur ethische Fragen auf, sondern tragen auch in nicht unerheblichen Maße dazu bei, dass eben jenes freundliche Verhalten oftmals als wenig authentisch und eher zynisch entgegengenommen wird.

Persönlichkeits-Tests

Unternehmen versuchen häufig Vorhersagen darüber zu treffen, ob ein Mitarbeiter die Reife für eine bestimmte Stelle bereits hat, ob er oder sie eine gute Arbeitsethik aufweist oder ob sie schlicht und ergreifend zur Organisation passen. Zu diesem Zweck werden häufig Persönlichkeitstests durchgeführt. Einer der bekanntesten ist der Myers-Briggs

Typen Indikator, der von gut 89 % der Fortune 100 Unternehmen in den Staaten und bei ca. 2,5 Mio. Amerikanern jedes Jahr durchgeführt wird (Shaw 2011, S. 354).

Dieser Test identifiziert sechzehn Persönlichkeitstypen. Demnach fällt jeder der Milliarden von Menschen auf der Erde in eine dieser sechzehn Kategorien. Allerdings gibt es durchaus einige Probleme mit diesem Verfahren. Weder Frau Briggs, noch ihre Tochter, Frau Myers haben irgendwelche Qualifikationen im Bereich der psychometrischen Testverfahren aufzuweisen. Außerdem fallen die wenigsten Testteilnehmer selten eindeutig in eine der Kategorien. Sie sind z. B. lediglich ein wenig mehr extrovertiert als introvertiert. Darüber hinaus fallen die meisten Teilnehmer bei einer wiederholten Testdurchführung in eine andere Kategorie. Dies kann entweder ein Hinweis darauf sein, dass es viele Menschen mit erheblichen Persönlichkeitsstörungen gibt oder aber, dass der Test nicht wirklich hinreichend ist, für eine Typenbestimmung. Es mag auch daran liegen, dass sechzehn Persönlichkeitstypen einfach ein wenig zu wenig sind. Eine Annäherung an die Milliardengrenze wäre sicherlich realistischer (Robinson 2009, S. 98).

Trotz ihrer geringen Aussagekraft können Persönlichkeitstest wie der Myers-Briggs sehr persönliche und durchaus private Informationen zu Tage fördern. Solcherart Tests können in Bereiche eindringen, die wir normaler Weise als privat bezeichnen würden. Die Zustimmung erfolgt meistens nicht unbedingt freiwillig, wenn klar ist, dass diese Tests im Rahmen von Bewerbungen erfolgen und absolviert werden müssen, wenn man zumindest in Erwägung für die Stelle gezogen werden will (Shaw 2011, S. 354). Sofern Persönlichkeitstest mit all ihren Beschränktheiten und ihm Rahmen ihrer Möglichkeiten eingesetzt werden, helfen sie dabei, Bewerber und deren Befähigung für die jeweilige Stelle herauszufinden. In der Theorie können sie helfen, die Komplexität des Arbeitslebens zu reduzieren und dabei hilfreich sein herauszufinden, ob jemand in einen Job passt oder nicht.

Wenn Persönlichkeitstests allerdings dafür genutzt werden herauszufinden, ob jemand zu den Werten der Organisation, deren Ziele und Philosophie passt, kann der Einsatz im Extremfall als regelrechte Körperverletzung gedeutet werden. In amerikanischen Unternehmen (aber durchaus auch in deutschen Firmen) können schon einmal Fragen wie diese gestellt werden: „Gibt ihnen Autofahren ein Gefühl von Macht?", „Mögen Sie Aufregung in ihrem Leben?", „Wenn Sie könnten, würden Sie als ein Entertainer in Las Vegas arbeiten?". Während diese Fragen ja noch recht harmlos daher kommen, ist diese schon von einem anderen Kaliber: „Gab es jemals in ihrem Leben eine Zeit, in der sie mit Puppen gespielt haben?" – als gezielte Frage an männliche Bewerber. Es gibt durchaus Fragen, die würde man nicht einmal der eigenen Mutter beantworten, wenn sie diese fragen würde. Aber womöglich werden diese Fragen im digitalen Zeitalter aus ganz anderen Gründen nicht mehr gestellt werden.

Eine Studie, die im Journal „Proceedings of the National Academy of Sciences of the United States of America (PNAS)" veröffentlicht wurde, verglich die Fähigkeiten von Computern und Menschen, Aussagen über unsere Persönlichkeiten zu machen. Die menschlichen Urteile wurden danach kategorisiert, wie nah sie der jeweiligen Person standen. Die Computermodelle wurden an einem einzigen Kriterium entlang modelliert: Facebook Likes.

Die Resultate zeigten, dass die Computermodelle mit Hilfe von Facebook Likes bessere Ergebnisse über die Persönlichkeit einer Person zu Tage förderten als die Aussagen von Freunden und Familienmitgliedern (Youyou et al. 2014). Forscher der Universitäten Cambridge und Stanford bezeichneten diese Ergebnisse als „Demonstration empathischer Fähigkeiten" von Computern, indem die individuellen psychologischen Merkmale allein aufgrund von Datenanalysen zugänglich gemacht werden können.

Darüber hinaus merkten die Wissenschaftler aber auch an, dass sich mit diesen Ergebnissen die Fragen nach der Privatsphäre im Internet verstärkt stellen müssen. Das Team der Studie befürwortete daher auch Richtlinien, die dem User die volle Kontrolle über seinen digitalen Fußabdruck gebe. Schließlich konnte in der Studie der Computer die Persönlichkeit einer Person mit der Analyse von nur zehn Likes genauer beschreiben als ein Arbeitskollege. Es brauchte mehr als siebzig, um besserer Ergebnisse als ein Freund oder Mitbewohner zu erreichen, hundertfünfzig, um die Qualität der Aussagen von Familienmitgliedern, Eltern oder Geschwistern zu erreichen. Die Genauigkeit des Lebenspartners wurde mit 300 Likes erreicht.

Wenn man davon ausgeht, dass der durchschnittliche Facebook User ca. 229 Likes hat (und diese Anzahl wächst ständig), kann man davon ausgehen, dass derartige „Artificial Intelligence", (AI, künstliche Intelligenz) das Potenzial hat, uns besser zu kennen als unsere engsten Bekannten.

Zumindest theoretisch. Bedenkt man die von uns zuvor geäußerte Kritik an Persönlichkeitstest und betrachtet die notwendige Verbindung zwischen den Likes und derlei Aussagen über Persönlichkeitstypen, sollten man hellhörig werden. Am Ende werden in diesem Fall kritisch zu bewertende psychologische Modelle mit ebenfalls zu hinterfragenden mathematischen Modellen in Form von Like-Algorithmen kombiniert. Es stellt sich die Frage, was für Aussagen dadurch über die einzelne Person wirklich getroffen werden können. Kritisch wird es, wenn solcherlei Ansätze unkritisch und ohne Verständnis für die Methodiken in Unternehmen in der Personalentwicklung, Performance-Messung und Mitarbeiterführung eingesetzt werden. Denn was da dann am Ende geführt wird, sind keine Menschen, sondern deren theoretische, digital vermessene Datenkörper.

Diese Beispiele zeigen auch, dass das klassische Testen und Überwachen von Mitarbeiteraktivitäten, das man von Bewerbungsverfahren oder anderen Bewertungsvorgängen im Unternehmen kennt, aktuell einen fundamentalen Wandel erfährt. Es sind keine punktuellen und für einen bestimmten Termin vorgesehenen Evaluationen oder Tests, sondern im digitalen Zeitalter kann die Performancemessung 24/7 erfolgen anhand der digitalen Technologien, die für die tagtägliche Arbeit zur Verfügung stehen und genutzt werden müssen. Am Ende des Tages stellt sich für jede Führungskraft im digitalen Zeitalter die Frage, was genau damit erreicht werden kann.

Oder wie es in der Global Study of Business Ethics 2005–2015 der „American Management Association" ausgedrückt wird: „We have the technology to do this, but is it ethical to actually use it in this way?" (Jamrog et al. 2015).

Überwachung von Mitarbeitern und Kunden

Viele Unternehmen nutzen mittlerweile die Möglichkeit, die Performance ihrer Mitarbeiter mit Hilfe der Computer und Smartphones zu messen, die diese nutzen. Sie können die Anzahl der Tastenanschläge über den Tag festhalten und sich in Telefongespräche von Call Center Agenten einklinken, um die Effizienz und Richtigkeit der Aussagen zu überwachen.

Auch hier geht es im Wesentlichen um die Frage, inwiefern die Mitarbeiter darüber informiert werden und ob Sie ihr Einverständnis dazu freiwillig gegeben haben oder nicht. Werde diese Maßnahmen mehr oder weniger im Geheimen durchgeführt, kann durch das öffentlich werden ein enormer Vertrauensverlust entstehen.

Dabei geht es in den meisten Fällen nicht allein um Sicherheitsfragen oder um eine Verbesserung des Kundenservices. Einige Firmen checken die Nutzerdaten auch, um zu sehen, wann sie Pause gemacht haben und ob private Nutzungen des Internets erfolgt sind. Aber auch wie sich die Mitarbeiter am Telefon gegenüber des eigenen Unternehmens verhalten haben, kann Grund für das Mithören sein.

Nancy Flynn vom ePolicy Insitute stellt darüber hinaus fest, dass die meisten Messungen und Überwachungen oftmals nicht die Senior Manager betreffen, sondern deren Mitarbeiter (Shaw 2011, S. 356). Diese Führungskräfte sind offenbar bereit, Maßnahmen für andere durchzusetzen, die sie nicht bereit sind, bei sich selber anzuwenden. Das Monitoring von Mitarbeitern fördert häufig persönliche Daten zutage, ohne dass diese dazu zugestimmt haben. Unternehmen vermischen dabei oftmals die reine Informationen der Mitarbeiter über diese Maßnahmen mit der bereitwilligen Zustimmung.

In Zeiten von „Self Quantifying", „Big Data" und passiv überwachenden Kommunikationsgeräten wird die Frage nach ethischen Grenzen immer dringender zu stellen sein. Auch wenn die Nutzer (egal ob Mitarbeiter oder Kunden) oftmals aufgrund der Zustimmung zu den Allgemeinen Geschäftsbedingungen oder den Usancen in den Unternehmen der Überwachungspraxis zustimmen und auch wenn die Daten in der Regel nur anonymisiert genutzt werden, so stellt sich zum einen die Frage, ob die Zustimmung wirklich freiwillig erfolgte (Stichworte: Netzwerk- und Lock In-Effekte) und zum anderen, wie sicher und anonym die Daten wirklich sind. Man kann mit Sicherheit davon ausgehen, dass den meisten Nutzern nicht annähern klar ist, was mittlerweile technologisch alles möglich ist, wenn selbst Experten bei Selbstversuchen überrascht sind. So führte das Computermagazin c't bereits 2012 eine „Online-Ermittlung" durch. Dabei wurde beispielhaft das virtuelle Profil einer realen Person erstellt, indem frei verfügbare Informationen im Internet mit Hilfe von entsprechenden Programmen gesucht und intelligent verknüpft wurden. Der Protagonist war der Mitarbeiter eines Internet-Unternehmens, der dem Versuch und der Veröffentlichung der Ergebnisse im Artikel zunächst zustimmte. Bei Sichtung des Ergebnisses konnte er bei besten Willen einer Veröffentlichung nicht mehr zustimmen. Zu viel hätte man über ihn, sein Privatleben, seine Konsumgewohnheiten, Wohnadresse, Freunde, Familie, Kontoverbindungen und Telefonnummern erfahren können (Lindemann und Schneider 2012).

Auf der anderen Seite erscheint das digitale Messen und Vermessen werden aber auch Teil der eigenen Entwicklungsmöglichkeiten zu werden. Sei es in gesundheitlicher, beruflicher oder finanzieller Hinsicht. Klare Grenzen zwischen dem Privaten und Beruflichen, zwischen moralisch richtig oder falsch beginnen mehr und mehr zu verschwimmen. Auf der anderen Seite zeigt das auch, wie wichtig es ist, Diskussionen über diese Themen zu führen und sich nicht mit einfachen Antworten abspeisen zu lassen. Dies gilt für jeden Manager, jede Führungskraft und jeden Mitarbeiter in Unternehmen wie auch für jeden Konsumenten und zivilgesellschaftlich engagierten Bürger. Jede Organisation muss ihre eigenen Antworten diesbezüglich finden – auch wenn diese womöglich nur temporärer Natur sein können.

4.3   Die Frage der Eigenverantwortung

4.3.1   Verantwortung – wofür?

Der Druck, sich Gruppennormen und Glaubenssystemen gegenüber konform zu zeigen, kann dazu führen, dass das Individuum seine moralische Autonomie aufgibt. Aufgrund dessen, dass die Aktivitäten in Organisationen aus den Aktivitäten von Gruppen bestehen, kann die Verantwortung für die Handlungen als fragmentiert und in den Gruppen verteilt wahrgenommen werden, wodurch sich nicht ein einziger Mitarbeiter in der Verantwortung für das sieht, was geschieht, sondern stets die Gruppe adressiert wird. Natürlich ist es auch schwierig letztendlich sagen zu können, wer zur Verantwortung zu ziehen ist. Diese Streuung von Verantwortung in der Organisation bringt Führungskräfte als auch Mitarbeiter dazu, die eigene moralische Verantwortung kaum wahrzunehmen. Sie neigen dazu, sich als Rad im Getriebe zu sehen, als Teil eines Prozesses, auf den sie selbst kaum Einfluss haben. Sie erlauben sich die Teilnahme an Aktionen und Handlungen entlang von Richtlinien, bei denen sie normaler Weise nicht teilgenommen hätten, wenn die Entscheidung allein bei ihnen gelegen hätte. „Das ist nicht allein mein Fehler!", „Das wäre ohnehin passiert – mit oder ohne mich!" Die Diffusion von Verantwortung in einer Organisation kann am Ende zu der Einstellung führen, dass man ja ohnehin nur seinen Job mache, wie es u. a. sehr eindringlich für den Banken- und Finanzmarktbereich untersucht wurde (Honegger et al. 2010).

Die meisten Sozialpsychologen sind sogar der Ansicht, dass der individuelle Sinn für Verantwortung umso geringer ist, desto mehr Personen die entsprechende Situation beobachten oder sogar Teil davon sind. Je mehr Menschen eine Situationen beobachten, in der eigentlich Handlungsbedarf wäre, desto weniger fühlen sich verantwortlich auch wirklich zu handeln. Schließlich könnte ja jemand anderes…vielleicht hat ja auch schon jemand etwas veranlasst…wahrscheinlich wird gleich…

In großen Organisationen kann es entsprechend dazu kommen, dass sich die Mitarbeiter aus der Anonymität heraus nicht verantwortlich fühlen. Abgetaucht in der Gruppe, wird die Moral des eigenen Handelns kaum mehr hinterfragt (Shaw 2011, S. 29). Es ist in großen Organisationen sogar recht häufig der Fall, dass es Konflikte zwischen den eigenen moralischen Werten und denen Anforderungen der Organisation gibt, allerdings wird mit diesen Konflikten in der Regel nicht offen umgegangen. Ganz im Gegenteil wird es häufig als besonders professional erachtet, wenn individuelle Bedenken in Hinblick auf die Interessen des Unternehmens bei Seite geschoben werden. Umso loyaler und „committed" wird die Kollegin oder der Kollege wahrgenommen (Shaw 2011, S. 28). In den meisten Fällen kennt man in den Unternehmen eh nur eine Verantwortung: Ergebnisverantwortung.

4.3.2   Individuelle Integrität

Viele Formen von sozialem Druck kommen heute auch durch soziale Technologien zustande. Manchmal erschwert es dieser Druck erheblich, eigenen Prinzipien treu zu bleiben und bei der Rolle zu bleiben, die einem besonders liegt. Unternehmen können individuelle Integrität und Verantwortung durch den Einsatz sozialer Technologien erheblich herausfordern – oder sie einfordern und unterstützen. Das Einhalten von organisationale Normen und Regeln wird dabei fortlaufend explizit oder implizit eingefordert.

Die Akzeptanz dieser Normen kann bewusst oder unbewusst erfolgen – wichtig ist, dass sie befolgt werden, denn am Ende sind sie es, die das Bestehen und Überleben einer Organisation ausmachen. In den meisten Fällen folgend die Normen und Regeln den Zielen, die die Organisation verfolgt. Man wird allerdings nicht behaupten können, dass aus den Normen oder Zielen zwangsläufig ein bestimmtes moralische Verhalten folgt, dass eindeutig als gut oder schlecht zu bewerten ist.

Dennoch stellt sich die Frage, ob und inwiefern die Norme und Werte der Organisation dazu beitragen oder es erschweren, die fortwährende Übereinstimmung des persönlichen Wertesystems mit dem eigenen Handeln aufrechtzuerhalten, also das zu erreichen, was allgemein als individuelle Integrität bezeichnet wird. Die Berater Gloger und Rösner definieren die integre Führungskraft als jemanden

- der tut, was er sagt
- der zu seinen Fehlern steht
- auf den man sich verlassen kann
- und den man kennt

(Gloger und Rösner 2014, S. 96).

Eine Befragung der American Management Association von 2005–2015 („The Ethical Enterprise – Doing the Right Things in the Right Ways, Today and Tomorrow") förderte zu Tage, dass der Druck, unrealistische Zielvorgaben zu erfüllen und Deadlines zu erreichen, die Hautpursachen für unethisches Verhalten sind. Die meisten Manager erleben aber auch Rollenkonflikte zwischen dem, was von ihnen als effizient, lösungs- und gewinnorientiert erwartet wird und was sie von sich als ethische handelnden Personen erwarten würden (Jamrog 2015). Bei einer Reihe von Interviews mit Harvard MBM Absolventen fanden die Forscher Badaracco und Webb heraus, dass die jungen Manager in ihren Unternehmen

Anweisungen erhielten und organisationalen Druck verspürten, Dinge zu tun, von denen sie der Meinung waren, dass diese nicht in Ordnung, unethisch oder sogar illegal seien (Badaracco und Webb 1995).

Aber auch in einem solchen Kontext kann man durchaus als integer gelten – solange man auch hier verbindlich bleibt, tut, was man sagt. Auch Fehler können gemacht werden, solange man daraus lernt. Integrität gibt es auch im „falschen" System – was man wunderbar in der Verfilmung der Aktivitäten des Wall Street Betrügers Jordan Belfort mit Leonardo Di Caprio in „Wolf of Wall Street" miterleben kann.

Speziell im digitalen Kontext ist es wichtig auf den enormen Leistungsdruck zu schauen, dem die Führungskräfte gerecht werden müssen. Es entsteht die Notwendigkeit, die Performance auch in Form von Zahlen und Aktivitäten zu messen, woraus wiederum ein ethisches Dilemma entstehen kann. In einer vermehrt digitalen Arbeitsumgebung, wo immer mehr Daten passiv und aktiv produziert werden, wird der Umgang mit den Ergebnissen, deren Aussagenkraft und Interpretation auch zu einem moralischen Thema – u. a. wenn daraus ein Druck auf die einzelne Führungskraft oder den Mitarbeiter entsteht, der ihn zu unmoralischem Verhalten zwingt.

Für den Fall, dass die Führungskraft merkt, dass das integere Verhalten, was sie an den Tag legt, doch nicht den eigenen Wertvorstellungen entspricht (Love it!), sollte es zwei weitere Optionen geben: Entweder es existieren Mittel und Wege, die Umstände zu verändern (Change it!) oder es kann die Option des Exit gewählt werden (Leave it!). Dies setzt natürlich voraus, dass keine Abhängigkeiten persönlicher, finanzieller oder sonstiger Natur bestehen.

Man muss aber davon ausgehen, dass auch Unternehmenskulturen ihre Formen finden, mit diesen Optionen umzugehen. Der Autor Joris Lujendijk, der drei Jahre lang in der „City of London" recherchierte, beschreibt in „Unter Bankern": „Manch junger Banker berichtete mir, man habe ihm sogar empfohlen, seine Ausgaben in die Höhe zu schrauben: Teure Kleidung, Autos, Urlaube und so weiter. So signalisiere man, dass man gerade richtig aufdreht und sich mit der Arbeit identifiziert. Sparen dagegen impliziere, dass man sich Optionen offenhält. ‚Watch your watch', nennt der deutsche Finanzsoziologe Bernd Ankenbrand das – mit einer Uhr für nur hundert Pfund am Handgelenk kann man den hohen Bonus gleich vergessen. Ein Recruiter, mit dem ich regelmäßig ein Sandwich essen ging, arbeitete viel mit Senior-Bankern und betonte, dass in einigen Abteilungen renommierter Investmentbanken Autor, Häuser, Boote, Schulen und Urlaube ein wesentlicher Teil des Auftretens seien. ‚Sie haben keine andere Wahl', sagte er. ‚Wenn Sie bei Goldmann arbeiten, können sie nicht in einer malerischen Ruine wohnen' " (Luyendijk 2015, S. 219).

4.3.3 Manigfaltig authentisch

Häufig wird authentisches Verhalten in organisationalen Kontexten so verstanden, dass man dann authentisch ist, wenn man auf überzeugende Art und Weise die Werte und Normen des Unternehmens verkörpert und vorlebt. Doch authentisch sein bedeutet mehr.

Authentizität kann als ein kontinuierlicher Prozess der Entwicklung von Selbstwahrnehmung all unserer Persönlichkeitsmerkmale beschrieben werden. Als Resultat dieser
Selbstwahrnehmung kommt es zu einer immer größeren Überschneidung unserer Glau-
benssätze, Werte, Prinzipien und Verhaltensweisen. Im Englischen gibt es dafür die schö-
ne Bezeichnung „Walk the talk" also „Tun, was man sagt". „Walk the talk" drückt aus, das
es wichtig ist, dass man das, was man sagt, auch zutiefst verkörpert und danach handelt
(Cashman 2008, S. 36).

Während wir allmählich die Zeiten verlassen, in denen Top-Down und autoritäre Führungsstile vorherrschend waren, gibt es immer noch autoritäre Führungskräfte, die aufgrund von Authentizität andere Führungskräfte, die kollaborativ führen, aber dabei nicht
authentisch sind, ausstechen. Auf der anderen Seite gibt es auch Führungskräfte, die ein
schwaches Charisma haben, kaum Wirkung vor einer Gruppe entfalten und Schwierigkeiten haben, sich auszudrücken, die aber aufgrund ihrer persönlichen Authentizität und
Substanz ein derartiges Standing haben, dass sie die Mitglieder der Gruppe dennoch inspirieren und gemeinsam ein neues Exzellenzlevel erreichen (Cashman 2008, S. 38).

Authentizität gibt Orientierung und schafft Vertrauen. Je mehr wir uns mit einer Vielzahl von Verhaltensweisen, Informationsangeboten und emotionalen Gemengelagen konfrontiert sehen, umso wichtiger ist es, einen inneren Kompass dafür zu entwickeln, wo
man selbst hin möchte, was einem wichtig ist, wofür man steht. Paradoxer Weise kann es
dabei sehr hilfreich sein, die innere Vielfalt zu entwickeln und zu lernen, auf die inneren
Stimmen (!) zu hören. Authentisch heißt nicht zwangsläufig berechenbar. Es kann sogar
durchaus so sein, dass authentisches Verhalten einen dazu veranlasst, situationsabhängig
zu handeln. Von außen betrachtet, kann das als widersprüchliches Verhalten wahrgenommen werden. Auch Widersprüche können durchaus authentisch gelebt werden, wenn die
zugrunde liegenden Werte als kongruent erkannt werden.

Methoden aus dem Improvisationstheater können dabei behilflich sein, mehr über die
verschiedenen Persönlichkeitsanteile herauszufinden und mit deren Geschichten in einen
konstruktiven Kontakt zu gehen. Man kann dabei durchaus von einem „Internen Theater"
sprechen, wie es Guglielmo/Palsule vom „Advanced Management Program" vom INSE-
AD tun. Je mehr man sich mit seinen inneren Figuren und Charakteren auseinandersetzt,
umso überzeugender kann man diese letztendlich auch authentisch verkörpern. Mit Hilfe
dieser Methoden lernt man, wie man Beziehungen schafft und erfährt, wie diese einen
auch selbst wiederum prägen (Guglielmo und Palsule 2014, S. 45).

Führungskräfte operieren stets an der dynamischen Verbindung von persönlicher Authentizität mit Hilfe von zwischenmenschlichen Beziehungen. Beziehungen sind es, die
am Ende Einfluss und Wertschöpfung miteinander verbinden. Während Führungskräfte
aus dem heraus führen, was sie sind, gestalten sie immer auch ihre Beziehungen – zwischen ihren eigenen unterschiedlichen Persönlichkeitsanteilen und den Persönlichkeiten
ihrer Kollegen, Kunden etc. (Cashman 2008, S. 82). Persönlichkeitsanteile, die auch nach
außen wirken und bekannt sind, haben die Tendenz, robuster und dauerhafter zu sein als
die, die lediglich einem selbst bekannt sind.

Bis vor kurzem war es relativ schwierig, neue und andere Persönlichkeitsanteile in der Welt auszuleben. Um z. B. Gedanken zu veröffentlichen oder auszudrücken, musste man entweder sehr gut sein, Glück haben oder die entsprechenden Mittel zur Verfügung haben. Heutzutage kann mit Hilfe des Internets jeder sein Schaffen in den öffentlichen Raum stellen. Avatare erwachen in Multi-User Fantasy Games (in den man auch durchaus digitale Führungstechniken ausprobieren und lernen kann), die von Millionen von Spielern gespielt werden.

Allerdings beginnt das Ausdrücken einer Persönlichkeit bereits mit einem einfachen Social Media Profil. Natürlich versucht man, so real wie möglich zu sein, sofern es sich um das Intranet der eigenen Organisation oder um sonst ein Arbeitstool handelt. Aber was heißt „real" in diesem Zusammenhang? Zeigt uns ein Foto wirklich realitätstreu? Sehen die Kollegen wirklich den echten Kollegen, wenn sie das Profil lesen, einige Bilder anschauen oder ein Video anschauen? Am Ende sehen sie auch nur einen Persönlichkeitsaspekt von einem. Die virtuelle Rolle, die man im Arbeitsleben spielt (Carter 2014, S. 110). Auf diese Art und Weise erzeugen wir verschiedene Möglichkeiten und Formen, um mit anderen in Kontakt zu sein. Wir erschaffen kontinuierlich viele „wirs" (Harper 2010, S. 267) und authentische Menschen schätzen alle ihre Persönlichkeiten. Damit einher geht auch, dass authentische Menschen sehr offen für andere sind. Menschen, die echt sind, aufrichtig und ehrlich, gehen in der Regel auch mit ihren Stärken und Schwächen offen und ehrlich um. Man kann sogar so weit gehen, dass wirklich starke Persönlichkeiten ihre Schwächen akzeptieren können und offen sind für die Stärken und Schwächen anderer (Cashman 2008, S. 36).

Doch wie sehr kann man authentisch handeln, wenn man umgeben ist von ungeschriebene oder ausformulierten organisationalen Normen und Ansprüchen? Läuft in diesem Falle authentisches Verhalten nicht auf die Forderung hinaus, authentisch angepasst an die geforderten Normen und Werte zu agieren? Ist es am Ende nicht genauso erzwungen, ohne Anzug ins Startup Office zu kommen, wie der Banker mit seiner Krawatte? Sind die Korsagen, die die Frauen früher getragen haben, heute nicht einfach den Korsagen der Software- und IT-Systeme gewichen?

Zum einen existiert das Dilemma, dass wir als Menschen Kommunikationstechnologie nutzen möchten, um unsere Gefühlswelten und Werte auszudrücken, während wir uns mit den Nutzungsanforderungen der Maschinen konfrontiert sehen und daher mal mehr mal weniger dazu neigen, Menschen wie Maschinen zu behandeln und damit eher Effizienz-Kategorien ausdrücken. Hier entsteht ein nicht unerheblicher Druck auf unser authentisch-menschliches Verhalten. Zum anderen ist uns auch bewusst, dass die bestehende Technologie durchaus auch überwachende Funktionen haben kann. Wie authentisch verhält sich ein Mensch unter Überwachung? Wie integer und verantwortungsvoll verhalten sich Menschen, die auch seitens der eingesetzten IT-Systeme bestimmte Rollenzuschreibungen erfahren?

4.3.4   Hybride Kompetenzen – digital und analog

Der Begriff „Kompetenz" (aus dem Lateinischen „competere", zusammentreffen, ausreichen, zu etwas fähig sein) scheint innerhalb und ‚zwischen' den einzelnen Fachdisziplinen eine Vielzahl möglicher Definitionen und Bedeutungen zu besitzen. In der Biologie gibt es bspw. ‚kompetente Bakterien', was nicht gleichbedeutend ist mit ‚kompetenten Mitarbeitern'. Im weiteren werden nach Erpenbeck und Heyse Kompetenzen als Selbstorganisationsdispositionen verstanden: „Kompetenzen kennzeichnen die Fähigkeiten eines Menschen, eines Teams, eines Unternehmens, einer Organisation, in Situationen mit unsicherem Ausgang sicher zu handeln" (Heyse 2007, S. 21). Im Mittelpunkt steht demnach die tatsächliche Handlungsfähigkeit der betreffenden Person, d. h. in erster Linie die Antwort auf die Frage: Besitzt die Person die Fähigkeit, selbstorganisiert zu handeln?

Kompetenzen umschließen die Gesamtheit der Erfahrungen, Handlungsantriebe, Werte und Ideale einer Person bzw. Gruppe oder Organisation. Dabei steht das Subjekt in seiner Gänze und sein selbstorganisiertes Handeln im Zentrum der Betrachtung. Kompetenzen grenzen sich damit gegenüber Qualifikationen ab bzw. gehen deutlich über diese hinaus. Bei Qualifikationen steht das Objekt und die Erreichung eines vorgegebenen Qualifikationsziels im Vordergrund der Betrachtung: Zum Beispiel der Führerschein, das Diplom in Betriebswirtschaftslehre oder der Bachelorabschluss in Psychologie. Während eine Qualifikation bestätigt, dass ein formal definiertes und – zumindest in der Theorie – objektives Lernziel erreicht wurde, bezieht sich eine Aussage über die Kompetenz einer Person darauf, welche Fähigkeiten eine Person tatsächlich besitzt.

Die Fähigkeit zum selbstorganisierten Handeln gewinnt weltweit an Bedeutung: Bei zunehmender Komplexität des menschlichen Zusammenlebens, insbesondere der globalen Wirtschaftsbeziehungen und den gehandelten Produkten und Dienstleistungen, müssen Individuen ebenso wie Gruppen und Organisationen bzw. Unternehmen in der Lage sein, auch in neuen, unbekannten Situationen sicher zu handeln. Die Fähigkeit, Möglichkeit und Bereitschaft (kurz: die Disposition) zur Selbstorganisation ist dabei der entscheidende Erfolgsfaktor. Um in möglichen zukünftigen ebenso wie in gegenwärtigen Situationen erfolgreich zu sein, müssen Menschen und Organisationen daher über Selbstorganisationsdispositionen, d. h. über Kompetenzen, verfügen (Heyse und Ortmann 2008, S. 13; Heyse 2007, S. 20 f.). Dieses Verfügen über Kompetenzen kann dementsprechend als Kapital, d. h. als Produktions- bzw. Erfolgsfaktor, gesehen werden und wird bei Unternehmen üblicherweise als Teil des Humankapitals verstanden. In kompetenten Mitarbeitern wird zunehmend die entscheidende Quelle nicht-imitierbarer Wettbewerbsvorteile am Markt gesehen – ihre Bedeutung nimmt folglich weiter zu (Heyse 2007, S. 21). Kompetenzen finden sich dabei im komplexen Zusammenspiel von Wissen, Werten, Fähigkeiten, Erfahrungen und Willen. Erpenbeck und Heyse (2007, S. 468) schreiben hierzu:

„Individuelle Kompetenzen werden von Wissen fundiert, durch Werte konstituiert, als Fähigkeiten disponiert, durch Erfahrungen konsolidiert und aufgrund von Willen realisiert."

Anhand dieser begrifflichen Klärung wird deutlich, dass Kompetenzen den Kern dessen bilden, was man als einen fähigen Mitarbeiter bezeichnet. Kompetenzen sind der zentrale Faktor für die Leistungsfähigkeit des Individuums und damit auch für die Leistungsfähigkeit des Teams, der Abteilung und des Unternehmens als Ganzes.

Aufbauend auf diesem Kompetenz-Begriff wird in Kapitel 5 die digitale Führungskompetenz als Querschnittskompetenz detailliert betrachtet. An dieser Stelle sei auf drei Aspekte hingewiesen, die den mutagenen Einfluss der Digitalisierung auf die Kompetenzen sichtbar machen:

1. Die Digitalisierung beeinflusst alle 64 Teil-/Schlüsselkompetenzen positiv wie negativ
2. Die Digitalisierung kann eine reziproke Kompetenzverteilung bewirken
3. Im digitalen Zeitalter haben Kompetenzen einen analogen wie digitalen Part.

Beispielhaft für die 64 Teilkompetenzen (Kap. 5) sei hier der Einfluss der Digitalisierung auf die Teil-/Schlüsselkompetenz „Analytischen Fähigkeiten" ausgeführt.

Einfluss von Digitalisierung auf die Analytischen Fähigkeiten

„Vielen Studien zufolge sind die Lese- und Schreibfertigkeiten […] als auch die mathematischen Fertigkeiten der heutigen Studierenden in der Studieneingangsphase äußerst gering ausgeprägt, sodass bei der GenY/Z auch von einer fehlenden Studierfähigkeit trotz der attestierten Hochschulreife gesprochen wird" (Belwe und Schutz 2014, S. 82; Black 2010, S. 94).

Bedenkt man, dass im Schul- und Hochschulkontext eher die Schriftform dominiert, stellen Lese-, Schreib- und Rechenfertigkeiten Grundfertigkeiten wissenschaftlichen Verstehens und Arbeitens dar. Mit der Digitalisierung und der sehr unterschiedlichen Reaktion der Bildungsinstitutionen auf diese wurden und werden die Studierenden in ihren Studienvoraussetzungen zunehmend heterogen: „Aus hochschuldidaktischer Sicht geht es […] darum, inwieweit die Hochschule Heterogenität der Studierenden in den Lernvoraussetzungen akzeptiert und in welchem Umfang sie Lernumgebungen bzw. Lernsituationen so gestaltet, dass sich Studierfähigkeit entwickeln kann" (Wildt 2001, S. 2).

Es ist abzusehen, dass sich die Studierenden in ihren „klassischen" Grundfertigkeiten als Fundamente analytischer Fähigkeiten weiterhin sehr heterogen entwickeln werden, da in der Schule diese Basisfertigkeiten zum einen immer weniger eingeübt werden – „Ohne Tastatur, nur mittels Touchscreen, stehen Internetangebote oder Apps quasi sofort per „Knopfdruck" zur Verfügung. Lese- oder Schreibkompetenzen sind zur Nutzung von Inhalten nicht mehr zwingend erforderlich, die oftmals visuell gesteuerte Menüführung erlaubt potentiell selbst Vorschulkindern die Nutzung" (Medienpädagogische Forschungsverbund Südwest 2012, S. 20) – und da sogar die klassische Handschrift in vielen Bundesländern sogar gar nicht mehr eingeübt wird (Mumme 2015).

Zum anderen zeigten sich in allen schulischen Digitalisierungsprojekten keine signifikanten Unterschiede in der kurzfristigen Lernleistung und Kompetenzentwicklung zwischen „Notebook"-Schülern und „Nicht-Notebook"-Schülern (Schaumburg et al. 2007,

S. 121). Demgegenüber ist aus vielzähligen Studien bekannt, dass das Tippen keineswegs in seiner Komplexität der Handschrift entspricht und dass Handgeschriebenes aus dem Gedächtnis länger abrufbar ist als auf der Tastatur Getipptes (Mueller und Oppenheimer 2014; Longcamp et al. 2008, 2011). Ferner konnte eine in Science publizierte Studie zeigen, dass Informationen, die entweder per Buch, per Zeitung, per Zeitschrift oder per Google gewonnen werden, dann am wenigsten im Gedächtnis verhaftet bleiben, wenn sie gegoogelt wurden (Sparrow et al. 2011).

Zusammengefasst kann festgestellt werden, dass diejenigen Methoden, die die Ausbildung grundlegender Fertigkeiten und Gedächtnisprozesse fördern, weniger geübt werden und zugleich in Schule und Freizeit diejenigen digitalen Methoden bevorzugt werden, die den geringsten Mehrwert zur Ausbildung grundlegender akademischer Fähigkeiten und Gedächtnisprozesse aufweisen.

Auf der anderen Seite haben Neurobiologen nachgewiesen, dass – im Gegensatz zur allgemeinen Meinung – das Computerspielen je nach Genre einen positiven Einfluss auf kognitiv-analytische Funktionen hat (Gong et al. 2015; Granic et al. 2014) und die Konzentrationsfähigkeit nachhaltig fördert (Mishra et al. 2011). Bedenkt man, wie weit verbreitet das ‚Gamen‘ ist, kann davon ausgegangen werden, dass Schüler und Studierenden analytische und kausale Fähigkeiten durch das Gamen ausgebildet haben, die aber – je nach Genre – recht unterschiedlich sein können (Lorber und Schutz 2016).

Es stellt sich also die Frage, wie die bspw. durch das Gamen erworbenen analytischen Fähigkeiten auf das Lernen in Schule, Hochschule und Beruf transferiert werden können und wie dem fulminanten Rückgang an textuellen analytischen Fähigkeiten begegnet werden soll: Stellt das Homogenisieren der Lernheterogenitäten ein erfolgversprechendes Mittel dar, Kompetenzen für eine digitale und höchst dynamische, agile (Berufs-)Welt zu entwickeln?

Die Digitalisierung kann eine reziproke Kompetenzverteilung bewirken
Betrachtet man wieder die außerschulische/außeruniversitäre digitale Spielwelt der Computer- und Videospiele, so konnte in mehreren Studien nachgewiesen werden, dass Gamer schneller die richtigen Entscheidungen trafen. Bspw. zeigt eine im ‚World Journal of Surgery‘ veröffentlichte Studie, dass sich Chirurgen bei der Durchführung virtueller Operationen signifikant verbesserten, nachdem sie zuvor fünf Wochen lang mit einem Ego-Shooter trainiert hatten (Schlickum et al. 2009). So kann es dazu kommen, dass jüngere Chirurgen älteren Chirurgen gegenüber in ihrer motorischen Kompetenzausprägung weiter entwickelt sind.

Auf ähnliche Herausforderungen für die heutigen Führungskräfte aller Branchen verweist der US-amerikanische Vier-Sterne General Stanley McChrystal in seinem TED-talk „Listen, learn… then lead" (McChrystal 2011): Ein typischer Rekrut hat heute mehr Ahnung von modernen Kommunikationstechnologien als General McChrystal mit seinen 37 Jahren Erfahrung in der US-Armee. GenY/Z ebenso wie nachfolgende Generationen werden morgen noch mehr als heute einen entsprechenden Kompetenzvorsprung gegenüber ihren Vorgesetzten mitbringen (reziproke Kompetenzverteilung). Die Herausforderung für

Führungskräfte liegt nun darin, diese Tatsache nicht als Bedrohung aufzufassen, sondern als Chance. Das Eingeständnis, seinen jüngeren Mitarbeitern nicht in jeder Hinsicht überlegen zu sein, ist ein Zeichen von Stärke und kann für den Umgang und den Erfolg den entscheidenden Unterschied machen.

Dies stellt für beide Seiten eine neue Situation dar, die aber im digitalen Zeitalter durchaus häufig anzutreffen ist: Die Älteren lernen von den Jüngeren. Oder besser: Beide lernen von Beiden. Es geht also nicht um Position und Status, wer der Lehrende und wer der untergebene Lernende ist. Sondern nur darum, wer die Kompetenz besitzt. Und dies unabhängig vom Status, der Hierarchie, dem Alter, dem Geschlecht oder der akademischen Erstausbildung. Gerade Letzteres spielt im Einstellungsprozess immer noch eine dominante Rolle: Man sortiert die Bewerber nach Noten, sprich nach Qualifikationen, und wundert sich dann, wenn die eingestellte Person bei der Arbeit nicht kompetent ist. Ein kompetenzbasiertes Auswahlverfahren ist hier zielführender, das sowohl analoge als auch digitale Kompetenzen gleichermaßen berücksichtigt. Ist der neue Mitarbeiter oder die neue Führungskraft dann im Unternehmen, bedarf es der digitalen Führungskompetenz, damit sich beide Kompetenzausprägungen, digitale wie analoge, gleichermaßen und zielführend entwickeln können.

Literatur

Badaracco, J. L. Jr., & Webb, A. P. (1995). Business ethics: A view from the trenches. *California Management Review, 37*(Winter 1995), 8.

Barrett, F. J. (2012). *Yes to the mess: Surprising leadership lessons from jazz.* Boston: Harvard Business School Publishing.

Belwe, A., & Schutz, T. (2014). *Smartphone geht vor – Wie Schule und Hochschule mit dem Aufmerksamkeitskiller umgehen können.* Bern: hep.

Black, A. (2010). Gen Y: Who they are and how they learn. *Educational Horizons, 88*(2), 92–101.

Carter, R. (2014). *The people you are.* London: Abacus.

Cashman, K. (2008). *Leadership from the inside out – Becoming a leader for life.* Oakland: Berrett-Koehler.

Crossan, M. M., & Sorrenti, M. (2002). Making sense of improvisation. In K. N. Kamoche, M. Pina e Cunha, & J. Vieira da Cunha (Hrsg.), *Organizational improvisation* (S. 27–48). London: Routledge.

Dell, C. (2012). *Die improvisierende Organisation. Management nach dem Ende der Planbarkeit.* Bielefeld: Transcript Verlag.

Erpenbeck, J., & Heyse, V. (2007). *Die Kompetenzbiographie – Wege der Kompetenzentwicklung* (2., akt. und überarb. Aufl.). Münster: Waxmann.

Gloger, B., & Rösner, D. (2014). *Selbstorganisation braucht Führung – Die einfachen Geheimnissen agilen Managements.* München: Hanser.

Gong, D., He, H., Liu, D., Ma, W., Dong, L., Luo, C., & Yao, D. (2015). Enhanced functional connectivity and increased gray matter volume of insula related to action video game playing. *Scientific Reports, 5,* 50–62.

Granic, I., Lobel, A., & Engels, R. (2014). The benefits of playing video games. *American Psychologist, 66*(1), 66–87.

Greene, J., & Nowak, M. (2012). Spontaneous giving and calculated greed. *Nature, 489,* 427–430.

Guglielmo, F., & Palsule, S. (2014). *The social leader: Redefining leadership for the complex social age*. Brookline: Biblimotion.

Hannak, A., Sapiezynski, P., Kakhki, A. M., Krishnamurthy, B., Lazer, D., Mislove, A., & Wilson, C. (2013). *Measuring personalization of web search*. Proceedings of the 22nd international conference on World Wide Web. Rio de Janeiro, Brazil: acm. http://dl..org/citation.cfm?id=2488435. Zugegriffen: 7. Okt. 2015.

Harper, H. R. (2010). *Texture – Human expression in the age of communication overload*. Cambridge: MIT Press.

Hatch, M. J. (2002). Exploring the empty spaces of organizing: How improvisational jazz helps redescribe organizational structure. In K. N. Kamoche, M. Pina e Cunha, & J. Vieira da Cunha (Hrsg.), *Organizational improvisation* (S. 73–95). London: Routledge.

Heyse, V. (2007). Strategien – Kompetenzanforderungen – Potentialanalysen. In V. Heyse & J. Erpenbeck (Hrsg.), *Kompetenzmanagement – Methoden, Vorgehen, KODE und KODEX im Praxistest* (S. 11–179). Münster: Waxmann.

Heyse, V., & Ortmann, S. (2008). *Talentmanagement in der Praxis – Eine Anleitung mit Arbeitsblättern, Checklisten, Softwarelösungen*. Münster: Waxmann.

Honegger, C., Neckel, S., & Magning, C. (2010). *Strukturierte Verantwortungslosigkeit – Berichte aus der Bankenwelt*. Berlin: Suhrkamp.

Jamrog, J. J., Forecade, J. W., Groe, G. M., & Keller, R. (2015). *The ethical enterprise – Doing the right things in the right ways today and tomorrow. A global study of business ethics 2005–2015*. New York: American Management Association/Human Resource Institute.

Janis, I. L. (1972). *Victims of groupthink: A psychological study or foreign-policy decisions and fiascos*. Boston: Houghton Mifflin.

Johnstone, K. (2004). *Impro – improvisation und Theater*. Berlin: Alexander Verlag.

Lindemann, M., & Schneider, J. (2012). Protokoll einer Online-Ermittlung. *C't extra: Soziale Netze*, Heft 02/2012, S. 98–102.

Longcamp, M., Boucard, C., Gilhodes, J. C., Anton, J. L., Roth, M., Nazarian, B., & Velay, J. L. (2008). Learning through hand- or typewriting influences visual recognition of new graphic shapes: Behavioral and functional imaging evidence. *Journal of Cognitive Neuroscience, 20*, 802–815.

Longcamp, M., Hlushchuk, Y., & Hari, R. (2011). What differs in visual recognition of handwritten vs. printed letters? An fMRI study. *Human Brain Mapping, 32*, 1250–1259.

Lorber, M., & Schutz, T. (2016). *Gaming für Studium und Beruf? Was wir lernen, wenn wir spielen*. Bern: hep.

Lösel, G. (2013). *Das Spiel mit dem Chaos. Zur Performativität des Improvisationstheaters*. Bielefeld: Transcript Verlag.

Luyendijk, J. (2015). *Unter Bankern – Eine Spezies wird besichtigt*. Stuttgart: Tropen.

McChrystal, S. (2011). Listen, learn … then lead. http://www.ted.com/talks/lang/eng/stanley_mcchrystal.html. Zugegriffen: 9. April 2011.

Mishra, J., Zinni, M., Bavelier, D., & Hilyard, S. A. (2011). Neural basis of superior performance of action videogame players in an attention-demanding task. *The Journal of Neuroscience, 31*(3), 992–998.

Medienpädagogischer Forschungsverbund Südwest. (2012). *miniKIM 2012. Kleinkinder und Medien. Landesanstalt für Kommunikation Baden-Württemberg*. Stuttgart: Selbstverlag.

Mueller, P. A., & Oppenheimer, D. M. (2014). The pen is mightier than the keyboard: Advantages of longhand over laptop note taking. *Psychological Science, 25*, 1159–1168.

Mumme, T. (2015). Kulturgut Handschrift kommt an den Schulen zu kurz. WeltN24. http://www.welt.de/politik/deutschland/article139024861/Kulturgut-Handschrift-kommt-an-den-Schulen-zu-kurz.html. Zugegriffen: 2. April 2015.

Rifkin, J. (2009). *Die empathische Zivilisation – Wege zu einem globalen Bewusstsein*. Frankfurt a. M.: Campus.

Robinson, K. (2009). *The element – How finding your passion changes everything*. London: Allen Lane.

Sarasvathy, S. D. (2008). *Effectuation – elements of entrepreneurial expertise*. Glos: Edward Elgar.

Sawyer, K. (2008). *Group genius – The creative power of collaboration*. New York: Basic Books.

Schaumburg, H., Prasse, D., Tschackert, K., & Blömeke, S. (2007). *Lernen in Notebook-Klassen. Endbericht zur Evaluation des Projekts „1000mal1000: Notebooks im Schulranzen"*. Bonn: Schulen ans Netz.

Schlickum, M. M., Hedman, L., Enochsson, L., Kjellin, A., & Felländer-Tsai, L. (2009). Systematic video game training in surgical novices improves performance in virtual reality endoscopic surgical simulators: A prospective randomized study. *World Journal of Surgery, 33*(11), 2360–2367.

Shaw, P. (2008). *Changing conversations in organizations – A complexity approach to change*. New York: Routledge.

Shaw, W. H. (2011). *Business ethics – A textbook with cases*. Boston: Wadsworth.

Sparrow, B., Liu, J., & Wegner, D. M. (2011). Google effects on memory: Cognitive consequences of having information at our fingertips. *Science, 333*, 776–778.

Spolin, V. (2005). *Improvisationstechniken für Pädagogik, Therapie und Theater* (7. Aufl.). Paderborn: Junfermann.

Steinmann, H., & Schreyögg, G. (2002). *Management. Grundlagen der Unternehmensführung. Konzepte – Funktionen – Fallstudien. Nachdruck der 5., überarbeiteten Auflage*. Wiesbaden: Springer Gabler.

Tecklenburg, N. (2014). *Performing Stories – Erzählen in Theater und Performance*. Bielefeld: Transcript.

Terkessidis, M. (2015). *Kollaboration*. Berlin: Suhrkamp.

Trautmann-Lengsfeld, S., & Herrmann, C. (2014). Virtually simulated social pressure influences early visual processing more in low compared to high autonomous participants. *Psychology, 51*, 124–135.

Wildt, J. (2001). Hochschuldidaktische Aspekte einer Reform der Studieneingangsphase: Beitrag zur Tagung „Übergang von der Schule in die Hochschule Zugang zum Studium zwischen ‚Markt' und ‚Recht auf Bildung'. DZHW. http://www.dzhw.eu/veranstaltung/dokumentation/Tagung2001/Wildt.pdf. Zugegriffen: 2. April 2015.

Wittgenstein, L. (2006). Philosophische Untersuchungen. In *Tractatus logico-philosophicus, Werkausgabe* (Bd. 1). Frankfurt a. M.: Suhrkamp [1953].

Youyou, W., Kosinski, M., & Stillwell, D. (2014). Computer-based personality judgments are more accurate than those made by humans. *Proceedings of the National Academy of Sciences, 112*(4), 1036–1040.

Die digitale Führungskompetenz

Zusammenfassung

Digitale Führungskompetenz ist eine Querschnittskompetenz. D. h. sie beinhaltet verschiedene Teil- und Schlüsselkompetenzen. Diese müssen für die konkrete Führungsaufgaben ermittelt, definiert und gewichtet werden. Im Kern geht es darum, die Führungskompetenz dahingehend zu entwickeln, dass mit Begeisterung und Offenheit geführt wird. Dabei muss für den digitalen Arbeitskontext insbesondere die Entwicklung der Medienkompetenz berücksichtigt werden. Für die Entwicklung des eigenen Ensembles gilt es insbesondere auf die personalen und sozialen Teil- und Schlüsselkompetenzen zu achten. Bislang lag das Augenmerk bei Führung auf den Methoden- und Fachkompetenzen. Aufgrund des hochdynamischen und komplexen Arbeitsumfeldes können Formen der hybriden Zusammenarbeit in den meisten Fällen heutzutage nur noch temporärer Natur sein. Diesem dauerhaften beta-Zustand kann mit Hilfe von Social Prototyping Methoden begegnet werden, mit deren Hilfe die Grundregeln der Zusammenarbeit fortlaufend überprüft und angepasst werden können.

© Springer-Verlag Berlin Heidelberg 2016
M. A. Ciesielski, T. Schutz, *Digitale Führung*, DOI 10.1007/978-3-662-49125-6_5

„Begriffe sind gefährlich. Besonders solche, die wir tagtäglich verwenden, und von denen wir deshalb glauben, was sie bezeichnen, was sie bedeuten, sei einigermaßen klar. Bewusstsein, Wissen, Fähigkeit, Talent, Persönlichkeit, und eben Kompetenz sind solche Begriffsfallen. Erst wenn wir uns in Überlegungen verfangen, was damit wohl gemeint sei, spüren wir die Fallstricke. Zu spät – Nachdenken lässt sich nicht mehr vermeiden. Gut – dann wollen wir uns der Kompetenz, den Kompetenzen nachdenklich aber furchtlos nähern" (Erpenbeck 2013a, S. 299).

Doch bevor wir uns der digitalen Führungskompetenz nachdenklich, aber furchtlos nähern, ist es notwendig – und alternativlos –, sieben grundlegende Kompetenz-‚Phänomene' zu beleuchten, die sich bei Nicht-Beachtung meist in illustre ‚Nebelkerzen' verwandeln, was eine Annäherung und mitunter auch eine erfolgreiche Entwicklung erschweren oder unmöglich machen kann.

1. Digitale Führungskompetenz betrifft jeden
   Bei einer Buchbesprechung an einem altehrwürdigem Gymnasium sagte mir neulich der Direktor des Gymnasiums, dass sie – also er und seine Lehrer – nichts mit Führung zu tun hätten. Das sei etwas für Führungskräfte in großen Unternehmen. Hier an seinem Gymnasium ginge es ja um humanistische Bildung und nicht um gewinnmaximierendes Management. Den Einwand, dass der Lehrer ja bspw. die Schüler durch seinen Unterricht führe und er, der Direktor, die Lehrerschaft in vielerlei Hinsicht führe, lehnte er recht energisch und leicht verärgert ab: „Nein, der Lehrer ist keine Führungskraft und Führungskompetenz kann man heute nicht auch noch von seinen Lehrern und ihm erwarten". Ganz ähnliche ‚Argumentationsketten' scheinen auch bei so manchen Hochschullehrern, Wissenschaftlern, Forschern, Richtern, Anwälten, Ärzten und Seelsorgern mit Führungsverantwortung durchaus verbreitet zu sein.
   Doch jede(r) ist eine Führungskraft: „Bereits 1983 begannen die Forscher Kouces und Posner, sich mit außergewöhnlichen Führungsleistungen auseinanderzusetzen. [...] Und wenn es eine Lehre gibt, die das Forscherteam aus 12.000 Fallstudien, hunderttausenden Fragebögen und tausenden Interviews im Rahmen der Studien hat ziehen können, dann ist es diese: *Führung ist jedermanns Sache*" (Kaiblinger 2014, S. 14 f.).

2. Digitale Führungskompetenz ist im digitalen Zeitalter alternativlos
   Gerade im digitalen Zeitalter, in welchem schon Produkte und Dienstleistungen, Geschäftsstrategien und Unternehmensstrukturen einem permanenten mitunter plötzlichen und recht dynamischen Wandel unterzogen sind, hat sich zudem auch das Lernen und Arbeiten der digital geprägten Generationen Y und Z (GenY/Z) positiv wie negativ geändert (Kap. 2.2). Diese Änderungen haben bereits die grundlegenden Lern- und Arbeitsprozesse in Schule und Hochschule voll erfasst und werden auch bald in die Unternehmen voll durchschlagen (vgl. Belwe und Schutz 2014). Aber die Lehre in Schule und vor allem in der Hochschule hat sich bislang wenig bis gar nicht geändert: „Bei der Gestaltung der (Präsenz-)Lehre, die Studierende zur Erreichung der Studienziele befähigen soll, orientieren sich Hochschulen vielfach noch immer an einer

weitgehend homogenen Studierendenschaft. […] Zwar gibt es für diejenigen, die (vermeintlich) den Erwartungen nicht entsprechen und Gefahr laufen, das Studienziel zu verfehlen, überall eine Reihe von Unterstützungsmaßnahmen (Vorkurse, psychologische Beratung etc.) – die Lehre selbst verändert sich jedoch nicht. Um den Studienerfolg, also das Erreichen der Lernziele, zu sichern, muss jedoch auch die Lehre selbst so gestaltet werden, dass sie der Heterogenität der Studierenden Rechnung trägt" (Berthold et al. 2015, S. 7).

Diese so in ihren Kompetenzen stark heterogen entwickelte und gebildete GenY/Z schwappt jetzt nach Schule oder Hochschule in die Unternehmen, die meist noch die traditionellen Absolventenmuster erwarten. Über Strategien und Strukturen wurde in Zeiten der digitalen Transformation viel nachgedacht und publiziert, über die Auswirkungen auf Personen und (Führungs-)Kulturen eher weniger. Einige Streitschriften, wie „Analog ist das neue Bio – Ein Plädoyer für eine menschliche digitale Welt" (Wilkens 2015) und „Die Lüge der digitalen Bildung – Warum unsere Kinder das Lernen verlernen" (Lembke und Leipner 2015), hinterfragen bspw., ob es entwicklungspsychologisch und gesellschaftlich sinnvoll ist, den propagierten digitalen Hype ungebremst in den Kinderwagen zu beschleunigen.

Trotz der löblichen punktuellen Anstrengungen in Schule und Hochschule – manche Betrachter sprechen auch von einem ‚grundlegenden Paradigmenwechsel' vom ‚teaching' zum ‚learning', von einer ‚Kopernikanischen Wende in der Hochschuldidaktik' (Berthold et al. 2015, S. 25) – laufen die doch etwas trägen Bildungssysteme dieser Fundamentalbeschleunigung hinterher und können strukturell wie personell die Heterogenitäten nicht mehr homogenisieren. Aufgrund der enormen Veränderungsresistenz beider Bildungssysteme – von verstreuten ‚Leuchtturmprojekten' und bewundernswerten Einzelinitiativen einmal abgesehen – dürfte die GenY/Z nunmehr für die nächsten Jahre nahezu ungebremst in den Unternehmen einschlagen. Trifft sie hier nicht auf analog wie digital kompetente Führungskräfte, wird sie schnell weiter ziehen. Die GenZ fordert, aus ihrer digitalen Erlebniswelt und ihrer digital fragmentierten Prägung heraus, eine kleinschrittige (transaktionale, Scholz 2014), kompetenzbasierte, ergebnis- und erlebnisorientierte Führung ohne Einschränkungen ein. Sie bekommt sie oder sie geht.

3. Bestehende Kompetenzmodelle berücksichtigen zu wenig bis überhaupt nicht den digitalen Einfluss
   Betrachtet man die Kompetenzmodelle führender deutscher Unternehmen auf deren Internetpräsenz oder in der Literatur bspw. in „Kompetenzmodelle von Unternehmen: Mit praktischen Hinweisen für ein erfolgreiches Management von Kompetenzen" (Erpenbeck et al. 2013), so fällt auf, dass ein Einfluss der Digitalisierung auf die Kompetenzen bzw. auf die Personen, die die Kompetenzen entwickeln sollen, nicht diskutiert wird. Auch notwendige Schlussfolgerungen und Umsetzungen neuer Didaktikkonzepte für die Aus- und Weiterbildung bzw. für die Personalentwicklung der digital geprägte GenY/Z finden sich nur bei einem einzigen Unternehmen: Bei der deutschen Audi Handelsorganisation (Erpenbeck et al. 2013, S. 67).

4. Auch Selbstorganisation und selbstorganisiertes Lernen braucht Führung
   Im „Monitor: Führungskultur im Wandel – Kulturstudie mit 400 Tiefeninterviews"
   (Forum Gute Führung 2014) der Initiative Neue Qualität der Arbeit (INQA) betont
   Thomas Sattelberger, ehemaliger Vorstand der Telekom AG, der Continental AG und
   INQA-Themenbotschafter: „Wir erleben gerade einen Paradigmenwechsel in deutschen Unternehmen. Entscheidungsfähigkeit und Macht werden zunehmend auf Teams
   oder Projektgruppen verlagert. Der einzelne kluge Kopf wird Teil von Kooperations-
   netzen. Geführte erwarten zunehmend andere Menschenführung, Führungskräfte sind
   zunehmend auf der Suche nach einem anderen Verständnis von Führung und beide
   wollen eine neue Führungskultur" (Forum Gute Führung 2014, S. 17).
   Gegenübergestellt wird meist einer klassisch hierarchischen Organisation eine Selbstorganisation in Netzwerkstrukturen bzw. ein situationsspezifischer Wechsel zwischen
   beiden wie bei einem Führungsmodell von Bosch, „an dem sich Führungskräfte orientieren und aus dem sie unterschiedliche Führungsmuster auswählen können" (Buhse
   2014, S. 214). Beide Organisationsformen haben ihre Vorteile und beide benötigen
   Führung (Gloger und Rösner 2014). Aber eine recht unterschiedliche. „Leider gibt es
   nach Ansicht einer großen Mehrheit der Befragten (78 %) [einer Führungsstudie der
   Hochschule RheinMain] aktuell nur wenige Führungskräfte in den Unternehmen, die
   diese Anforderungen auch erfüllen. Zwölf Prozent sagen sogar, es gibt gar keine"
   (Petry 2015). Dies ist auch nicht weiter verwunderlich, denn wer Jahre und Jahrzehnte
   in einer Umgebung mit Informationsasymmetrien überleben wollte, hat schnell gelernt,
   dass das Zurückhalten und das geschickte Platzieren von Informationen vorteilhafter ist
   als offene Kommunikationsformen. Will man jetzt einen ‚change', sind defensive Ver-
   haltensroutinen eines jahrzehntelangen nicht-offen-lernen-Wollens wahrscheinlich und
   zu erwarten: „Kurz, die Menschen sind auf routinierte Weise inkompetent" (Argyris
   1997, S. 62 f.; Argyris 1986). Deshalb braucht es neue Lernformate bspw. das „Social
   Prototyping" (Kap. 5.4), die die Veränderungs- und Lernangst nehmen und eine neue
   Lern- und Führungskultur ermöglichen (Schein 2010, S. 121).

5. Digitale Führungskompetenz ist lernbar bei hinreichend Raum und Zeit, doch „wer
   keine Menschen mag, sollte keine Führungskraft werden" (Asgodom 2014, S. 196)
   „Führungskompetenz ist lernbar", so der Titel des Buches von Frau Prof. Dr. Renate
   Tewes. Ja, schon, aber …. Nein, kein ‚aber'. Kompetenzen auch die (digitale) Führungskompetenz sind lernbar. Talente im eigentlichen Sinne (i.e.S.) lernen sie etwas
   schneller. Aber alle anderen auch mit genügend Zeit und Lernraum. Denn vertieftes
   Lernen benötigt Zeit, da die dem Lernen zugrundeliegenden (neuro-)biochemischen
   Prozesse Zeit benötigen, um entsprechende Strukturen aufzubauen und/oder zu ver-
   ändern. Und hier ist der Haken: Viele nehmen sich heute nicht die benötigte Zeit bzw.
   bekommen diese nicht zugestanden. Ein bis zwei Tage in einem Seminar klassischer
   ‚Machart', das muss reichen. Tut es aber schon rein biochemisch nicht.
   Die eigentliche Herausforderung wird es dann aber sein, die GenY/Z zur Übernahme
   von Führungsverantwortung zu begeistern: In Deutschland sehen sich nur wenige
   GenY-Frauen (29 %) und die Hälfte aller GenY-Männer (46 %) in Führungspositionen,

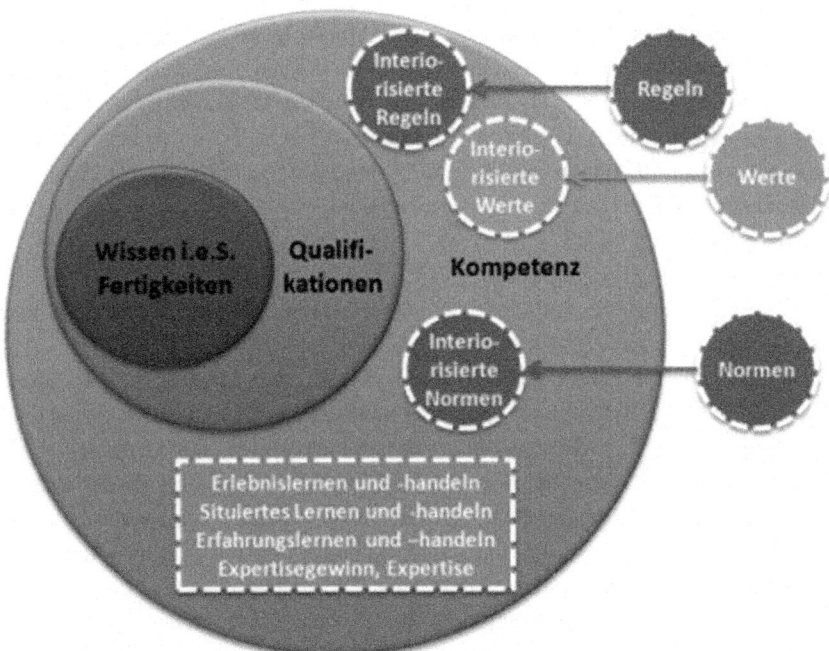

Abb. 5.1 „Kompetenzen schließen Wissen, Fertigkeiten, Qualifikationen ein, diese sind aber keine Kompetenzen" (Erpenbeck 2013a, S. 312) Mit freundlicher Genehmigung von Erpenbeck/Heyse©

im Bundesdurchschnitt 37 %, was im internationalen Vergleich und bzgl. des demographischen Wandels recht wenig ist (Deloitte 2015). Für die GenZ, die wie keine andere gelernt hat, Verantwortung zu kollektivieren, liegen noch keine belastbaren Daten vor.

6. Digitale Führungskompetenz benötigt neue Lernformate: Wissen alleine ist noch keine Kompetenz!
   „Arbeiten sie an ihrer Kompetenz – und hierzu gehört Bildung, Bildung und nochmals Bildung. Theorie ist die einzig mögliche Grundlage von Leistung, dies gilt für Führungskräfte ebenso" (Brabandt 2014, S. 133). Ja, zu jeder Kompetenz gehört ein ‚Wissenskern' und Grundfertigkeiten, ohne die eine Kompetenz nicht (weiter) entwickelt werden kann. Doch die exzellente Kenntnis der theoretischen Grundlagen allein reicht zur Entwicklung von Kompetenzen nicht aus: „Wissen ist keine Kompetenz" (Arnold und Erpenbeck 2014). Es müssen Regeln, Einstellungen, Normen und Werte verinnerlicht, interiorisiert, zu eigen gemacht werden (Abb. 5.1). Und da sind sie wieder, die Werte. Aber nicht als schmuckes Modewort bspw. für die Firmenhomepage, sondern als essentieller Bestandteil der Kompetenzentwicklung. Doch wie lerne ich Werte? Und, wenn ja, wie lange? Ein oder zwei Tage?
   Und welchen Wert hat die ‚Andersartigkeit', haben die Heterogenitäten? Denn die GenY/Z ist voll davon. Innerhalb der Unternehmen gilt es, neue Lernformate zu entwickeln, in denen gleichzeitig weder die doch recht dynamischen Teamlernprozesse noch die digitalen Nebentätigkeiten der GenY/Z ausgeblendet oder wegdefiniert wer-

den, sondern in Hinblick auf den Projekt- und Lernerfolg als auch hinsichtlich der Führungskompetenz thematisiert werden (Schutz 2014). Diese neuen Lernformate, welche ja Kompetenzen entwickeln sollen, sollten sich deshalb nicht auf eine reine Informations- und Erfahrungsvermittlung im klassischen Ein- oder Zweitagesseminar beschränken. Im Idealfall können hier zwar reflektierte Wissensbestände aufgebaut und bei hinreichender Labilisierung Impulse für eine Kompetenzentwicklung gesetzt werden, aber mehr eben auch nicht.

7. Digitale Führungskompetenz verlangt nach einer neuen digitalen Führungskultur: Umsetzen oder den „Wraithing"-Prozess fortsetzen!
Erst die Borg (Kap. 2.2.3), jetzt die Wraith. Schnell mal ‚eingoogeln‘. Ja, diese neuen digitalen Reflexe. Schön, aber hier nicht zielführend. Denn auf den ersten fünf ‚Ergebnis‘-Seiten findet sich leider nicht die richtige Lösung. Und wer klickt schon auf die Zweite? Und wer von diesen dann erst auf Sechste? Und dies, obwohl der Begriff aus dem weltweit meist gelesenen Buch nach der Bibel stammt: Aus J.R.R. Tolkien's „Der Herr der Ringe". In der englischen Erstausgabe (Tolkien 1954) führt Tolkien den Begriff „Wraith" ein. Übersetzt: Der Ring-Geist. Die Ring-Geister, weder tot noch lebendig, waren einst Könige der Menschen, bis sie dem Ring verfielen. Dem einen Ring, sie alle zu knechten.
Nun sind sie von Sauron und dem Ring abhängig und haben kein eigenes Leben. Im Herzen der Ring-Geister ist nur Leere und eine innere Hohlheit, quasi ein moralisches Vakuum. Zu Beginn waren sie noch voller guter Absichten. Doch etwas lief schief. Keiner kann sagen was, als wenn niemand es war und keiner diese Rolle übernehmen wollte. Alle haben die besten Absichten und wollen die Macht, diese guten Absichten umzusetzen, so sehr, dass sie die Macht nicht wieder hergeben oder teilen wollen. Es ist meine Macht. Meine Position. Mein Budget. Meine Mitarbeiter. Meine. Aus guten Absichten werden böse: Der ‚Wraithing‘-Prozess hat längst begonnen.
Demgegenüber steht nicht nur ein Held, denn es gibt keinen einzelnen, alleinigen Helden. Es gibt die Gefährten und die Vielen: Multikulturell und multireligiös. Und es gibt, wie Tolkien es als Überlebender des ersten und zweiten Weltkriegs treffend formulierte, eine Hoffnung ohne Garantie. Dieser stellt der Oxford-Professor Tolkien die vermeintliche Sicherheit derer gegenüber, die allzu genau wissen, was die Zukunft bringt. Dies vermag keiner.
In der heutigen digitalen Ära ist die Welt voll von algorithmischen ‚Glaskugeln‘, die bspw. dank ‚Big Data‘ und ‚tracking‘ Dies und Das in die Zukunft prognostizieren, um vermeintliche, planbare Sicherheit zu gewährleisten. Sicherheit über das Kaufverhalten der Kunden, über das Leistungsvermögen und die Motivationslage der Mitarbeiter und über vieles mehr. Alles in bester Absicht. Naja, fast. „Das digitale Debakel" (Keen 2015) deutet an, wie man es auch betrachten kann.
Doch wie verhalte ich mich jetzt als Führungskraft richtig? Eine Frage, die mit Führungskompetenz allein nicht beantwortet werden kann. Eine neue digitale Führungskultur könnte helfen: „Geführte erwarten zunehmend andere Menschenführung,

Führungskräfte sind zunehmend auf der Suche nach einem anderen Verständnis von Führung und beide wollen eine neue Führungskultur. Jetzt fehlt nur noch eine Debatte um eine andere Führung und Steuerung von Unternehmen und Verwaltungen" (Forum Gute Führung 2014, S. 17).

5.1   Digitale Führungskompetenz – eine hybride Querschnittskompetenz

„In allen untersuchten Beispielen [von Führungskompetenz] geht es um Formen von Informations-, Komplexitäts- und Chaosbewältigung. Das Resümee zeigt deutlich, dass es für kompetente Führungspersonen nicht nur notwendig ist, den fachlich-methodischen Rahmen zu kennen und zu beherrschen, sondern dass, vor allem bei unklaren Informationen, unter Unsicherheit und Zeitdruck, unter sozialem, oft hierarchisch gegebenem Erfüllungsdruck, unter Einschränkung persönlicher Freiheit Wege gefunden werden, dennoch die richtigen Entscheidungen zu treffen und in Handlungen umzusetzen. In dieser »Metafähigkeit« besteht ein großer Teil echter Führungskompetenz" (Erpenbeck 2013b, S. 426).

Auf dem Markt der Kompetenzen werden Hunderte von Kompetenzbegriffen gehandelt und fast täglich scheinen neue Angebote dazuzukommen wie die „Wischkompetenz" der GenY/Z, ausgebildet durch das pausenlose Benutzen von digitalen Endgeräten. Von fast allen Kompetenzforschern werden neben den Metakompetenzen als Fundament einer differenzierten Kompetenzarchitektur (Erpenbeck 2013a, S. 314) die vier Basiskompetenzgruppen („key competences") in ähnlicher Weise genutzt (Erpenbeck 2013a, S. 315):

- Personale Kompetenzen (P)
- Aktivitätsbezogene Kompetenzen (A)
- Fachlich-methodische Kompetenzen (F) und
- Sozial-kommunikative Kompetenzen (S).

In der Entwicklung des KODE®X-Kompetenzmanagementsystem (Erpenbeck et al. 2001) konnten 300 kompetenzerfassende Begriffe auf 64 unternehmenscharakteristische Teil-/Schlüsselkompetenzen präzisiert, den vier Basiskompetenzen zugeordnet (Heyse und Erpenbeck 2004, XVIII) und im Kompetenzatlas (Abb. 5.2) veranschaulicht werden.

Nun gibt es ferner Kompetenzen, die selbst keine genuinen Teilkompetenzen sind, aber durch ein Bündel von Basis- und Schlüsselkompetenzen in einer Überschneidungssituation beschrieben werden können: Die Querschnittskompetenzen (Erpenbeck 2013a, S. 317). Zu ihnen zählen die Medienkompetenz, die Interkulturelle Kompetenz, die Innovationskompetenz und die Führungskompetenz: „Führungskompetenz erweist sich [...] als ein komplexes Zusammenwirken von Schlüsselkompetenzen, die aber selbst nicht als Teil-Führungskompetenzen beschrieben werden können. So ist z. B. Kommunikationsfähigkeit wesentlich für jede Führungstätigkeit, ist aber auch in ganz anderen Handlungszusammenhängen von großer Bedeutung. Deshalb bezeichnen wir Führungskompetenz,

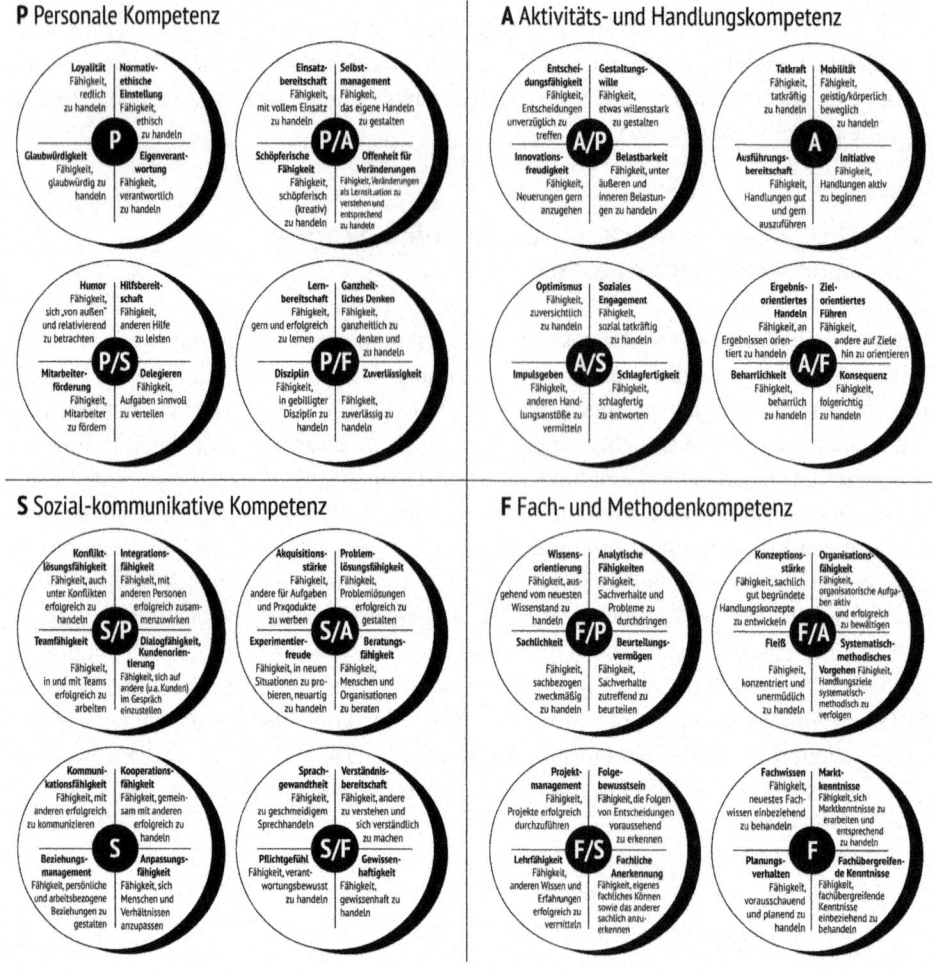

Abb. 5.2 Der Kompetenzatlas des KODE®-/ KODE®X-Systems. (nach Heyse und Erpenbeck 2004, XXI; mit freundlicher Genehmigung von www.wechsel-wirkungen.de)

ähnlich wie interkulturelle Kompetenz, Innovationskompetenz, Medienkompetenz u.ä. als Querschnittskompetenz. Führungskompetenz ist keine Schlüsselkompetenz, sondern eine Querschnittskompetenz, die ganz verschiedene Schlüsselkompetenzen integriert. Diese müssen in Bezug auf konkrete Führungsaufgaben ermittelt, definiert und gewichtet werden" (Erpenbeck 2013b, S. 433).

Will man nun die Teil-/Schlüsselkompetenzen ermitteln, die in einem spezifischen Kontext die Führungskompetenz bilden, werden die entsprechenden Unternehmen nach den Anforderungskriterien befragt, die die Führungskräfte mitbringen müssen, um die Führungsaufgabe bestmöglich erfüllen zu können. Die genannten Teilkompetenzen werden anschließend nach ihrer Bedeutung gewichtet, wodurch sich eine Gewichtungsreihenfolge von idealerweise 12 bis 16 Teilkompetenzen ergibt: „Angesichts dieser Vielfalt,

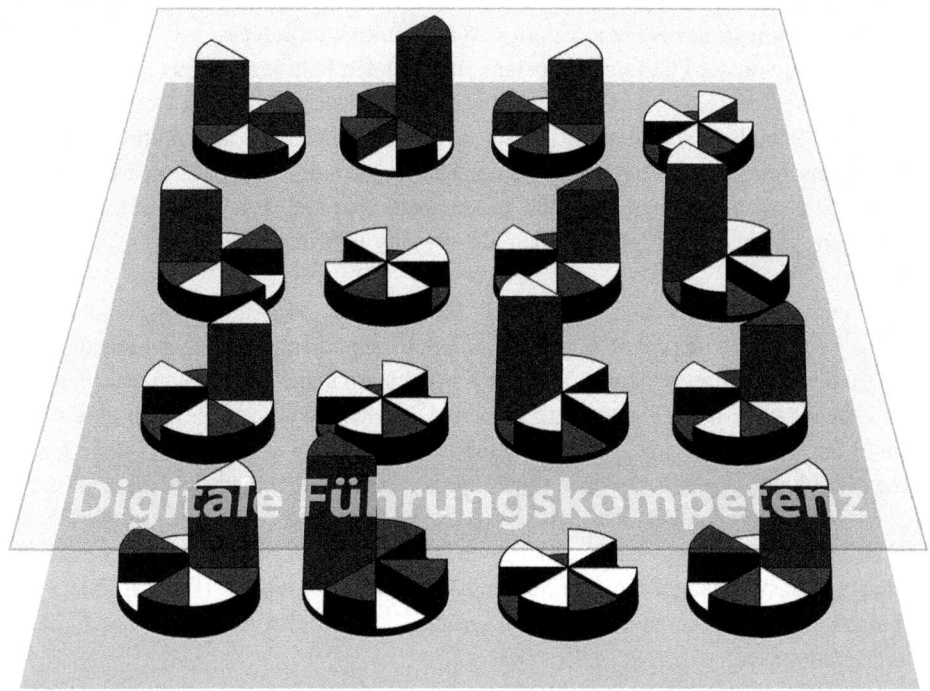

Abb. 5.3 Die Digitale Führungskompetenz als Querschnittskompetenz (Jede einzelne Teilkompetenz (Viertelstück) besteht aus einem analogen Teil (=dunkles Achtelstück) und einem digitalen Teil (=weißes Achtelstück). 12 bis 16 Teilkompetenzen, analog wie digital, ‚tragen' dann die Digitale Führungskompetenz. (mit freundlicher Genehmigung von www.wechsel-wirkungen.de)

Führungskompetenz-Anforderungen zu bewältigen, ist doppelt deutlich, dass einfache Kompetenzkataloge, wie umfangreich sie immer seien, die Vielfalt von Führungskompetenz in keiner Weise erfassen. Dennoch sind sie nützlich, eine grobe Anforderungssicht zu formulieren" (Erpenbeck 2013b, S. 428).

Vergleicht man nun die Kompetenzkataloge vieler Unternehmen und Studien zu Führungskompetenz, tauchen drei Schlüsselkompetenzen immer wieder auf:

1. Kommunikations- und Kooperationsfähigkeit (S),
2. Teamfähigkeit (S/P) und
3. Entscheidungsfähigkeit (A/P).

Aber gerade diese Teilkompetenzen – und keine ist aus dem Bereich der fachlich-methodischen Basiskompetenzen (F), die in den Bildungssystemen vornehmlich entwickelt werden – sind in der Digitalisierung einem enormen Veränderungsdruck ausgesetzt, so dass es sich empfiehlt, die jeweiligen konkretisierenden Verhaltensanker sowohl aus einer analogen wie auch aus einer digitalen Perspektive zu betrachten (Abb. 5.3 und Kap. 4.3.4).

Von der Führungskompetenz zur digitalen Führungskompetenz

Geht man jetzt von der Führungskompetenz zur digitalen Führungskompetenz über, kommen gleich mehrere ‚Komplexitätsstufen' hinzu, obwohl sich einleitende Definitionen zunächst recht ‚handhabbar' anhören: „Erfolgt aufgrund des Mangels an direkten Kontakten die wechselseitige Einflussnahme zwischen Führungskräften und Geführten hauptsächlich mit Hilfe neuer Informations- und Kommunikationsmittel (IuK) bzw. mittels sozialer Medien, so wird dies hier grundsätzlich als virtuelle Führung verstanden" (Wald 2014, S. 356).

Was unmittelbar durch den Übergang in die digitalen ‚Welten' hinzutritt, scheint so trivial zu sein, dass in den detailliert ausformulierten Kompetenzmodellen nahezu kein Verhaltensanker, kein Hinweis, keine helfende Empfehlung, keine Anmerkung usw. gegeben wird, obwohl viele im Alltag darunter leiden: Die Medienkompetenz. Auch eine Querschnittskompetenz (s. o.), die immer dann beschworen wird, wenn etwas schief läuft, aber ansonsten schnell wieder in der operativen Hektik des Alltagsgeschäfts untergeht: „Ein bemerkenswertes Ergebnis der Studie ist, dass Medienkompetenz zwar keine zentrale Erwartung an eine Führungskraft ist, dass der sichere Umgang mit sozialen Medien aber trotzdem als zweithäufigster Mangel aktueller Führungskräfte aufgeführt wird" (Petry 2015).

Fassen wir kurz zusammen: Medienkompetenz ist essentieller Bestandteil der digitalen Führungskompetenz.

Auch der zweite Punkt ist trivial und von gleicher Nicht-Umsetzung geprägt. Um mit einem bekannten bayrischen Politiker zu sprechen, beginnt der Flughafen im Hauptbahnhof, sie steigen also quasi am Hauptbahnhof in den Flughafen ein. Genauso beginnt mit dem Aktivieren sozialer Netzwerke am Computer, also quasi im Büro, das Ausland mit anderen Menschen und anderen Kulturen. Das Gegenüber sitzt quasi nicht in Australien oder Amerika, sondern Ihnen gegenüber am Bildschirm. So beginnt quasi das Interkulturelle im eigenen Büro und nicht erst am Flughafen in Sydney. Schaut man sich jetzt die Verortung dieser Querschnittkompetenz, der interkulturellen Kompetenz, in den Kompetenzmodellen an, so wird sie zwar im Gegensatz zu der Medienkompetenz in den Kompetenzmodellen punktuell an unterschiedlicher Stelle aufgeführt, bspw. steht im Haniel-Kompetenzmodell neben Kunden und Märkte, neben Komplexität, neben Dynamik und Ergebnis, neben Innovation und Veränderung, neben Führung, neben Kommunikation und Zusammenarbeit auch die Interkulturalität (Erpenbeck et al. 2013, S. 199), doch werden in der Praxis interkulturelle Trainings meist nur den Führungskräften zu gestanden, die eine längere Phase in ausländischen Niederlassungen verbringen.

Fassen wir kurz zusammen: Medienkompetenz UND Interkulturelle Kompetenz sind essentielle Bestandteile der digitalen Führungskompetenz.

Und auch die Führung selbst. Prof. Dr. Peter M. Wald schreibt zu Recht: „Fatal wäre es, von einem Verschwinden oder einem sinkenden Bedarf an Führung auszugehen. Im virtuellen Kontext verschieben sich jedoch die Schwerpunkte der Führung nachhaltig" (Wald 2014, S. 378). Und weiter: „Aus Praxissicht empfiehlt es sich, dass die einzusetzenden Führungskräfte verstärkt lernen, mit der virtuellen Situation umzugehen. Dies dürfte vor allem Defizite in den Bereichen Kommunikation und Vertrauen betreffen. Den Unternehmen ist deshalb zu raten, Führungskräfte hinsichtlich der Eignung für den virtuellen

Kontext auszuwählen bzw. entsprechende Personalentwicklungsangebote („Beziehungs-training") zu erarbeiten. Auch scheint es vorteilhaft zu sein, wenn zeitliche und organi-satorische Ressourcen der Unternehmen besser an den Erfordernissen virtueller Führung ausgerichtet werden" (Wald 2014, S. 378).

Und gerade diese Ratschläge werden nicht reichen. Führungskräfteauswahl als Option funktioniert nur dann, wenn hinreichend kompetente Führungskräfte zu Verfügung stehen. Was heute bzgl. (digitaler) Führungskompetenz bedingt gegeben ist. Bleiben die Personal-entwicklungsangebote: „Diese Kompetenzen entwickeln sich nicht durch – vergebliche – Einflussnahme auf Persönlichkeitseigenschaften, sondern in soziologisch fassbaren, aber individuell auszutragenden Konfliktsituationen, in persönlichen Entwicklungssituationen, in Momenten von Selbstreflexion und Selbstbesinnung, unter Leistungsanforderungen, insbesondere Managementanforderungen und – oft vergessen aber in Trainings großartig einsetzbar – in freien, kreativen, künstlerisch gestaltenden Spielsituationen" (Erpenbeck 2013b, S. 425).

5.2   Mit Führung leidenschaftlich begeistern

Prof. Dr. Tony Wagner, Direktor der Change Leadership Group (CLG) an der Harvard Graduate School of Education, identifizierte drei elementare Fähigkeiten, die nicht nur die neuen Führungskräfte mitbringen sollten, sondern auch die Etablierten selbst leben soll-ten: Selbst begeistert sein und andere begeistern können, sind zwei der wichtigsten drei (Wagner 2008, S. 2). Von Seiten der Unternehmen und der Führungskräfte muss heute die Frage beantwortet werden, wie man die GenY/Z aktiv darin unterstützen kann, den „glo-bal achievement gap" zwischen der „New World of Work" und der „Old World of School" (Wagner 2008) zu überbrücken. Mit anderen Worten beides zusammen: Durch Führung begeistern, ist der Schlüssel.

Für die Unternehmen bedeutet dies, Führungskräfte noch bewusster nach diesem Kri-terium auszuwählen – wenn eine Auswahl quantitativ oder qualitativ noch möglich ist, was zunehmend schwieriger werden wird – und in ihren Kompetenzen und nicht nur in ihrem vermeintlichen Wissen allein weiterzuentwickeln (Kast 2014, S. 243; Wald 2014, S. 378). Sahen und sehen die Talente im engeren Sinne der GenX/Y in diesem Kriterium eine conditio sine qua non, sich für oder gegen ein Unternehmen als Arbeitgeber zu ent-scheiden (Jacob und Schutz 2011), so ist es heute eine ganze Generation (GenZ), die hierin ein Ausschlusskriterium sieht.

In der heutigen Zeit – und nicht nur hinsichtlich GenZ – gilt es, Führungskräfte als konstruktive Lernbegleiter zu befähigen, durch ihre Art und Weise ihrer Führung zu be-geistern, um im Alltag konkrete und kurzfristig wirksame Perspektiven bspw. zur konkre-ten Problemlösung oder für die weitere berufliche Entwicklung zu eröffnen. Denn hier lernen gerade alle anderen Generationen von der GenZ (Scholz 2014): Bekomme ich dies, bleibe ich, ansonsten nicht: „Seit 20 Jahren leitet sie den Fachbereich und warb Drittmittel ein, vor Kurzem kündigte ihre einzige Mitarbeiterin wegen fehlender Perspektive" (Padt-berg-Kruse 2015). Hier gilt es, Perspektiven zu eröffnen.

5.3   Offenheit(en) als Kern digitaler Führung

In einer aktuellen Führungsstudie der Hochschule RheinMain „kommt der Offenheit eine exponierte Stellung zu. Im digitalen Zeitalter muss eine Führungskraft offen kommunizieren, offenes Feedback geben und auch selbst offen für Kritik sein. Zeitgemäße Führung ist somit vor allem eine offene Führung (Open Leadership)" (Petry 2015). Nahezu alle Autoren, die die Führung im digitalen Zeitalter betrachten, heben die Offenheit als Kernfähigkeit bzw. Kernanforderung hervor (LEAD 2015, S. 28; Tjan 2015; Buhse 2014, S. 38; Schüller 2014, S. 38; Wald 2014, S. 365). Offenheit für alles und immer ist aber auch nicht ratsam: „Die Transparenzfalle: Offenheit galt lange als Allheilmittel gegen verkrustete Organisationen. Doch sie sorgt nicht automatisch für mehr Kreativität und Innovationskraft. Studien zeigen, dass Privatsphäre und geschützte Räume sehr wichtig für Wohlbefinden und Produktivität der Mitarbeiter sind" (Bernstein 2015, S. 22).

Gerade auch bei der digital geprägten Generation Z (GenZ) kann man mit offenen Arbeitsumgebungen herrlich daneben liegen, denn die GenZ mag im Büro offene wie private Bereiche, die dementsprechend eingerichtet und genutzt werden: „Jeder Mitarbeiter der Generation Z braucht eine klar abgetrennte, aber wohnliche ‚Zweitwohnung'" (Scholz 2014, S. 160). Es liegt nahe, die Schlüsselkompetenzen „Offenheit" und „Lernbereitschaft" aus individueller, kollektiver und organisationaler Perspektive näher zu betrachten.

Individuelle Offenheit(en)
Als Gehirnträger wissen wir, dass unser im Schädel seiendes Gehirn darauf angewiesen ist, Reize von Außen aufzunehmen und sich aus diesen ein individuelles Bild der Wirklichkeiten zu konstruieren. Die Aufmerksamkeit spielt bei den zugrundeliegenden neuronalen Prozessen eine nicht unwesentliche Rolle. Aus der Schule kennen wir: „Konzentrier Dich!" Ja, die fokussierte Aufmerksamkeit ist für manche Lernprozesse recht hilfreich, aber stellen Sie sich einmal vor, Ihnen hätte jemand beim Fahrrad-fahren-lernen gesagt: „Konzentrier Dich auf die Bremse oder die Klingel!" So hätten Sie das Fahrradfahren vermutlich nicht gelernt. Hier ist eine Art diffuse Aufmerksamkeit ‚nach allen Seiten' von Nöten, bei der das Gehirn nahezu gleichzeitig lernt, das Gleichgewicht zu halten, zu beschleunigen, zu bremsen, nicht vor den nächsten Baum zu fahren usw. Viele Lernprozesse brauchen also keine Konzentration, sprich nur auf eine einzige Sache fokussierte Zumerksamkeit, sondern eine offene, diffuse Aufmerksamkeit.

Die Konzentration auf nur eine einzige Sache führt häufig dazu, dass wir für andere Sachen regelrecht blind sind. Diese Blindheit durch Nicht-Aufmerksamkeit (inattentional blindness) hilft dem Gehirn einerseits, uninteressante Reize herauszufiltern, birgt aber auch andererseits die Gefahr, neue, möglicherweise später interessante Informationen zu ‚übersehen'. Diese Blindheit kann verstärkt werden, wenn unsere jahrzehntelange Erfahrung eine Erwartungshaltung generiert, die so dominant ist, dass wir nur noch das sehen, was wir erwarten. Wir sehen also quasi nicht mit unseren Augen, sondern vielmehr mit unserem Gedächtnis.

Tab. 5.1 Wahrnehmungstypen nach Winnie Dunn. (entnommen Belwe und Schutz 2014, S. 26; mit freundlicher Genehmigung des hep-Verlages)

Wahrnehmungsschwelle	Passiver Typ	Aktiver Typ
Hoch	Nicht-Sensor	Reiz-Sucher
Niedrig	Sensor	Reiz-Vermeider

Für automatisierte Standardprozesse in einer sich nicht verändernden Umwelt ist dieses eine feine Sache. Ansonsten kann dieses aber auch tödlich enden. In Berlin sterben jährlich mehrere Touristen, indem sie eine Straßenbahn (Tram) an der Ampel vorbeilassen und dann ohne zu schauen in die Zweite hineinlaufen. Offensichtlich ist das Erfahrungs-/ Erwartungsmuster – bei mir in der Stadt kommt nur eine Straßenbahn, folglich ist das hier in Berlin jetzt auch so und folglich brauche ich auch nicht mit den Augen zu schauen, ob dies auch wirklich so ist – so dominant, dass selbst eine unmittelbar drohende Todesgefahr durch die zweite Tram nicht wahrgenommen wird: Die Person laufen sehenden Auges in die Zweite.

Zusammenfassend ist festzuhalten, dass in einer sich ständig ändernden Umwelt eine immerwährende Lern- und Veränderungsoffenheit essentiell ist.

Nach Prof. Dr. Winnie Dunn (2010, S. 34; Tab. 5.1) haben „Sensoren und Reiz-Vermeider [...] eine niedrige Wahrnehmungsschwelle, sodass zum einen Reize mit geringer Intensität wahrgenommen werden können, zum anderen aber eine Reizüberbelastung (Cognitive Overload) relativ schnell erreicht ist. Demgegenüber suchen Reiz-Sucher aktiv immer mehr Reize" (Belwe und Schutz 2014, S. 26). Da wir nicht alle in allen Kontexten denselben Wahrnehmungstypen haben, ist es bspw. nicht verwunderlich, dass Reizvermeider Großraumbüros zum Arbeiten eher vermeiden oder die Bürotür lieber schließen, um eine reizvermeidende Arbeitsumgebung für sich zu schaffen, auch wenn eine ‚Politik der offenen Tür' im Unternehmen als Kultur für alle verordnet wurde. Aus der geschlossenen Tür zu schließen, die Person sei nicht-offen für was auch immer, ist falsch. Dauerhaft nicht-offen im wahrnehmungsbiologischen Sinne wäre sie, wenn man sie zwänge, immer bei offener Tür zu arbeiten: Tür offen, Kopf geschlossen. Toll, welch ein kultureller Erfolg.

Kollektive Offenheit(en) – Offenheit(en) im (verteilten) Team
Michael M. Lombardo und Robert W. Eichinger (2000, S. 324) haben bei der Untersuchung von Lern- und Veränderungsoffenheiten vier Faktoren ermittelt, die unterschiedliche Aspekte der ‚learning agility' beschreiben:

1. ‚People Agility' beschreibt Personen, die:
   - sich selbst sehr gut kennen,
   - aus Erfahrung lernen,
   - sich anderen gegenüber konstruktiv verhalten und
   - unter Veränderungsdruck gelassen und resilient bleiben.

Tab. 5.2 „Diese vier Gruppen entsprechen im hohen Maße den vier Kompetenzgruppen [Kap. 5.1]".
(Heyse und Erpenbeck 2004, S. 60)

‚Learning Agility'	Basiskompetenzgruppe
‚People Agility'	Personale Kompetenz
‚Results Agility'	Aktivitäts-/Handlungskompetenz
‚Mental Agility'	Fach- & Methodenkompetenz
‚Change Agility'	Sozial-Kommunikative Kompetenz

2. ‚Results Agility' beschreibt Personen, die:
   - unter schwierigen Bedingungen Ergebnisse erzielen,
   - andere inspirieren, über das normale Maß hinaus zu gehen und
   - eine Art der Präsenz verkörpern, die Vertrauen in anderen aufbaut.
3. ‚Mental Agility' beschreibt Personen, die:
   - aus einer frischen Perspektive über Probleme nachdenken,
   - vertraut mit Komplexität und Vieldeutigkeit sind und
   - anderen ihre Denkweisen erklären.
4. ‚Change Agility' beschreibt Personen, die:
   - neugierig sind,
   - eine Leidenschaft für neue Ideen haben,
   - mit Prototypen gerne experimentieren und
   - sich engagieren, neue Fertigkeiten und Fähigkeiten zu entwickeln.

Bei einer kompetenzbasierten (Tab. 5.2) Zusammensetzung von (verteilten) Teams wäre zu überdenken, bei welcher Teamaufgabe welche Kombination dieser vier Gruppen, welche Kompetenzkombination (Abb. 5.2) und welche Offenheit(en) zielführend sind.

„Für Bestresultate auf Dauer sind vor allem Beziehungsarchitekten vonnöten – und nicht performance-orientierte Zahlenmenschen" (Schüller 2014, S. 214).

Organisationale Offenheit(en) und konsequentes organisationales Handeln
Vertrauen ist die Währung im digitalen Zeitalter und in der digitalen Führungskultur.

Mit einem Beispiel ist hier alles gesagt: Im Zeit-Artikel „So geht gute Führung" lesen wir: „Manche Revolutionen beginnen mit einem lauten Knall, andere leise und dezent. Ein Beispiel für Letzteres lieferte vor wenigen Wochen Pierre Nanterme, CEO der Managementberatung Accenture. Im Interview mit der *Washington Post* erzählte er, dass sein Unternehmen die Personalentwicklung komplett umstellen werde. Ab dem neuen Geschäftsjahr, […], entfallen die Mitarbeitergespräche (*Performance Reviews*) in ihrer bisherigen Form. Es solle nur um die Angestellten und ihre Entwicklung gehen, sagte Nanterme: ‚Auf sämtliche Vergleiche mit Kollegen verzichten wir künftig.' Der Grund: Die jährlichen Gespräche seien mit viel Aufwand, aber wenig Ertrag verbunden. […] ‚Manager müssen die richtige Person für die richtige Stelle auswählen und sie mit ausreichend Freiraum ausstatten', sagte Nanterme …], „Die Kunst guter Führung besteht nicht darin, Angestellte ständig miteinander zu vergleichen'" (Zeit online 2015).

Abb. 5.4 Entschlacken mit
iKorb (© Martin A. Ciesielski)

Organisationale Offenheit bedeutet, den stark verdichteten operativen Alltag von lieb-
gewonnen, organisationsweiten Prozessen zu entschlacken, (Abb. 5.4) die aus einem Voll-
ständigkeits- und Kontrollreflex einst installiert wurden, aber einer Vertrauens- und Führungskultur i.e.S. heute eher diametral entgegenstehen. „Isch over". So oder so.

5.4   Hybride Spielregeln: Social Prototyping als Führungsprinzip

5.4.1   Social Prototyping als Erkenntnis- und Interventionsmethode

Die Arbeit mit Prototypen ist in Bereichen von Industrie-Design und anderen ingenieurs-
technischen Umfeldern Grundlage eines jeden Entwicklungsprozesses. Auch in der Kunst
und Architektur werden oftmals zunächst Modelle und erfahrbare Prototypen, Archety-
pen, Urtypen und Annäherungen entwickelt, gestaltet und in Form gebracht, damit ein
erstes haptisches und sinnliches Erleben stattfinden kann. Je mehr Sinne von einem sol-

chen Prototypen angesprochen werden können und je näher er an einer ersten erlebbaren und ausprobierbaren Variante des Kunstwerks, Produktes oder Services ist, umso besser.

Seit einigen Jahren ist der Ansatz, mit Prototypen zu arbeiten, immer mehr auf dem Vormarsch. Mit einer der Gründe ist sicherlich auch das Vorgehen in der Software-Programmierung, wo ebenfalls mit Prototypen, Versionierungen und beta-Versionen gearbeitet wird. All diese Verfahren haben gemeinsam, dass sie sich auf den Prozess der kontinuierlichen Weiterentwicklung als auf das eigentliche Resultat fokussieren. Jedes Auto, jede Software, jedes Smartphone ist heutzutage „work in progress", die zwar zu einem bestimmten Zeitpunkt auf den Markt kommt, allerdings während die nächsten Versionen bereits im Hintergrund entwickelt wird.

Während wir es also immer mehr gewohnt sind, dass sich Arbeits- und Fertigungsprozesse verändern, haben wir jene Formen des Ausprobierens und Gestaltens von Prototypen im zwischenmenschlichen Kontext bislang kaum berücksichtigt. Allerdings haben Innovations- und Kulturforscher wie Joseph Schumpeter, William Ogburn, Wolfgang Zapf und Katrin Grillwald stets die Wichtigkeit sozialer Innovationen betont, die mit technologischen Innovationen einhergehen und umgekehrt (Bethmann 2015). Aufgrund der vielfältigen Herausforderungen, denen Mitarbeiter und Führungskräfte in Organisationen heutzutage gegenüber sehen, wie u. a. zunehmende Diversität der Werte sowie der sozialen Mitarbeiterstruktur, schnell sich verändernde Kommunikations- und „Business Intelligence"-Technologien, Smart Data, neue Wettbewerber aus anderen Märkten usw., müssen sich auch die sozialen Strukturen der Organisationen schneller anpassen, agiler werden oder wie auch immer geartet verändern.

In der LEAD Studie der Universität St. Gallen gemeinsam mit der Stiftung Mercator wurde 2015 untersucht, was die neue Führungspraxis in der digitalen Welt braucht, um erfolgreich zu sein. Auch dort wurde auf die Frage „Wie stelle ich meine Organisation langfristig auf, wenn Krise und Veränderung zum Normalfall werden?" geantwortet, dass ein schnelles Prototyping ermöglicht werden muss (LEAD 2015). Prototyping als der Normalfall.

Nicht von ungefähr gibt es mittlerweile eine Vielzahl an agilen und prozessorientierten Arbeits-, Organisations- und Führungsmethoden. Die Auswahl reicht dabei von Werkzeugen und Konzepten wie SCRUM und Design Thinking bis hin zu ganzheitlichen Ansätzen wie dem „Rethinking Organizations" von Frederic Laloux (Laloux 2015) und der Theory U nach Otto C. Scharmer (Scharmer 2009). Eine Vielzahl dieser Ansätze weist ein zentrales Gestaltungselement auf: Das Prototyping.

So zitiert Scharmer z. B. in „Theory U": „Prototyping is the first step in exploring the future by doing and experimenting. We borrow this term from the design industry. David Kelley, founder and long time CEO of the influential design firm IDEO summarizes the approach to prototyping succinctly: „Fail often to succeed sooner. " For example, prototyping means to present a concept before you are done. Prototyping allows fast-cycle feedback learning and adaption" (Scharmer 2009, S. 203).

Einen Schritt weiter geht bereits der Berater und Wissenschaftler Bernhard Doll, wenn er Prototyping zur Unterstützung sozialer Interaktionsprozesse heranzieht (Doll 2009).

Seine Arbeit bezieht sich in der Hauptsache auf Gründungsprozesse, auf ein Prototyping-Verständnis, dass aus dem Design Thinking kommt und somit auf Produkt- und/oder Service-Prototypen fokussiert, bei deren Erarbeitung soziale Interaktionsprozesse stattfinden. Bei diesen Prozessen wird dafür gesorgt, dass „mentale Modelle immer wieder abgeglichen und koordinierende „Signale" ausgesendet werden können" (Doll 2009, S. 268). So genannte „Social Prototypes" können valide Erkenntnisse auf marktliche, technologische und organisatorische Unsicherheiten im Gründungsprozess liefern (Doll 2009, S. 268). Je nach Methode, die bei den jeweiligen Prototyping Sessions zum Einsatz kommt, sind es natürlich auch unterschiedliche Aspekte der Zusammenarbeit, die aufgerufen und bearbeitet werden können.

5.4.2   Gestaltungsziele von Sozial Prototyping

Hierbei können *Informationsflüsse und -verarbeitungsweisen* in Gruppen, Teams, aber auch für die gesamte Organisation *simuliert* werden. *Interaktionsdynamiken* werden ohne Verzögerungen und mediale Zwischenschritte *direkt erlebbar*. Dabei wird die *Komplexität und Nicht-Trivialität menschlicher Kommunikation* sichtbar.

Spätestens hier nun geht unser Verständnis der Definition und Möglichkeiten von Social Prototyping in eine andere Richtung als in die von Doll vorgeschlagene.

Die Teilnehmerinnen und Teilnehmer an einem Social Prototyping bekommen die Möglichkeit für *Perspektivwechsel auf kommunikative Problemlagen* und entwickeln *mehr Empathie* für die beteiligten Parteien und deren *Wertevorstellungen*. Alternativen und Lösungsvorschläge für bestehende Konflikte und Problemlagen der Zusammenarbeit können interaktiv erarbeitet und aktiv ausprobiert werden. Social Prototyping stellt die Frage *„Wie wollen wir zusammenarbeiten?"* ins Zentrum aller Aktivitäten. Dabei kann sich die Fragestellung durchaus vom Kernteam immer weiter auch auf Kolleginnen und Kollegen aus anderen Bereichen, auf Kunden, Kooperationspartner etc. ausweiten.

Durch das aktive Erleben werden von den Akteuren selbst die vorhandenen oder notwendigen *Spielregeln* erkannt und ggf. variiert. Das Verändern von Spielregeln, sind sie auch noch so gering, haben ihrerseits wiederum Auswirkungen auf die weiteren Interaktions- und Kommunikationsprozesse. *Die Teilnehmerinnen und Teilnehmer erleben die erheblichen Auswirkungen, die schon kleine Regeländerungen für ein komplexes, soziales System haben können.* Im Rahmen von Social Prototyping lernen die Akteure einen *dynamisch-kreativen Umgang mit Mehrdeutigkeiten, Widersprüchen und Konflikten kennen.* Dabei geschieht auch das *Erleben von Werten und Kultur* im direkten Zusammenspiel (Abb. 5.4).

Resultat dieses Vorgehens kann es entsprechend sein, dass sich die Ziele der Gruppe oder der gesamten Organisation ändern, dass neue Formen der Zusammenarbeit gefunden werden und dass sich Kommunikationsstile mittel- bis langfristig verändern. Social Prototyping und Rapid Prototyping aus Design Thinking Prozesse ergeben in ihrer Gesamtheit

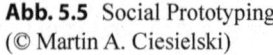
Abb. 5.5 Social Prototyping
(© Martin A. Ciesielski)

kulturbewusste, agile, resiliente Organisationen, die wissen, was es zu bewahren und was es zu verändern gilt.

Prototyping-Prozesse sind während ihrer Durchführung als Simulationen zu bewerten, die allerdings bereits im Einsatz Interventionscharakter haben. Prototyping u. a. mit Hilfe von Methoden und Ansätzen der Angewandten Improvisation schließt nahtlos an ein Verständnis von Organisationsprozessen als organisationalem Spielen an (Kap. 3.1.1). Während es in Unternehmen zu organisationalen Spielen kommt, können diese Spiele mit Hilfe von Social Prototyping aufgegriffen, gespielt, simuliert, variiert, reflektiert und, je nach Art und Weise, in bestehende Spielarten hinein intervenieren (Abb. 5.5).

Das Framing von Social Prototyping Prozessen ist von Makro- auf Mikroebene skalierbar. Es können Prototypen simuliert werden, die die Organisationsstrukturen im Wechselspiel mit anderen Unternehmen oder dem Markt abbilden bis hin zu Face-to-Face Interaktionsprozess zwischen Kollegen, zwischen Mitarbeitern und Kunden oder Führungskräften untereinander.

In Anlehnung an die Arbeit von James P. Carse, kann das fortlaufende Social Prototyping, das durchaus als Teil einer kontinuierlichen, integralen organisationalen Entwicklung a la Frédérick Laloux gesehen werden kann, und damit zunehmen auch auf Selbst-Management-Prozesse aller Akteure setzt, auch als ein unendliches Spielen betrachtet werden, das zum Ziel hat, eine Organisation zu entwickeln, die in einen kontinuierlichen Spiel- bzw. Innovationsprozesse mit sich und ihrer Umwelt eintritt.

Während es bislang in Organisationen darauf ankam, Konkurrenz-Spiele auf der Karriere-Leiter zu spielen sowie Regeln und Prozesse aufzustellen, in deren Rahmen mittel- bis langfristig gearbeitet werden musste, gilt es heutzutage vielmehr, temporäre Lösungen zu finden, deren Bedingungen, Kontexte und Regeln fortlaufend hinterfragt und kooperativ reorganisiert werden müssen. Dies erfordert zum einen hochdynamische, organisatorische Strukturen und IT-Systeme, aber auch sehr agile Verhaltensweisen bei den sich selbst organisierenden Akteuren.

Da Social Prototyping zusammenfassend als ein kontinuierliches, organisationales und kooperatives Mit-Spielen, Intervenieren und Innovieren verstanden wird, wird nun das

Methoden- und Werkzeugrepertoire für Social Prototyping ein wenig genauer beschrieben.

5.4.3 Methoden und Techniken der Angewandten Improvisation

„Jeder Entre- und Intrapreneur, jede Führungskraft, die ein Bild von etwas entwerfen will, das es noch nicht gibt, muss sich dramaturgische Freiheiten herausnehmen, um die Fantasie von Mitarbeitern, Kunden und Investoren zu entzünden. Das jeweilige „Publikum" muss sich so in das geschaffene Szenario hineinversetzen und den Entwurf so erleben, als sei er bereits Wirklichkeit" (Rifkin 2009, S. 405).

Klassische Führungskräftetrainings zielen darauf ab, dass Führungskräfte als rationale Agenten in der Organisationen agieren, zielorientiert, regelbasiert und auf Daten basierte Entscheidungen treffen. Die Anforderungen können durchaus damit verglichen werden, dass sie Spiele vom Typ I gemeinsam mit ihren „Mitspielern" zu spielen haben.

Wenn es nun aber darum geht, Führungskräfte für ein hybrides, stark digital geprägtes Umfeld zu qualifizieren, muss sich auf den Typ II fokussiert werden. Im Kern geht es hier sogar um die Entwicklung und Gestaltung von Selbstmanagement-Prozessen. Es ist gar nicht immer klar, wer eigentlich Führungskraft ist und wer geführt wird, zugespitzt formuliert geht es um „Follow the Follower". Rollen und Aufgaben emergieren aus den Umständen. Ausgeführte Aktivitäten und Handlungen können im hybrid-komplexen Umfeld durchaus Reaktionen hervorrufen, die in ihrer Art und Weise und in ihren Auswirkungen nicht vorhersehbar waren, sind und sein werden. Es kann auch nicht darum gehen, konkrete Regeln der Zusammenarbeit oder Prozesse auf Dauer zu fixieren, sondern sie müssen hinterfragbar und flexibel bleiben. Diese Agilität und Offenheiten müssen aber auch die Akteure in sich selbst abbilden. Dabei kann man zwischen mehreren Agilitäten unterscheiden (Kap. 5.3).

Christoph Kucklick bezeichnet diese Fähigkeit als „granulare Begabung", die es zu entwickeln gilt. „Sie erfordert nicht ein gesteigertes Wissen, sondern eine gesteigerte Irritierbarkeit, um sich von Dingen und Situationen anregen zu lassen und ergebnisoffene Prozesse zu starten. Die Irritation durch den Kommunikationsüberschuss (oder „Information Overload", Anm. der Autoren) auszuhalten und kreativ zu wenden, ist die neue Kernkomptenz (Kucklick 2014, S. 210 f.). Kucklick zitiert in dieser Hinsicht Ulrich Gumbrecht, einen deutschen Wissenschaftler, der sich in der Universität Stanford u. a. mit Themen ,Präsenz' beschäftigt: ,Man plant nicht mehr im Voraus, sondern reagiert schnell und fortgesetzt auf die Umwelt im Vertrauen auf die eigenen Intuitionen'" (Kucklick 2014, S. 212).

Spätestens hier wird deutlich, dass der Umgang mit solchen Dynamiken und Agilitäten im Rahmen von Führungskräfteentwicklungen bislang zu kurz gekommen ist. Es braucht dazu Methoden und Praktiken, die hoch dynamische und komplexe Interaktionsmuster simulieren und zu deren Reflexion einladen können. Es braucht Spielformate, die den

Spielen vom Typ II entsprechen und es braucht ein Kompetenzniveau von Führungskräften und Selbst-Managern, das dabei behilflich ist, mit diesen Spielen zu spielen.

Improvisation kann dafür ein sehr hilfreicher und professionell erschlossener Zugang sein. Dabei gibt es aktuell im Wesentlichen zwei theoretische und praktische Zugänge: Über den Jazz und das Improvisationstheater. Wir werden im Folgenden sehr viel Methoden, Theorie und praktische Erfahrungen im Umgang mit Improvisationstheatertechniken vorstellen, möchten jedoch zunächst den Einstieg über den Jazz wählen.

Es bestehen bestimmte Voraussetzungen, die Improvisation als Praxis kollaborativen Kunstschaffens und von Zusammenarbeit ermöglichen: Hören, Überraschung, Begleitung, Übung, Verantwortung, Vertrauen, Hoffnung (Terkessidis 2015, S. 260). Im weiteren führt Terkessidis auch den Wertekern aus, um den das Zusammenspiel kreist: „Als ethische Leitidee fungiert das Prinzip einer kollaborativen Kunst als soziale Praxis, die wiederum als ethische Zielsetzung nicht den Selbstausdruck der Individuen hat, sondern den Ausdruck der jeweils andere fördert. Ist es nicht, das den Spaß an der Kunst oder auch das Glück in der Kunst ausmacht? Nicht die Selbstbespiegelung, sondern die ewige, unersättliche Neugier darauf, was die anderen zu sagen haben" (Terkessidis 2015, S. 260 f.).

Ähnliches gilt auch im Improvisationstheater, wo es u. a. folgende Leitsätze für das Zusammenspiel gibt: „Treat others, as if they are poets, geniuses and artists, and they will be. The best way to look good is to make your fellow players look good" (Harpern und Close 1994, S. 43).

Terkessidis nimmt in seinen Ausführungen zur Kollaboration im Jazz auch Bezug auf die häufig geäußerte Kritik, dass beim Free Jazz oder der freien Improvisation meistens diejenigen mehr Spaß dran hätten, die sie spielen, als diejenigen, die sich das Ganze anhören müssen. Allerdings setzt diese Kritik voraus, es müsse zwangsläufig ein Produkt geben, einen Tonträger, ein Konzert. Doch in erster Linie kommt es darauf an, möglichst viele Personen in das Zusammenspiel einzubeziehen (Terkessidis 2015, S. 261 f.). In Zeiten eines zunehmenden Perspektivwandels weg von reinen Shareholderperspektiven hin zu Stakeholder-Ansätzen in Organisationen und auch der Notwendigkeit, mehr Perspektiven in Problemlösungsprozesse einzubeziehen, macht dieser Ansatz durchaus Sinn. „Für die Zusammenarbeit durch Improvisation ist der Wille zum Spiel nötig, auch der Wille, voranzugehen, Verantwortung für die Richtung und den Weg zu übernehmen. Zugleich ist eine permanente Sensibilität unverzichtbar, die auf die Kommunikation mit anderen Beteiligten zielt, auf deren Antwort wartet."

Da das Terrain der Improvisation unbestimmt ist, basiert die Zusammenarbeit weniger darauf, sich selbst unentwegt ausdrücken zu wollen, sondern die Position der anderen zu lokalisieren, zu hören und deren (überraschenden) Bewegungen zu folgen und sie auch vorwegzunehmen (adaptiv zu agieren, Anmerkung der Autoren). Dafür ist Vertrauen in die anderen notwendig, auch auf deren Fähigkeiten (die durch Übung erworben werden). Und die Hoffnung, die gemeinsame Anstrengung möge in ihrem Prozess, im Unvorhersehbaren des Resultats, eine interessantere, eine bessere Erfahrung bringen, als die geniale Schöpfung in der Einsamkeit" (Terkessidis 2015, S. 260).

Der Professor für Management und „Global Public Policy", Frank J. Barrett, selbst eine hervorragender Jazz-Pianist, ist ebenfalls der Überzeugung, dass das Management in der heutigen Zeit durchaus mehr Improvisation vertragen kann: „What we need to add to our list of managerial skills is improvisation – the art of adjusting, flexibly adapting, learning through trial-and-error-initiatives, inventing ad hoc responses, and discovering as you go" (Barrett 2012, S. 12). Er beschreibt in diesem Zusammenhang Verhaltensweisen, die dafür notwendig sind, improvisierend auf hohem Niveau zusammen zu arbeiten. „In short: Act first „as if" this will work; pay attention to what shows up; venture forth; make sense later" (Barrett 2012, S. 11).

Allerdings hat dieses Verständnis von Management und der Organisation von Teams und Unternehmen einen negativen Beigeschmack, da traditionelle Organisationtheorie den organisationalen Handlungsraum als objektiv-rationales Gefüge versteht, „das nur dann durchbrochen wird, wenn „etwas schief geht". Wenn dies passiert, repariert man die Situation, und alles kann wie geplant weitergehen. Diese Art, solche komplexen Situationen zu lösen, könnte man als Improvisation erster Ordnung bezeichnen. Die Improvisation erster Ordnung agiert allein als reaktives, reparierendes, den Mangel ausgleichendes Prinzip, das auf Externalisierung von Wirklichkeit beruht. Unser Anliegen hingegen ist es, die Produktionsweise der aktuellen organisationalen Realität aufzuzeigen, also die Organisationsproduzenten in ihrer Subjektivierung mit zu thematisieren. Wie geht das? Anhand der Improvisation zweiter Ordnung: Dem Überführen erlernter Regeln und Praxen in ein antizipatorisches Konzept, das nicht auf Planung oder Rahmung verzichtet, sondern transversal zu überschreiten sucht – und zwar als permanentes Experiment und andauernde Navigationsübung, die mal mehr mal weniger krisenhaft ist" (Dell 2012, S. 383 f.).

Für Weick stellt sich Improvisation zum einen als ein Mindset für organisationale Analyse und zum anderen als Praxis dar, die mit den in der Situation vorhandenen Ressourcen arbeitet.

Angewandte Improvisation stellt sich die Aufgabe, eben jenes Mindset zu entwickeln und Methoden und Werkzeuge für das praktischen Handeln im Alltag zur Verfügung zu stellen.

Diese Vorgehensweise kann als „systemisch" betrachtet werden, zumal Wegbereiter der Improvisation, wie Del Close bereits sehr früh von systemischer Grundlagenforschung, wie den „Cybernetics" von Norbert Wiener und der Spieltheorie von John von Neumann beeinflusst waren (Lösel 2013, S. 97).

Angewandte Improvisation trägt somit dazu bei, ein anderes Verständnis für sich selbst organisierende Organisationen zu entwickeln, indem u. a. ausgehend von Improvisationsspielen aus dem Umfeld des Improvisationstheaters, die zur Simulation von Organisationsstrukturen und -prozessen genutzt werden können, Rollen emergieren. Aus diesen Rollen heraus entstehen situativ dynamisch Beziehung, Statusunterschiede, ggf. Konflikte und Handlungspotentiale, die ihrerseits im Ergebnis zu einer (temporären) Implementierung von Prozessen und Zuständigkeiten führt sowie zu Geschichten, die als Storytelling in die Organisation und in das Selbst-Management hinein wirken.

Der Einsatz von Methoden aus der Angewandten Improvisation können darüber hinaus einen weiteren wichtigen Aspekt der Emergenz und Selbstorganisation von Unternehmen erfahrbar machen: Notwendige Rollen der Mitarbeiterinnen und Mitarbeiter resultieren aus den Spielen, ihren Regeln und Dynamiken.

Social Prototyping mit Hilfe von Methoden aus dem Improvisationstheater stellen somit eine bestimmte Form theatraler Interventionen in Organisationen dar, wie sie Andreas Heindl beschrieben hat (Heindl 2012). „Im Unterschied zum Beratungssystem, das immer von einem Berater-/Klienten-System (BKS) ausgeht, bezieht sich das Interventionssystem immer auf das Verhältnis eines Intervenierenden – sei es ein Berater, ein Geschäftsführer oder eine Führungskraft – zu einem Zielsystem (der Organisation, dem Team etc.)" (Heindl 2012, S. 239). Heindl unterscheidet verschiedene Gestaltungselemente der Interventionen in Form von drei Dimensionen, die die Intervention einnehmen kann: Die sachliche Dimension, die zeitliche Dimension und die soziale Dimension (Heindl 2012, S. 245 ff.).

Die sachliche Dimension lässt sich ihrerseits dreiteilig betrachten:

- zum einen kann es um das Vermitteln/Präsentieren einer Sache gehen oder
- um das Begeistern für eine Sache, eine Hinführung/Motivation dafür oder
- das Erkunden einer Sache/Exploration.

Die zeitliche Dimension lässt sich unter der Perspektive Dauer, Tempo und Rhythmus gestalten.

Die soziale Dimension im Zielsystem umfasst die Intervention in Hinblick auf:

- Großgruppen 50 +
- Mittlere Gruppen 20–30
- Kleingruppen 6–10
- Sehr kleine Gruppen 3–5
- Paare
- Einzelpersonen.

Die Interventionen können auf verschiedene Art und Weisen ins Spiel kommen: Durch die Intervention eines Vorgesetzten, eines Mitarbeiters oder eines externen Beraters (Heindl 2012, S. 239).

Im Fokus unserer weiteren Ausführungen werden die zeitliche und die soziale Dimensionen stehen. Wir setzen diesen Fokus, da wir davon ausgehen, dass die inhaltlichen Themen in der Regel aus den organisationalen Spielen und den daraus resultierenden Rollen und Aufgaben resultieren. Zentrales Ziel eines jeden Interventionsprozesse sollte es demnach sein, die vorhandenen organisationalen Spiele besser zu verstehen und daran ausgerichtete Veränderungsprozesse hin zu besseren Spielen zu initiieren. Wir gehen dabei davon aus, dass es sich durchaus lohnt, an dem Ideal sich selbst organisierender Zusammenarbeit und Wertschöpfung auszurichten und dabei zentrale Werte dieser Zusammenarbeit zu reflektieren. Die Grundstrukturen der Organisation, mit denen sich eine Führungskraft im digitalen Zeitalter auseinander zu setzen hat, bezeichnen wir als die organisationalen Spiele. Die Formen der Zusammenarbeit, die es darauf basierend zu entwickeln gilt, sind die Ensembles (Kap. 3.1).

Literatur

Argyris, C. (1986). Skilled incompetence. *Harvard Business Review, 64*(5), 74–79.

Argyris, C. (1997). *Wissen in Aktion – Eine Fallstudie zur lernenden Organisation.* Stuttgart: Klett-Cotta.

Arnold, R., & Erpenbeck, J. (2014). *Wissen ist keine Kompetenz: Dialoge zur Kompetenzreifung.* Baltmannsweiler: Schneider Hohengehren.

Asgodom, S. (2014). Führen mit S.E.E.L.E. – Grundlagen menschenorientierten Führens. In L. Seiwert (Hrsg.), *Die besten Ideen für erfolgreiche Führung* (S. 191–201). Offenbach: GABAL.

Barrett, F. J. (2012). *Yes to the mess: Surprising leadership lessons from jazz.* Boston: Harvard Business School Publishing.

Belwe, A., & Schutz, T. (2014). *Smartphone geht vor – Wie Schule und Hochschule mit dem Aufmerksamkeitskiller umgehen können.* Bern: hep.

Bernstein, E. (2015). Die Transparenzfalle. *Harvard Business Manager, 37*(1), 22–33.

Berthold, C., Jorzik, B., & Meyer-Guckel, V. (2015). Handbuch Studienerfolg – Strategien und Maßnahmen: Wie Hochschulen Studierende erfolgreich zum Abschluss führen. Stifterverband für die Deutsche Wissenschaft. http://www.stifterverband.de/pdf/handbuch_studienerfolg.pdf. Zugegriffen: 27. Aug. 2015.

Bethmann, S. (2015). Stiftungen und Soziale Innovationen. Universität Basel, Centre for Philanthropy Studies. www.grstiftung.ch/dms/de/portfolio/handlungsfelder/aktive_handlungsfelder/bref/soziale_innovation/PraesentationSozialeInnovation/Pr%C3%A4sentation%20Soziale%20Innovation.pdf. Zugegriffen: 10. Sept. 2015.

Brabandt, N. (2014). Nachhaltige Führung – wie Sie in Extremsituationen richtig agieren. In L. Seiwert (Hrsg.), *Die besten Ideen für erfolgreiche Führung* (S. 127–136). Offenbach: GABAL.

Buhse, W. (2014). *Management by Internet – Neue Führungsmodelle für Unternehmen in Zeiten der digitalen Transformation.* Kulmbach: Plassen.

Deloitte. (2015). Deloitte Millennial Survey 2015. Deloitte. http://www2.deloitte.com/de/de/pages/innovation/contents/millennial-survey-2015.html. Zugegriffen: 21. Mar. 2015.

Dell, C. (2012). *Die improvisierende Organisation. Management nach dem Ende der Planbarkeit.* Bielefeld: Transcript.

Doll, B. (2009). *Prototyping zur Unterstützung sozialer Interaktionsprozesse.* Wiesbaden: Springer.

Dunn, W. (2010). *Leben mit den Sinnen.* Bern: Huber.

Erpenbeck, J. (2013a). Was „sind" Kompetenzen? In W. G. Faix, J. Erpenbeck, & M. Auer (Hrsg.), *Bildung. Kompetenzen. Werte* (S. 297–353). Stuttgart: Steinbeis-Edition.

Erpenbeck, J. (2013b). Führungskompetenz. In W. G. Faix, J. Erpenbeck, & M. Auer (Hrsg.), *Bildung. Kompetenzen. Werte* (S. 405–436). Stuttgart: Steinbeis-Edition.

Erpenbeck, J., Heyse, V., & Max, H. (2001). KODE®-System. Vertrieb und Training über ACT GbR Regensburg.

Erpenbeck, J., von Rosenstiel, J., & Grote, S. (2013). *Kompetenzmodelle von Unternehmen: Mit praktischen Hinweisen für ein erfolgreiches Management von Kompetenzen.* Stuttgart: Schäffer-Poeschel.

Forum Gute Führung. (2014). Monitor: Führungskultur im Wandel. Kulturstudie mit 400 Tiefeninterviews. http://www.forum-gute-fuehrung.de/sites/default/files/INQA_MONITOR_GUTE_FU-
EHRUNG_web_es.pdf. Zugegriffen: 10. Aug. 2015.

Gloger, B., & Rösner, D. (2014). *Selbstorganisation braucht Führung – Die einfachen Geheimnisse
agilen Managements*. München: Hanser.

Harpern, C., & Close, D. (1994). *Truth in comedy. The manual of improvisation*. Colorado: Meri-
wether Publishing.

Heindl, A. (2012). *Theatrale Interventionen. Von der mittelalterlichen Konfliktregelung zur zeitge-
nössischen Aufstellungs- und Theaterarbeit in Organisationen. 2. überarbeitete und erweiterte
Ausgabe*. Heidelberg: Carl-Auer.

Heyse, V., & Erpenbeck, J. (2004). *Kompetenztraining – 64 Informations- und Trainingsprogram-
me*. Stuttgart: Schäffer-Poeschel.

Jacob, L., & Schutz, T. (2011). *Die Kunst, Talente talentgerecht zu entwickeln*. Norderstedt: BoD.

Kaiblinger, K. (2014). Ein Reiseführer für Führungskräfte – The Leadership Challenge. In L. Seiwert (Hrsg.), *Die besten Ideen für erfolgreiche Führung* (S. 13–22). Offenbach: GABAL.

Kast, R. (2014). Herausforderung Führung – Führen in der Mehrgenerationengesellschaft. In M.
Klaffke (Hrsg.), *Generationen-Management – Konzepte, Instrumente und Best-Practice-Ansätze*
(S. 227–244). Wiesbaden: Springer.

Keen, A. (2015). *Das Digitale Debakel: Warum das Internet gescheitert ist – und wie wir es retten
können*. München: DVA.

Kucklick, C. (2014). *Die granulare Gesellschaft. Wie das digitale Zeitalter unsere Wirklichkeit auflöst*. Berlin: Ullstein.

Laloux, F. (2015). *Reinventing Organizations – Ein Leifaden zur Gestaltung sinnstiftender Formen
der Zusammenarbeit*. München: Franz Vahlen.

LEAD | Mercator Capacity Building Center for Leadership & Advocacy. (2015). *Die Haltung ent-
scheidet – Neue Führungspraxis für die digitale Welt*. Berlin: LEAD Research Series.

Lembke, G., & Leipner, I. (2015). *Die Lüge der digitalen Bildung – Warum unsere Kinder das Lernen verlernen*. München: Redline.

Lombardo, M. M., & Eichinger, R. W. (2000). High potentials as high learners. *Human Ressource
Management, 39*(4), 321–329.

Lösel, G. (2013). *Das Spiel mit dem Chaos. Zur Performativität des Improvisationstheaters*. Bielefeld: Transcript.

Padtberg-Kruse, C. (2015). Universität Hamburg: Professorin kündigt 100 Studenten. http://
www.spiegel.de/unispiegel/studium/universitaet-hamburg-professorin-kuendigt-100-studen-
ten-a-1026869.html. Zugegriffen: 7. April 2015.

Petry, T. (2015). Führungskräften mangelt es an Digitalkompetenz. http://www.humanresourcesma-
nager.de/ressorts/artikel/fuehrungskraeften-mangelt-es-digitalkompetenz-12118. Zugegriffen: 4.
Aug. 2015.

Rifkin, J. (2009). *Die empathische Zivilisation – Wege zu einem globalen Bewusstsein*. Frankfurt
am Main: Campus.

Scharmer, O. (2009). *Theory U. Leading from the Future as It Emerges*. San Francisco: Berrett-
Koehler.

Schein, E. H. (2010). *Organisationskultur – „The Ed Schein Corporate Culture Survival Guide"*
(3. Aufl). Bergisch Gladbach: Edition Humanistische Psychologie (EHP).

Scholz, C. (2014). *Generation Z – Wie sie tickt, wie sie verändert und warum sie uns alle ansteckt*.
Weinheim: Wiley-VCH.

Schüller, A. M. (2014). *Das Touchpoint-Unternehmen – Mitarbeiterführung in unserer neuen Busi-
nesswelt*. Offenbach: GABAL.

Schutz, T. (2014). Kompetenzorientierte Lehre in der digitalen XYZ-Ära – Lernen Studierende der Generationen Y und Z heute anders? In L. Schäffner (Hrsg.), *Kompetentes Kompetenzmanagement – Festschrift für Volker Heyse* (S. 163–172). Münster: Waxmann.

Terkessidis, M. (2015). *Kollaboration.* Berlin: Eition suhrkamp.

Tjan, A. K. (2015). Fünf Wege zur besserer Führung. Harvard Business manager. http://www.harvardbusinessmanager.de/blogs/fuenf-wege-zu-besserer-fuehrung-a-1020627.html. Zugegriffen: 2. Sept. 2015.

Tolkien, J. R. R. (1954). *The lord of the rings.* London: Allen and Unwin.

Wagner, T. (2008). *The global achievement gap—Why even our best schools don't teach the new survival skills our children need—And what we can do about it.* New York: Basic Books.

Wald, P. M. (2014). Virtuelle Führung. In R. Lang & I. Rybnikova (Hrsg.), *Aktuelle Führungstheorien und -konzepte* (S. 355–386). Heidelberg: Springer.

Wilkens, A. (2015). *Analog ist das neue Bio – Ein Plädoyer für eine menschliche digitale Welt* (2. Aufl). Berlin: Metrolit.

Zeit online (2015). So geht gute Führung. http://www.zeit.de/karriere/2015-08/mitarbeitergespaech-abschaffen-personalfuehrung-pierre-nanterme. Zugegriffen: 29. Aug. 2015.

Die eigene hybride Identität als Führungskraft entwickeln

Zusammenfassung

Führungskräfte müssen im digitalen, wie auch im analogen Arbeitskontext Präsenz zeigen. Dabei muss unterschieden werden zwischen der Entwicklung einer sozialen, einer kognitiven und einer Führungspräsenz. Diese Präsenzen sind u. a. Resultate der jeweiligen Medienkompetenz der jeweiligen Führungskraft. Medienkompetenz ist dabei als eine Querschnittskompetenz zu betrachten, die das Entwickeln verschiedener Kompetenzbereiche notwendig macht – ähnlich der digitalen Führungskompetenz. Dabei geht es u. a. darum, den richtigen Medienmix für die optimale Zusammenarbeit zu finden.

Der Medienmix sollte seinerseits ein Resultat aus den notwendigen Kommunikationsaktivitäten und den vorhandenen Kompetenzen der Mitarbeiterinnen und Mitarbeiter sein. Genutzt sollten diese Medien von der Führungskraft im Idealfall primär für Crossmedia Storytelling Aktivitäten werden. Storytelling hilft dabei, einen fortlaufenden Werteabgleich zwischen den beteiligten Akteuren vorzunehmen und Fakten mit Emotionen zu verbinden. Zentrale Erzählungen, die eine Führungskraft parat haben bzw. fortlaufend entwickeln sollte, sind: „Wer bin ich?-Geschichten" (Was für ein Mensch bin ich?), „Warum bin ich hier?-Geschichten" (Was hat mich hergebracht?), „Die Vision-Geschichten" (Was sind meine/unsere Ziele?), „Lehr-Geschichten" (Zur Vermittlung von Erfahrung und Wissen), „Werte-in-Aktion-Geschichten" (Wofür stehe ich?) und „Ich weiß, was ihr denkt –Geschichten" (Zum Beziehungsaufbau).

© Springer-Verlag Berlin Heidelberg 2016
M. A. Ciesielski, T. Schutz, *Digitale Führung*, DOI 10.1007/978-3-662-49125-6_6

6.1   Identitäten und Profile

Hybride Zusammenarbeit beruht auf den gelebten und wahrgenommenen Identitäten der Kolleginnen und Kollegen – durchaus vergleichbar der analogen Welt.

Es ist wichtig, in der virtuellen und der analogen Welt als ein menschliches Wesen wahrgenommen zu werden, mit dem man bestimmte Werte teilt. Am Ende sind es die echten Menschen mit Persönlichkeiten, die einen gemeinsamen hybriden Arbeitsraum ausmachen. Es geht darum, eine Identität sichtbar zu machen, die offline und online zur Kenntnis genommen werden kann. Auf die aktive Gestaltung solcher Identitäten muss digitale Führung viel Wert legen.

Im Folgenden möchten wir speziell auf den virtuellen Kontext digitaler Führung eingehen. Hildebrandt et al. unterscheiden dabei zwischen Sozialer Präsenz (Social Presence), Kognitiver Präsenz (Cognitive Presence) und Führungspräsenz (Leadership Presence) (Hildebrandt et al. 2013, S. 163 ff.).

6.1.1   Soziale Präsenz

Wird man nicht als menschlicher Akteur in der medialen Arbeitswelt wahrgenommen, fällt es den anderen oftmals leichter, Daten und Nachrichten zu ignorieren oder gar zu löschen.

„Wem werde ich heute eine Freude machen, indem ich auf seine E-Mail antworte?" könnte in Zeiten, in denen in der Regel immer mehr Mails im Posteingang sind, als tageweise abgearbeitet werden können, ein entsprechend menschlicher Gedanke sein. In der Regel kann man davon ausgehen, dass es sich dabei um die Mails handelt, die von Personen stammen, zu denen ohnehin bereits eine gute Beziehung besteht. Diese „To Dos" werden zumeist höher priorisiert, als andere. Aber auch umgekehrt kann entschieden werden: Weil bereits eine gute Beziehung besteht, muss nicht sofort auf die Anfrage geantwortet werden und es bleibt kein schlechte Gewissen bei späterer Beantwortung. Es besteht eine gute Portion Vertrauen auf der anderen Seite darauf, dass die Verzögerung in der Beantwortung der Mail keine persönlichen Gründe hat (Hildebrandt et al. 2013, S. 163).

Soziale Präsenz kann als die Wahrnehmung beschrieben werden, die anderen von einem als Person in einem virtuellen Umfeld haben. In virtueller Interaktion kann soziale Präsenz im Wesentlichen auf drei Arten erreicht werden, beispielhaft beschrieben für ein textbasiertes Diskussionsforum:

- Affektive Reaktionen: Emoticons, Humor, Selbstoffenbarungen
- Bindende Reaktionen: Ausrufe und Grüße, die Gruppe mit „wir" und „unser" ansprechen
- Bezugnehmende Reaktionen: Nutzung von „Bearbeitungsfunktionen", direktes Zitieren, Bezugnehmen auf die Inhalte anderer Nachrichten (Hildebrandt et al. 2013, S. 163).

Diese Merkmale können sich in allen Formen von Interaktionen finden, egal ob synchrone (zeitgleiche) oder asynchrone (zeitliche versetzte) Kommunikation erfolgt. Während einer Telefonkonferenz kann soziale Präsenz zum Beispiel erzeugt werden, indem jeder Teilnehmer ein paar Worte zu seiner oder ihrer aktuellen persönlichen Situation und beruflichen Situation sagt. Es kann auch zu Beginn ein wenig Klatsch und Tratsch über die verschiedenen Standorte ausgetauscht werden. Wo befinden sich die Teilnehmer gerade? Was haben sie gerade noch vor der Konferenz erlebt?

Es sollte auch darauf geachtet werden, dass keine Daten und Fakten während einer solchen Konferenz trocken durchgesprochen werden, diese können bereits davor oder danach zur Verfügung gestellt werden. Es geht darum, Daten und Fakten zum Beispiel mit Hilfe von Erfolgs- oder Misserfolgsgeschichten zu vermitteln. Außerdem macht es durchaus Sinn, auch lokale Traditionen oder Feiertage zu berücksichtigen und ggf. auf deren Hintergründe oder Auswirkungen auf den Call einzugehen (Hildebrandt et al. 2013, S. 164).

6.1.2 Kognitive Präsenz

Informationen im virtuellen Kontext zu vermitteln, ist in der Regel technisch anspruchsvoller, als es in der analogen Welt ist, wo viel mehr kontextuelle Information zur Verfügung steht – sei es die Körpersprache des Präsentierenden oder sofortige Nachfragemöglichkeiten.

Dies fällt umso mehr ins Gewicht, wenn auch noch unterschiedliche Umgangsweisen mit den Technologien ins Spiel kommen, die entweder generations- oder kulturgeprägt sind (Kap. 2).

Kognititve Präsenz ist der Umfang, zu dem Menschen in der Lage sind, Bedeutungen und Wissen aus einem Prozess der Reflexion und Kommunikation in einem virtuellen Rahmen zu ziehen. Indikatoren für eine gute, kognitive Präsenz können sein:

- Probleme und Überraschungen werden angesprochen
- Informationen werden ausgetauscht
- Vorschläge werden gemacht
- Brainstormings finden statt
- Synthesen werden vorgeschlagen
- Zusammenfassungen werden gemacht
- Anwendungsmöglichkeiten werden diskutiert
- Es werden Einsichten aus Diskussionen und Konflikten gewonnen (Hildebrandt 2013, S. 165)

6.1.3 Führungspräsenz

Führungspräsenz bindet nunmehr soziale und kognitive Präsenz zusammen. Man kann sie als einen Design-, Moderations- und Organisationsprozess der kognitiven und sozialen Präsenzen beschreiben. Mit dem Ergebnis, die gesetzten Ziele erreicht zu haben.

Führungspräsenz sorgt proaktiv dafür, dass die technischen und kulturellen Rahmenbedingungen vorhanden sind, in denen die Gruppe interagieren kann. Es werden Beziehungen und Aufgaben betrachtet und stets als Rollenvorbild agiert. Schließlich wird negatives Verhalten ebenso schnell adaptiert, wie positives und kann damit einen erheblichen Einfluss auf die Gruppendynamiken nehmen.

In den meisten Fällen geht es um Formen der Moderation und des Coachings, z. B.

- Bereiche der Zustimmung und Ablehnung deutlich machen
- Konsens/Konsent anstreben oder zumindest Verständnis für unterschiedliche Sichtweisen anstreben
- Ermutigen, Bestätigen und Beiträge vom Team einfordern
- Für ein gutes Lernklima sorgen
- Teilnehmer aktivieren und Diskussionen fördern
- Effizienzen dieser Prozesse berücksichtigen.

Der richtige Mix von sozialer und kognitiver Präsenz hängt stark von den genutzten Medien, dem individuellen und kulturellen Kontext ab. Eine sehr lange E-Mail mag sehr viel an sozialer Präsenz vermitteln, wird allerdings allein aufgrund der Länge vom Leser nicht positiv aufgenommen. Dabei können durchaus auch Generationsunterschiede zum Tragen kommen (Kap. 2.2). Noch öfter ist es der kulturelle Kontext, der die Balance ausmacht. Eine E-Mail von einem mexikanischen Marketing Experten mag teilweise mit mehr sozialer Präsenz gefüllt sein, als eine von einem deutschen Ingenieur verfasste. Auf jeden Fall sollte stets auf die soziale Präsenz in jeglicher Kommunikationsform geachtet werden, unabhängig vom Medium (Hildebrandt et al. 2013, S. 166).

Eine besonders wichtige Beobachtung ist allerdings, dass sich Führungspräsenz in der virtuellen Welt durchaus anders darstellt als in der realen. Aufgrund dessen, dass in medialen Kommunikationsprozessen weitaus weniger Hinweise auf die Persönlichkeit wahrgenommen werden können, greifen dort Beschreibungen wie „charismatisch" oder „beeindruckender Redner und Präsentator" kaum. Im virtuellen Kontext kommt es im Gegensatz zu Face-to-Face Situationen eher auf das Wissen und die Expertise (die kognitive Präsenz) an, um als Autorität wahrgenommen zu werden. Eine Führungskraft, die hauptsächlich Abläufe moderiert, ohne inhaltliche Expertise beizusteuern, um ein Problem zu lösen, kann durchaus Gefahr laufen, nicht als Autorität anerkannt und als Führungskraft nicht ernst genommen zu werden. Daraus folgt, dass Prozessbegleitung und Moderationsfähigkeiten in einem textbasierten, asynchronen Arbeitsumfeld nicht automatisch als Führungspräsenz wahrgenommen werden. Diese Art der Führung funktioniert besser in synchronen, stimm- und audiobasierten Formen der Zusammenarbeit.

Eine digitale Führung sollte stets virtuelle Verfügbarkeiten haben. Einmal die Woche sollte er oder sie z. B. via WebEx online zur Verfügung stehen. Dabei geht es darum, klare Präsenz und Verfügbarkeit zu signalisieren. Eine Führungskraft kann die Präsenz auch durch das Schreiben eines Blogs erhöhen, in der sie ihre Gedanken mit den Mitgliedern des Teams bzw. Ensembles teilt. Darüber hinaus kann dies ein guter Weg sein, auch das E-Mail Aufkommen zu reduzieren – genauso wie das Einrichten eines Wikis oder anderer Tools (Hildebrandt et al. 2013, S. 167). Eine andere Möglichkeit, virtuell gemeinsame Zeit zu verbringen, können gemeinsame Pausen sein. Sei es, die gemeinsam getrunkene Tasse Kaffee via Skype oder das gemeinsame Online-Spiel via Wii.

6.2 Medienkompetenz entwickeln

6.2.1 Medienkompetenz als Teil der digitalen Führungskompetenz

Der Zugang zu Technologien, die einen gemeinsamen, kollaborativen Arbeitsraum ermöglichen, ist mittlerweile eine grundsätzliche Voraussetzung für hybride Arbeitsformen.

Das zur Verfügung stellen und der Einsatz der Technologien zum richtigen Zweck ist zum einen die Verantwortung einer jeden Führungskraft und sollte zum anderen eine zentrale Aufgabe für die Organisationsentwicklung darstellen.

Auf der anderen Seite muss jede Führungskraft auch lernen, mit individuellen Präferenzen und individuellen Kompetenzen auf Seiten der Mitarbeiter in Hinblick auf die Nutzung der Technologien umzugehen. Zumeist spielen dabei die bisherigen Erfahrungen und der jeweilige lokale kulturelle Kontext eine nicht unerhebliche Rolle (Hildebrandt et al. 2013, S. 157).

Medienkompetenz ist ein Bereich, der auch Generationsunterschiede deutlich macht wie kaum ein anderer. Ebenso wie interkulturelles Lernen ist auch das Erlernen des richtigen Umgangs mit Medien und das virtuelle Kommunizieren eine große Herausforderung, da es dabei um die Transformation von tief sitzenden Werten handelt. Medienkompetenz handelt nicht allein von der Frage, welche Medien eingesetzt werden, um zu kommunizieren, sondern muss auch die Reife der jeweiligen Gruppe berücksichtigen, wie dort mit unterschiedlichem Kompetenzniveaus beim Einsatz der Technologien umgegangen wird. Zunächst muss es also immer darum gehen, herauszufinden, welche Kompetenzen vorhanden sind und welche gebraucht werden.

Je nach Reifegrad der Gruppenmitglieder braucht es unterschiedliche Umgangsformen in Hinblick auf die Feedback-Kompetenz, die Kommunikationsstile und das Einhalten von Netiquette. Die Gruppenmitglieder mit geringen Kompetenzen müssen entsprechend trainiert und entwickelt werden, um zu den besseren hin aufzuschließen zu können. Merkmale für die bereits recht fortgeschritten in hybriden Kontexten agierenden Akteure sind u. a. die Fortschritte in der IT-gestützten Arbeit. Andere Merkmale für eine gute hybride Arbeitsumgebung können nach Hildebrandt et al. sein:

- Weniger ist mehr. Dies bezieht sich auf die Menge an Medien, die im Rahmen der digitalen Zusammenarbeit genutzt werden. Sofern zu viele Kommunikationskanäle genutzt werden, kann es dazu kommen, dass die Mitarbeiter nicht mehr wissen, welcher Kanal wofür zu nutzen ist. Dadurch können Kommunikationsprozesse sehr schnell ineffizient werden. Statt viele virtuelle Treffpunkte zu haben, macht es Sinn, eine Anlaufstelle zu haben, wo sich alle gerne und regelmäßig treffen.
- Welche Werkzeuge zu nutzen sind, sind eine zentrale Führungsaufgabe. Es kann bereits zu Beginn eines Projekts viel Zeit gespart werden, wenn die Führungskraft bereits im Vorfeld relevante Entscheidungen trifft. Die Zeit, die ansonsten in entsprechende Abstimmungsprozesse investiert werden würde, kann nun dahingehend genutzt werden, sich darüber zu verständigen, wann und wie Kritik und Feedback geäußert werden kann und soll. Dennoch sollte die Führungskraft bei den Entscheidungen auch an individuellen und kulturellen Präferenzen innerhalb der Gruppe ausgerichtet sein.
- Sofern es möglich ist, sollten Trainings für den Einsatz der digitalen Werkzeuge zur Zusammenarbeit in Präsenzveranstaltungen durchgeführt werden. Wenn dies nicht möglich ist, sollten die virtuellen Trainings für verschiedene Standorte dennoch synchron mit Face-to-Face Zeit durchgeführt werden, in Gruppen oder in Tandems. Diese Form von Trainings helfen dabei, Ängste bei der Nutzung zu verringern und technischen Schwierigkeiten gemeinsam und unterstützend zu begegnen. Dabei können gleichzeitig auch Formen der generellen Zusammenarbeit erprobt und eingeübt werden. Präsenzzeit dafür einzuplanen macht auch noch einmal deutlich, dass Medienkompetenz Priorität genießt.
- Wie können Ensemble-Mitglieder, die nicht dabei sein können, ihre virtuelle Präsenz bekommen? Eine Möglichkeit ist es, das Foto der Person während der Online-Konferenz präsent zu halten oder eine andere Erinnerungsfunktion zu Beginn zu etablieren.
- Wenn die Mehrheit eines Projekts an einem Standort ist und die anderen Beteiligten über den Globus verteilt sind, macht es durchaus Sinn, auch die Präsenzmeetings virtuell zur Verfügung zu stellen. Dies kann entweder durch Web-Konferenz-Technologie erfolgen oder einer Application-Sharing Software zusammen mit einem Konferenz-Call (Hildebrandt et al. 2013, S. 159 f.).

6.2.2 Die Performance steckt im richtigen Medienmix

Jedes Kommunikationswerkzeug hat dabei sicherlich seine Stärken und Schwächen. Diese können je nach Situation, den Nutzerpräferenzen und kulturellen Unterschieden unterschiedlich wahrgenommen werden. Auch wenn die Stärken eines Medium dadurch nicht als absolut wahrgenommen werden können, kann man sie dennoch in drei Kategorien teilen:

- Informationsfülle;
- Die Anzahl der Personen, die simultan interagieren können (1:1, 1:n oder n:m);

- Die Zeit, die es braucht, um eine Reaktion zu bekommen (synchron: Die Interaktionen erfolgen in Echtzeit, z. B. in einem Chat oder asynchron: Die Reaktionen erfolgen mit Zeitverzögerung, z. B. bei E-Mail).

Ein guter Medienmix setzt voraus, dass wir eine Vielzahl an Kommunikationsinstrumenten beherrschen. So basal wie es klingen mag: Es beginnt mit uns und unserem Körper, unserer Körpersprache, unserer Stimme. Oder, wie es David Abram ausdrückt: „And this our voice, tentative at first, finds its own improvisational place in the broader poloyphony" (Abram 2011, S. 278). Welche Möglichkeiten haben wir dort, uns auszudrücken? Wie kleiden wir uns, welche Stimmvariationen haben wir?

Aber auch in der Schrift (unabhängig vom Kanal) liegt bereits ein ungeheures Potenzial. Ausdrucksweise, Wortwahl, Umfang etc. machen einen erheblichen Teil der Wahrnehmung von kommunizierten Inhalten aus. Als nächstes kommen Kommunikationsmittel und -medien ins Spiel, die ebenfalls Präsenz-Kommunikation ausmachen und unterstützen, wie Whiteboards, Flipcharts, Pinwände, Post Its etc. Digitale Instrumente nach dem aktuellem Stand könnten Wikis sein, Plattformen für die dynamische Zusammenarbeit inkl. Profilen, Chat/Instant Messenger uvm.

Digitale Führung muss für ein hohes Aktivitätsniveau beim Einsatz der zur Verfügung stehenden medialen Werkzeugen sorgen. Wenn die gesamte Bandbreite der Medienkanäle nicht ausprobiert wird, kann es durchaus dazu kommen, dass nicht alle Mitglieder sich gleich stark ausdrücken können und das Probleme und Herausforderungen nicht rechtzeitig und stark genug kommuniziert werden können.

Die Aktivität der Mitglieder hängt zu einem nicht unerheblichen Grad von den unterschiedlichen technologischen und nicht-technologischen Möglichkeiten ab, sich auszudrücken und darzustellen. In der Regel sind es lediglich drei Sinne, die im virtuellen Kontext angesprochen werden: Sehen, Hören und in Teilen das Fühlen.

Eine weitere Möglichkeit, mehr Sinne in die Kommunikation mit einzubeziehen, bietet sich, wenn die Teilnehmer einer synchronen Kommunikation z. B. den gleichen Würfel in der Hand halten, ein 3D Puzzle oder irgendein anderes spielerisches Objekt, das u. a. auch als Problem-Metapher oder kreatives Werkzeug für die anstehende Zusammenarbeit genutzt werden kann.

Genauso wie bei einer physischen Interaktion, ist es auch im virtuellen Kontext besser, wenn mehr Sinneskanäle angesprochen werden können. Auf der anderen Seite wissen aber auch alle, die bereits einmal in einem Dunkelrestaurant waren, in dem das Gericht nicht gesehen werden konnte, dass sich der Geschmackssinn in diesem Augenblick erheblich intensivierte. Sprich: Die Abwesenheit von bestimmen Sinnesreizen kann auch dafür sorgen, dass die vorhandenen sinnlichen Wahrnehmungen verstärkt werden. Es kann also durchaus sinnvoll sein, sich auch auf einfache Medienformen zu beschränken.

Dennoch: Effektive Mediennutzung setzt adäquate Fähigkeiten und Kompetenzen in Hinblick auf die Gestaltung virtueller Prozesse voraus. Alle Gruppen- und Ensemblemitglieder müssen sich im Umgang mit unterschiedlichen Medien wohl fühlen (Abb. 6.1). Dies ist sicherlich nicht immer einfach und erfordert kontinuierliche Übung.

Abb. 6.1 Die Medien richtig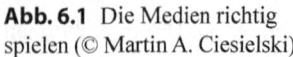
spielen (© Martin A. Ciesielski)

Zuallererst kommt es darauf an, eine Einstellung in der Gruppe zu etablieren, bei der die Zusammenstellung von Medien für die virtuelle Kommunikation und Zusammenarbeit als ein kontinuierlicher Aushandlungsprozess etabliert wird. Ziel sollte es dabei sein, sich stets auf einige wenige Kanäle zu konzentrieren und diese lebendig zu halten.

Die aktive und bewusste Mediennutzung ist eine Führungsfähigkeit, die trainiert werden kann und sollte. Die Führungskraft muss entscheiden, welche Medien als Kommunikations- und Arbeitsinstrumente installiert und genutzt werden sollen. Wenn ein Team sich z. B. darauf verständigt hat, Dokumente auf SharePoint zu speichern, aber ein Gruppenmitglied stets alles via E-Mail verschickt, so ist es zunächst Aufgabe des Teams, diese Verhaltensweise zu korrigieren. Ist die nicht der Fall, muss die Führungskraft entsprechend intervenieren.

Es sollte stets und primär die Aufgabe des Ensembles sein, die virtuelle Meeting- und Arbeitskultur aller Beteiligten aufeinander abzustimmen.

Auch wenn die Wahl des richtigen Instrumentes eine zentrale Frage in Hinblick auf die Medienkompetenz bei der digitalen Führung ist, so stellt sich noch viel zentraler die Frage nach den zu vermittelnden Inhalten. Während es klassischer Weise um die Frage geht, welche Daten und Informationen bearbeitet werden bzw. zur Verfügung gestellt werden müssen, geht es für uns im Rahmen der Führungspräsenz mehr noch um die Frage der Sinngebung und der Kommunikation von Bedeutungszusammenhängen für die gemeinsame Zusammenarbeit, sprich um das professionelle und über mehrere digitale Kanäle hinweg erfolgende Storytelling.

6.3   Crossmedia Storytelling

6.3.1   Was ist Crossmedia Storytelling?

In einem von Daten und Informationen getriebenen Arbeitsumfeld werden Geschichten immer wichtiger. Die Organisationsberaterin Annette Simmons drückt es so aus: „Without a story facts don't mean anything" (Simmons 2006, S. 79). Über die Grenzen einzelner Medien hinweg gilt es, als Führungskraft im hybriden Arbeitsumfeld dabei zu helfen, Sinn und Bedeutungen zwischen den Mitarbeiterinnen und Mitarbeitern zu generieren. Auch dies gelingt am besten mit exemplarischen Geschichten: „The shortest distance between two people is a story" (Mead 2014, S. 19). Crossmedia Storytelling lebt davon, unterschiedliche Medien wie Räume zu nutzen, in denen die einzelnen Elemente der Geschichte emergent entstehen und/oder verbreitet werden können und ihre Wirkung im Idealfall intensiviert wird. Blogs, Microblogs, soziale Plattformen, Videos, Chats sind quasi als einzelne Erzählwerkstätten und Forschungslabore zu betrachten, in denen Stories entstehen und kommuniziert werden. Hinzu kommt: Crossmedia Stroytelling ist ein kollektives Erzählen. Man muss sich als Führungskraft im digitalen Kontext darauf gefasst machen, dass Bedeutungen verändert werden, Kommentare neuer Sichtweisen ermöglichen und das neue Visualisierungen den Informationen auch inhaltlich einen neuen Spin geben können.

Geschichten haben schon immer viele Formen gehabt. Manche Geschichten werden erzählt, um schnell wieder vergessen zu werden. Zum Beispiel Geschichten über das Wetter.

Auf der anderen Seite kann man durchaus zu Recht behaupten, dass Geschichten unser Leben definieren. Wir sollten beginnen zu verstehen, dass wir erst durch Gespräche wirklich beginnen zu existieren und zu verstehen. Durch das, was und wie wir Dinge sagen und ausdrücken. Und durch das, was andere über uns auf verschiedene Arten und Weisen sagen. Wir sind unsere kommunikativen Darbietungen (Harper 2010, S. 262). Den US-Philosophen Walter Fisher bewog das dazu, den Menschen umzutaufen. Kein homo sapiens sei dieses Wesen, sondern ein homo narrans, ein erzählender (Siefer 2015). „Narrative stiften nationale Identitäten und stellen damit das geistige Instrument bereits mit dessen Hilfe der Mensch Zivilisationen schafft: Sie spannen mit ihrer zauberhaften Fernwirkung viele Individuen über große Zeit- und geografische Räume hinweg zu einer Werte- und Sinngemeinschaft zusammen" (Siefer 2015, S. 17). Gleiches gilt für Stories, die in Organisationen wirken. Sie erschaffen die Kultur, verbinden die Menschen, die (virtuell) verteilt oder an einem Ort zusammenarbeiten, vermitteln und gleichen Werte ab, die in und für die Organisation Geltung haben.

Natürlich sind es nicht nur Geschichten, über die wir kommunizieren. Wir analysieren auch Daten, teilen Informationen, drücken Meinungen aus, argumentieren, um nur einige wenige andere Formen zu nennen. Wenn es allerdings um Sinnfragen geht, um Bedeutungen und die Vermittlung von Werten, sind Geschichten, von Metaphern bis hin zu epischen Erzählungen ungeschlagen.

Was also ist nun genau eine Geschichte – insbesondere im organisationalen Kontext? Die Organisationsentwicklerin und professionelle Geschichtenerzählerin Annette Simmons beschreibt sie als *„an imagined (or re-imagined) experience narrated with enough detail and feeling to cause your listener's imagination to experience it as real."* (Mead 2014, S. 16). Es geht also darum, dass ein reales oder ausgedachtes Erlebnis mit Details und Emotionen derartig ausgeschmückt und vermittelt wird, dass die Zuhörer die Erzählung als echt erleben. Dass ein regelrechtes körperliches Nacherleben einsetzt.

Der Kognitionspsychologe Jerome Brunner geht ebenfalls davon aus, dass es zwei grundlegende Art und Weisen unserer kognitiven Funktionen gibt. Zwei Arten zu erleben, zwei Denkmodi und beide bieten jeweils auf zwei grundlegend verschiedene Art und Weisen Möglichkeiten, Erfahrungen zu ordnen und Realitäten zu strukturieren. Beide Funktionsweisen unserer kognitiven Fähigkeiten stehen komplementär zueinander und können nicht durch die jeweils andere ersetzt werden. Würde man das versuchen, würde man zwangsläufig daran scheitern und auch nicht die reichhaltige Vielfalt unseres Denkens in seinem vollen Umfang ausschöpfen.

Brunner nennt diese beiden Modi den logisch-paradigmatische Modus und denn narrativen Modus. Der erste sorgt für unsere Fähigkeit, in abstrakten Konzepten zu denken, sorgt dafür, dass wir nach universellen Antworten suchen, dass wir wissenschaftliche-rational denken können. Der narrative Modus sorgt dafür, dass wir uns bestimmte Umstände vorstellen können, die Brunner als „vicissitudes of human intentions", also Launen der menschlichen Bestrebungen bezeichnet. Das Überraschende. Unmögliche. Phantasievolle und Imaginative.

Der logisch-paradigmatische Modus läuft über Daten und logische Argumentation ab, der narrative Modus über Bilder und Geschichten.

Probleme entstehen dann, wenn wir die Potenziale des jeweils anderen Modus vernachlässigen oder sie miteinander verwechseln. Was ist gerade angebracht? Was braucht der Kunde, die Kollegen, der Mitarbeiter? Fakten oder Beispiele? Erleben oder Informationen zum besseren Verstehen? Es geht nicht darum, dass der eine Modus besser ist als der andere. Sie dienen unterschiedlichen Zwecken.

Die Anwendung des logisch-paradigmatischen Modus führt zu guten Theorien, straffen Analysen, logischen Beweisführungen, guten Argumenten und empirischen Entdeckungen durch begründete Hypothesen. Die Anwendung des narrativen Modus führt ihrerseits zu guten Geschichten, packenden Dramen und glaubhaften Berichten von Ereignissen (Mead 2014, S. 48). Dabei ist Brunner bei weitem nicht der Erste, der dem menschlichen Gehirn derartige Vorgehensweisen zuschreibt. Bereits die Griechen im Altertum unterschieden zwischen *logos* und *mythos*. Brunner geht allerdings noch darüber hinaus und behauptet, das eine gute Geschichte und gut formulierte paradigmatische Argumente die beiden zentralen Formen sind, wie wir unsere Realitäten erschaffen. Beide haben dabei einzigartige Rollen zu spielen und sind dabei als durchaus komplementär zueinander und nicht aufeinander reduzierbar zu bezeichnen.

Während logische Argumente sich mit dem beschäftigen, was vermeintlich wahr und richtig ist, also faktisch, zeitlos, unabhängig von dem, was wir glauben, so beschäftigen sich Geschichten mit dem, was das Leben ausmacht, was wir über die Fakten denken und fühlen und wie wir sie für uns in Raum und Zeit einordnen und mit Bedeutung versehen (Hurst 2012, S. 170).

Geschichten und das Geschichtenerzählen finden sich überall. Während es Gesellschaften und Zivilisationen gab, die es auch ohne die Erfindung des Rades zu etwas gebracht haben, gab es keine ohne Geschichten. Studien aus den Bereichen der Anthropologie, Philosophie, Kognitionspsychologie und den Neurowissenschaften zeigen uns immer wieder, dass wir Geschichten erzählende Tiere sind. Geschichten zu erzählen, heißt Mensch zu sein.

Wir können also zusammenfassend sagen, dass eine Geschichte

1. eine der wichtigsten Art und Weisen ist, wie wir in unseren Erfahrungen Sinn erkennen, wie wir Bedeutungen und Tragweite für die Ereignisse in unserem Leben generieren und wie wir ein Gefühl für unser Selbst entwickeln,
2. eine zentrale Bedeutung für das Aufbauen von Beziehungen hat. Sie bringt Gruppen und Gemeinschaften zusammen – während das Niedermachen von sinngebenden Erzählungen anderer Gruppen zu Konflikten und Trennungen führen kann.
3. eine starke Kraft in der Welt ist, die unsere Vorstellungen prägt, erweitert und einschränkt. Insbesondere in Hinblick auf das, was erstrebenswert und möglich ist (Mead 2014, S. 18).

6.3.2 Stories im Business

Stories im Businesskontext können vielfältiger Natur sein. Es können die lebhaft geschilderten Erlebnisse aus anderen Unternehmen sein oder die Nachrichten, die man in den Medien über die Konkurrenz hört. Es können die Geschichten sein, die man dem eigen Team erzählt, um zu zeigen, dass es immer auch noch schlimmer geht – oder besser. Es sind die Geschichten, die uns für Handlungen motivieren oder demotivieren, die uns einen Sinn für unser Tun vermitteln. Oder auch gerade nicht: „In a profound sense, nothing changes unless the stories change" (Mead 2014, S. 26).

„Auch die Bilanzen der Wirtschaft, hat einmal jemand gesagt, sind nur eine besondere Art von Prosa. Und die Bilanzpressekonferenzen infolgedessen eine besondere Art von Dichterlesung. Aber es gibt gute und schlechte Literatur" (Spinnen 2008, S. 19). Selbst in der sich als höchst rational und logisch gebenden Welt der Finanzen und Zahlen sind es die Fiktionen, die am Ende einen Sinn ergeben (Künzel und Hempel 2011). Überall wo es einen Erzähler und ein Publikum gibt, können Geschichten entstehen und vermittelt werden. Eine Geschichte ereignet sich stets zwischen der Vorstellungskraft des Erzählers und der Vorstellungskraft des Zuhörers.

„Okay. Aber ich habe nichts mit ‚Vorstellungskräften' zu tun. Bei mir geht es um Fakten. Bei mir geht es um das, was wirklich passiert und sein muss." Richtig. Und unsere Vorstellungskraft ist das zentrale Mittel, Realitäten zu erschaffen.

Wir müssen auf unsere Fähigkeit vertrauen, Bilder in unserem Kopf erzeugen zu können, wenn wir mit sensorischen, mit sinnlichen Informationen (Sicht, Geräusche, Berührung, Geruch, Geschmack) konfrontiert sind. Wir nehmen Backgerüche war und stellen uns sofort den dazugehörige Kuchen vor, wir hören einen Knall und stellen und das Gewähr dazu vor, wir hören ein Geräusch aus dem Erdgeschoss, unsere Nackenhaare stellen sich auf und wir denken an einen Eindringling im eigenen Haus. Unsere Fähigkeit, sich Dinge vorstellen zu können, ist auf das Engste mit unserem Überlebensinstinkt verknüpft. Wir nutzen unsere Vorstellungskraft und Fantasie jedes Mal, wenn wir jemanden zuhören und versuchen zu verstehen, was die Person uns sagen will (Mead 2014, S. 16).

Aber auch wir selbst leben und erleben uns durch Geschichten. „We are almost constantly engaged in presenting ourselves to others, and to ourselves, and hence representing ourselves – in language and gesture, external and internal. Our fundamental tactic of self-protection, self-control and self-definition is telling stories, and more particularly concocting and controlling the story we tell others – and ourselves – about who we are. Our tales are spun, but for the most part we don't spin them; they spin us. Our human consciousness is their product, not their source" (Hurst 2012, S. 171).

In der Soziologie gibt es fortlaufende Debatten darüber, wie der menschliche Charakter entsteht. Für viele Wissenschaftler ist der menschliche Charakter eine Narration und menschliche Erzählungen sind die Art und Weise, durch die Identitäten konstruiert werden.

Menschen sind Geschöpfe, die anstreben, ihre Geschichten zu erzielen. Menschen finden es schön, Geschichten über sich erzählen zu können und genießen es, Geschichten von anderen zu hören.

Alle Medien, die in Unternehmen eingesetzt und privat genutzt werden, helfen dabei, Geschichten über einen selbst, Kollegen, Kunden, Freunde und Familie entstehen zu lassen (Harper 2010, S. 173) Der Philosoph Daniel Dennett bezeichnet das Geschichtenerzählen nicht nur als die Art und Weise, wie wir der Welt einen Sinn abringen, sondern wie wir uns selbst erschaffen (Hurst 2012, S. 171).

Nach Dennett erzeugen wir durch das Geschichtenerzählen für uns selbst und für andere ein narratives Gravitationszentrum. So schaffen es auch Führungskräfte, mit Hilfe von Storytelling Gravitationszentren für ihre Organisationen, Projekte und Teams zu schaffen. Geschichten können die „Closeness at a Distance" (Hildebrandt et al. 2013) erzeugen auf die es bei der hybriden Arbeit ankommt. Durch den Einsatz von Geschichten, können Führungskräfte zwischen Visionen und der Vergangenheit eine Gegenwart erzeugen, die durch Sinn, persönliches Wachstum und Fortschritt geprägt ist (Hurst 2012, S. 172).

6.3.3 Werte (mit-)teilen

Jedes Mal, wenn Führungskräfte Geschichten erzählen, helfen sie ihren Zuhörer dabei, herauszufinden, wer sie sind und wie sie sich verhalten sollten. Ähnlich verhält es sich in unseren Familien, wo eine Generation der nächsten Geschichten darüber erzählt, wie man sich in einer bestimmten Situation verhalten hat (Hurst 2012, S. 172).

Das zeigt, dass Engagement, Zugehörigkeit und Commitment nicht daraus resultiert, dass ein Plan ausformuliert und die Leute dann an Bord gebracht wurden, sondern, dass ihre Teilnahme am wahren Geschehen ermöglicht wird und sie die Aktivitäten und Pläne selbst mitgestalten können. Es geht darum, Mitarbeiter in das gemeinsame Erzählen der Geschichte zu bekommen, deren Teil sie sind (Kap. 4.1.2). Führung bedeutet in diesem Zusammenhang einen fortlaufenden Prozess von Sinnstiftung gemeinsam mit anderen (Mead 2014, S. 41).

Organisationen investieren große Beträge an Geld und Zeit, um Mitarbeiterbefragungen durchzuführen und auszuwerten, um die Loyalität und Mitarbeiterzufriedenheit zu verbessern. Dabei wird oft vergessen, einfach einmal zu Fragen: „Welche Geschichten sind besonders wertvoll? Wessen Geschichten werden nicht gehört? Wie können wir Möglichkeiten schaffen, uns unsere Geschichten gegenseitig zu Gehör zu bringen?". Es gibt wenig mehr Dinge, die Menschen ausschließen, demotivieren und sich abwenden lassen, als das Ignorieren, Abwerten und folgenlose Verpuffen lassen der Geschichten, die sie zu erzählen haben (Mead 2014, S. 20). Dabei geht es nicht allein darum, eine Geschichte einfach zu erzählen. Wie wir bereits gesehen haben, kann man die gesamte Organisation mit ihren Spielen als eine Performance der Mitarbeiter und ihrer Rollen betrachten. Situationen und Spiele lassen dabei Persönlichkeiten und Charaktere entstehen, die ihre eigenen Geschichten erzählen und entstehen lassen. Geschichten müssen, um kraftvoll wirken zu können, ausgespielt und performt werden. Der Plot ist in der Regel nur teilweise vorgeben und muss in großen Teilen improvisiert werden.

Als Bühne, als Szenerie dienen dazu Medienkanäle, Kostüme und Requisiten müssen dahingehend ausgewählt werden, dass sie die richtigen Signale an die Mitspieler und das Publikum (Kunden, Kooperationspartner, Investoren etc.) senden (Hurst 2012, S. 172 f.).

Man kann es auch zusammenfassen und sagen, dass digitale Führung aufgeführt werden und es schaffen muss, über alle Medienkanäle hinweg in einer komplexen und adaptiven Arbeitsumgebung ein stringentes und sinnvolles Storytelling zu erzeugen.

Das gemeinsame Erklimmen einer Bergspitze oder Wildwasserrafting kann sicherlich einen temporären Gemeinschaftsgeist erzeugen. Allerdings kommt es in der hybriden Arbeitswelt von heute nicht darauf an, in solchen Kontexten erworbene Fähigkeiten zurück an den Arbeitsplatz zu bringen, sondern die Arbeitsumgebungen so zu gestalten, dass sich dort die gewünschten Haltungen und Arbeitsweisen einstellen können (Hurst 2012, S. 223).

Dabei ist es wichtig, gemeinsam eine übergreifende Narration zu entwickeln, die den gemeinsamen Erlebnissen einen Sinn gibt. Einen Sinn, der verdeutlicht, was genau geschieht, welche Gefühle dabei im Spiel sind (Hurst 2012, S. 96).

In Geschichten stecken unsere Werte. Verändern sich die Geschichten, die sich Einzelne und ihre Gruppen erzählen und nach denen sie leben, verändern sich auch diese Individuen und Gruppen (Mead 2014, S. 21). Wenn Menschen Geschichten erzählen, erfährt man eine Menge über deren Werte, was sie denken, was richtig und was falsch ist und was ihnen wichtig ist und was nicht. Es beginnt bereits bei der Auswahl der Geschichte, die erzählt wird. Was für eine Rolle spielt der Erzähler oder die Erzählerin darin? Heldin?

Verlierer? Wie erzählt sie oder er die Geschichte? Welche Emotionen werden dabei vermittelt? Was ist die Kernaussage, die die Geschichtenerzählerin versucht rüber zu bringen und was sagt die Geschichte über die Erzählerin aus?

Wenn jemand über andere Personen erzählt, erfährt man in der Regel mehr über die Persönlichkeit der erzählenden Person als über die Protagonisten in der Geschichte. Werden die Personen in der Geschichte gut aussehen gelassen oder nicht? Wird mit der Geschichte ein Geheimnis geteilt, geht es dabei um Tratsch und Klatsch? Geschichten, die erzählt werden sagen stets viel über das Wertesystem der Person und der Organisation aus, über die berichtet wird.

Die Leidenschaften der Gründerinnen und Gründer einer Firma, die oftmals chaotischen Anfangszeiten und die Krisen, denen getrotzt wurde – all das sind Geschichten voll von Werten. Für eine Führungskraft im digitalen Zeitalter besteht die Kunst darin, diese einzusammeln und medial zu inszenieren. Die Herausforderung besteht dabei hauptsächlich darin, die Vergangenheit im Lichte der Gegenwart und in Hinblick auf die zu bewältigende Zukunft neu zu interpretieren. Wenn die Geschichte der Organisation lediglich noch aus einem Zeitstrahl besteht, eine einzige Aneinanderreihung von Daten und Ereignissen, dann müssen ihr Geschichten zurückgegeben werden, bedeutungsvolle Elemente und Geschichten gefunden und wiederbelebt werden. Die wichtigen Elemente eines organisationalen Storytellings sind dabei nicht der glatte Weg an die Spitze und an die Macht, sondern die Momente des Wollens, Streits, Widerstände, Kämpfe, Rückschläge und die wichtigsten Triumpfe (oder Niederlagen) (Hurst 2012, S. 169).

6.3.4 Mit den Augen zuhören und in der Geschichte lesen

Um Geschichten erzählen oder weitererzählen zu können, müssen Führungskräfte in allererste Linie lernen zuzuhören. Was sind die Geschichten, die in der Organisation erzählt werden? Was sind die starken Geschichten der Vergangenheit? In der Regel bevorzugen Führungskräfte es, Romane, Biografien und Geschichtsbücher zu lesen, anstatt Management-Literatur. Dort finden sie in der Regel Geschichten, die realistischer und glaubhafter erscheinen (Hurst 2012, S. 244). Doch auch die Managementforschung geht mit diesem Trend mit, wenn sie z. B. untersucht, was Führungskräfte aus Klassikern der Literatur lernen können (Dreyfuss und Kelley 2014; Gosling und Villiers 2013).

Hurst beschreibt in „The New Ecology of Leadership" drei zentrale Gründe, warum Führungskräfte sich mit historischen Ereignissen beschäftigen sollten:

1. Um zu verstehen, wie aus den Kompetenzen der Akteure in der Regel effektive Strategien hervorgehen, die mit Hilfe von Technologien umgesetzt werden. Im Kern geht es auch genau darum, wenn in Organisationen geführt werden muss.
2. Außerdem können in diesen Ereignissen hilfreiche Analogien und Geschichten gefunden werden, die auch zur Erklärung von Situationen in der eigenen Organisationen hilfreich sein können. Man kann dies durchaus auch als „Erfahrungslernen durch andere" bezeichnen.

3. Darüber hinaus gibt die Beschäftigung mit historischen Ereignissen einen tiefen Einblick in die Dynamiken von möglichen Ursache- und Wirkungszusammenhängen in komplexen Systemen. Es werden individuellen und systemische/gesellschaftliche Risiken und Umbrüche thematisiert. Daraus kann ein besseres Verständnis für alltägliche Routinen, wie auch für dringende Probleme entstehen, eine bessere Unterscheidung zwischen dem Trivialen und dem Wichtigen, was eine fortlaufende Herausforderung für jede Führungskraft darstellt. Sobald Führungskräfte von Alarmsignalen aufgeschreckt werden, fällt es ihnen leichter, die Aufmerksamkeit auf das Wesentliche zu richten, auf das, was dann im Hier und Jetzt zählt (Hurst 2012, S. 230).

Doch außer von den Geschichten der Geschichte zu lernen, bietet die Beschäftigung mit gesellschaftlichen Beschreibungen auch die Möglichkeit zu erkennen und zu verstehen, welche Geschichten die eigene Wahrnehmung prägen und ggf. einschränken.

Unsere Wahrnehmung der Welt und damit auch die Art und Weise, wie wir denken und handeln, wird unbewusst durch die Grenzen unserer Vorstellungskraft gestaltet und beschränkt.

Dabei sind es oftmals die großen Geschichten, die uns in unserem Denken und Handeln erheblich prägen. Die „Großen Geschichten" der Kulturen, die besser oder schlechter sind als andere, die Idee des Fortschritts, die grenzenlosen Erdressourcen, Geschichten, wie eine Organisation zu sein hat, wozu gewirtschaftet wird, was eine Führungskraft zu tun hat. Diese Geschichten können so überzeugend sein, dass es am Ende schwer fällt, diese überhaupt als Geschichten zu erkennen. Ihre Wahrheiten sind in der Regel so tief gesellschaftlich akzeptiert, dass jegliche Kritik an ihnen bereits als subversiv gilt. Der Philosoph Michel Foucault bezeichnet diese Geschichten auch als „Wahrheitsregimes". Sie werden in dem Augenblick institutionalisiert, wo sie nicht mehr als eine von vielen Möglichkeiten erkannt werden, sondern als der Standard, an dem andere Realitäten gemessen werden (Mead 2014, S. 21).

Diese Geschichten werden auf die verschiedensten Arten reproduziert und durch ihre dauernde Präsenz ein Teil unserer Weltwahrnehmung. Besonders deutlich wird dies, wenn wir uns zwei der erfolgreichsten amerikanischen Businessfilme der letzten Jahre anschauen: „There will be Blood" mit Daniel Day-Lewis und „The Social Network" über die Entstehung von Facebook.

Ziemlich zu Beginn beider Filme gibt es einen wahrhaft ikonischen Augenblick. In dem Öl-Drama, das auf dem Klassiker „Oil" von Upton Sinclair basiert, macht der einsame Unternehmer Daniel Plainview, umgeben von anderen Glückssuchern und Helfern, inmitten der rauen Natur eine Zeichnung auf einem Stück Papier. Eine Ölbohrvorrichtung nimmt Gestalt an. Die Technologie, die dafür sorgen wird, dass bald Tausende von Glückssuchern im Boden nach Öl bohren werden. Es beginnt die Jagd nach dem Rohstoff des 20. Jahrhunderts.

Springen wir kurz zu „The Social Network". Der Film beginnt mit dem Beziehungsende von Mark Zuckerberg mit seiner damaligen Freundin. Aus Wut begibt er sich direkt an seinen Laptop, postet einige unschöne Kommentare über sie und beginnt mit dem

Programmieren einer Software, die das Vergleichen von Kommilitoninnen ermöglicht. Hot or not. Dazu muss er zum einen die Datenbanken der einzelnen Harvard-Institute hacken und benötigt zum anderen einen Algorithmus, der dies ermöglicht. Den bekommt er von seinem Mitbewohner, der diesen mit einem Stift auf die Fensterscheibe schreibt. Dieser in Kombination mit den Hacks ermöglicht es nun auch Zuckerberg an das Öl des 21. Jahrhunderts zu gelangen: Die Daten der anderen Studenten. Die Reaktionen des IT-Chefs von Harvard, das Abschalten des Zugangs von Zuckerberg und die Reaktionen der Ex-Freundin auf seine Posts machen ziemlich zu Beginn des Films deutlich: Hier werden sich auch zukünftig Fragen stellen in Hinblick auf geltendes Recht, Moral und Anstand.

Beide Filme bewahren damit den amerikanischen Gründermythos, bei dem es sich um männliche Weiße handelt, die mit einer genialen technischen Idee und deren Umsetzung am Ende zu Millionären/Milliardären werden. Allerdings gehen sie über diese einfache Darstellung auch hinaus und versuchen gleichzeitig die ethisch-moralische Komponente dieser Business-Geschichten deutlich zu machen. Wie weit gehen Menschen für ihren beruflichen bzw. wirtschaftlichen Erfolg?

Daniel Planview lässt sich sogar unter dramatischen Umständen von einem machtbesessenen Priester einer kleinen Gemeinde taufen, um sich so leichter den Grund und Boden der Menschen aneignen und dort bohren zu können. Während er vom Priester zur Absolution geschlagen und mit Weihwasser übergossen wird, sagt er die Worte: „Alles für die Pipeline."

Hier tritt ein Glaube gegen einen anderen an.

Auch am Ende beider Filme ähneln sich die beiden Geschichten, die zwar beide in Amerika, aber mit lockeren hundert Jahren Unterschied spielen. Auch das ein Hinweis darauf, wie stark und dauerhaft Geschichten und die zugrunde liegenden Kulturen sein können.

Während Zuckerberg aufgrund seines Vorgehens immer mehr Freunde verliert und neue gewinnt, die auf ähnliche Art und Weise agieren, wie er, verliert auch Planview einen vermeintlichen Bruder, den er sogar selbst ermordet und seinen Adoptivsohn, der noch nicht einmal bereit ist, das Erbe anzutreten.

Als er nun völlig desillusioniert und betrunken im Keller seines Hauses kegelt, besucht ihn der Priester Eli Sunday. Aufgrund der Wirtschaftskrise hat er keinerlei Vermögen mehr und bittet Planview um Geld, da dieser doch zur Gemeinde gehöre und so reich wäre. Er bittet ihm sogar das letzte verbliebene Grundstück an, dass er bislang nicht erwerben konnte, da der Eigentümer nicht verkaufen wollte. Daraufhin eröffnet der Millionär Planview ihm, dass es dort nichts mehr zu holen geben. Da ihm all das Land drum herum gehörte, konnte er aufgrund von Drainage auch das Öl unter diesem Grundstück fördern. Eli hätte nun nichts mehr, was er ihm bieten könne. Er ist quasi nichts mehr wert. Und um dies noch deutlicher zu machen und um seiner Wut und Trauer über den Fortgang seines Sohne freien Lauf zu lassen, schlägt er mit einem Kegel so lange auf Sunday ein, bis dieser tot auf der Bahn liegt.

Das Fördern von Öl, das eigentlich anderen gehört, sollte uns auch in Hinblick auf die Datenwirtschaft der heutigen Zeit zu denken geben.

Geschichten, darin vermittelte Haltungen und zugrunde liegende Kulturen zu verändern, ist demnach alles andere als leicht zu bewerkstelligen und womöglich eine der schwersten Aufgaben in gesellschaftlichen, aber auch organisationalen Veränderungsprozessen, die es gibt. Die vermeintliche Soft Skill Storytelling als die wahre Hard Skill. Geschichten, die schwerer zu verändern sind, als Stahl einzuschmelzen. Sich von Geschichten zu verabschieden, die bis dahin gut funktioniert haben, aber mittlerweile einfach überholt und sogar disfunktional sind, muss jedoch oberste Führungsaufgabe sein (Mead 2014, S. 26).

Hierbei können digitale Technologien einerseits hilfreich sein, aber auch im Weg stehen. Je öfter und in vielfältiger medialer Form überholte Geschichten auf verschiedenen Kanälen wiederholt dargeboten werden, umso schwieriger gestaltet es sich, alternative Geschichten zu finden und gegen den „Noise" der alten zu erzählen. Auch die Frage der Inspirationsquellen stellt sich. Wo werden andere, neue, gute Geschichten erzählt? Wie können diese in das Unternehmen geholt werden? Sind sie stark genug, die alten vergessen zu machen? Wie können die alten, disfunktionalen Geschichten zumindest geschwächt werden?

Als Führungskraft muss man verstehen lernen, wie man sich von alten Sichtweisen und alten Geschichten verabschieden kann, wenn sie nicht mehr funktionieren. Dazu ist es zum einen notwendig, crossmedial zuzuhören, offen für neue Narrationen zu sein. Zum anderen muss auch das Weitererzählen, das Übersetzen in die eigenen Kultur hinein immer wieder geübt und praktiziert werden, denn:

1. Unsere Identität, unser Selbstverständnis verändert sich nur, wenn wir unsere Geschichten verändern, die wir über uns selbst und die andere über uns erzählen;
2. Organisationen, Gruppen und Gemeinschaften verändern sich nur, wenn sich die Geschichten und die Dynamiken (z. B. gemeinsames vs. singuläres Erzählen) des Erzählens verändern;
3. Unsere Sicht auf und unsere Erfahrung der Welt verändert sich nur in dem Maße, indem wir die „Großen Geschichten" in Frage stellen und uns neue, mögliche Geschichten vorstellen können (Mead 2014, S. 27).

Hervorragende Zusammenarbeit geht aus gutem Zuhören hervor. Zum einen, um Geschichten wahrzunehmen und um deren Werte zu verstehen, aber auch um im nächsten Schritt sich selbst davon verändern zu lassen.

Der Improvisationstheater-Regisseur Keith Johnstone antwortet einmal auf die Frage, wann denn gute Improvisationstheater auf der Bühne zu sehen sei: „Wenn sich die Spieler zuhören." Auf die weitere Nachfrage, woran man denn erkennen würde, wann sich die Spieler zuhören würden, entgegnete er: „Die Spieler hören sich dann gut zu, wenn sie sich durch das Gehörte verändern lassen. Wenn sie das loslassen, was sie vorgehabt haben. Wenn sie aus dem Moment heraus agieren und das Angebot des Partners annehmen und darauf aufbauen."

Vielleicht hat es dieses Gespräch aber auch nie gegeben. Eine gute Geschichte ist sie auf jeden Fall.

6.3.5   Andere gute Gründe für Geschichten

Das Erzählen von Geschichten ist unter vielen Umständen hilfreich. Sicherlich können hier nicht alle genannt werden. Anette Simmons, eine der bekanntesten Storytelling Akteure im Business-Kontext nennt in „The Story Factor" sechs zentrale Bereiche, für die jede gute Führungskraft ihre ganz persönlichen Geschichten parat haben sollte.
Dabei geht es darum

1. „Wer bin ich?" Geschichten (Was für ein Mensch bin ich?)
2. „Warum bin ich hier?" Geschichten (Was hat mich hergebracht?)
3. „Die Vision"- Geschichten (Was sind meine/unsere Ziele?)
4. „Lehr-Geschichten" (Zur Vermittlung von Erfahrung und Wissen)
5. „Werte-in-Aktion" Geschichten (Wofür stehe ich?)
6. „Ich weiß, was ihr denkt"-Geschichten (Wir teilen ähnliche Erfahrungen und ich weiß, wie ihr euch fühlt, was euch sorgen macht und was Zuversicht! Ich bin eine(r) von euch!) (Simmons 2006, S. 4).

Diese Liste wurde vom Geschichten-Forscher und Berater Geoff Mead noch einmal ergänzt und erweitert. Hier ein Überblick über die, seiner Meinung nach, zwanzig wichtigsten:

1. *Wertschätzung gegenüber Erreichtem:* Es ist immer gut, die Geschichten derjenigen zu erzählen, die einen wichtigen Beitrag zu einem Projekt oder zum Unternehmen geleistet haben, insbesondere, wenn sie weiterziehen, in andere Unternehmen wechseln oder in den Ruhestand gehen. Geschichten über besondere Leistungen können inspirieren und das mit Leben erfüllen, was in der Organisation wichtig sein sollte.
2. *Schwerpunktsetzung:* Für wen arbeiten wir? Was sind die Erlebnisse und Erfahrungen unserer Klienten, Kunden, Patienten und Mitglieder mit uns? Ihre Geschichten erinnern uns daran, wozu unsere Einrichtung existiert. Diese Geschichten sind es, die auch anderen zeigen, wozu unsere Arbeit gut ist und was geschieht, wenn wir sie nicht gut machen.
3. *Erinnerung an die Wurzeln:* Gründungsgeschichten darüber, wie unsere Gruppe, Organisation, Institution, unsere Bewegung entstanden ist, haben ein starkes emotionales Gewicht und sorgen für Resonanz; unsere Geschichte zu kennen, hilft uns eine Zugehörigkeit zu etwas zu entwickeln, das größer ist, als wir und in dem wir eine wichtige Rolle spielen können.
4. *Ermutigen, gute Vorgehensweisen zu teilen:* Das Erzählen guter Beispiele und wertschätzende Geschichten über erfolgreiches Handeln hilft dabei, Wissen in der Organisation über „Best Practices" zu verteilen.

5. *Werte erlebbar machen:* Das Wahrnehmen von Mitarbeitern, die einen guten Job machen und das Erzählen ihrer Geschichte ermöglicht es auch anderen, darüber nachzudenken, was sie dazu beitragen könnten, dass bestimmte Werte gelebte werden.

6. *Warnung für schlechtes Verhalten:* Geschichten darüber, was schief gegangen ist lassen uns aufmerksam werden und darüber nachdenken, wie wir unsere Handeln verbessern könnten.

7. *Antizipation von Wandel und Übergängen:* In unsicheren Zeiten, kann eine Geschichte zeigen, dass „wir wissen, was zu tun ist, wenn wir nicht wissen, was zu tun ist." Und für Vertrauen sorgen. Der CEO einer Einzelhandelskette im Bereich Sportkleidung erzählte einmal eine entsprechende Geschichte über die Seeglerin Dee Caffari und wie sie ihr Boot und sich auf stürmigen Seegang vorbereitet. Dies sorgte auch bei den Angestellten dafür, dass diese sich mehr Gedanken über einen sich verschlechternden Markt machten und Ideen entwickelten, wie dem begegnet werden könnte.

8. *Die Vorstellung möglicher Zukünfte:* Darzustellen, was die Zukunft zu bringen vermag, ist eine der zentralsten Fähigkeiten einer Führungskraft. Geschichten, die mögliche Zukünfte ausmalen ermöglichen es uns, einen Sprung nach vorne zu machen und zeigen uns, was dazu notwendig ist. Je starker diese Bild der Zukunft ist, desto besser kann es uns aus der Gravitationskraft der Gegenwart herausziehen. Derartig detaillierte Szenarios zu entwickeln ist ein essentieller Teil strategischer Planung – dabei sollten wir nicht vergessen, dass jede Story über die Zukunft immer eine Fiktionale ist.

9. *Die Vorstellung von radikalen Ideen:* Eine „Was wäre wenn…"-Geschichte ist ein guter Weg, um spekulativen Ideen den Weg ins Machen zu ebenen. Diese Art des Storytelling wird in der Regel genutzt, um soziale und technologische Innovationen voran zu treiben; der japanische Entwickler des Walkman fragte sich z. B. „Was wäre, wenn ich meine Lieblingsmusik in der Öffentlichkeit hören könnte, ohne andere zu stören?"

10. *Um Menschen zu sagen, wer man ist:* Ikonische Geschichten sagen etwas darüber aus, wer du bist und warum es für andere wichtig ist, dass du da bist. Dies gilt insbesondere für Menschen mit Führungsanspruch. Das 1992 veröffentlichte Video von Bill Clinton „The Man from Hope" ist mittlerweile ein klassisches Beispiel für diese Art von Storytelling für jemanden auf der Weltbühne. Aber auch für kleinere Bühnen macht es durchaus Sinn, sich zu überlegen, warum man dort steht – und stehen sollte.

11. *Das Teilen von Hoffnungen und Träumen:* Diese Geschichten sind Erweiterungen der „Wer man ist" Geschichten. Sie verlangen den Willen dazu, sich zu entblößen und Verwundbarkeiten zu zeigen – es gibt nur wenig andere Dinge, die sensibler zu handhaben sind, als unsere Hoffnungen und Träume für die Zukunft. Um dies zu tun, muss man sich selbst und die eigenen Werte sehr gut kennen, da es dabei ganz zentral darum geht, Klischees, Allgemeinplätze und bloße Absichtserklärungen zu vermeiden.

12. *Hilfreiche Verbindungen herstellen:* Wenn wir Geschichten über Menschen erzählen, die wir bewundern – unsere Helden oder Heldinnen – begeben wir uns ihre Nähe und in die ihrer Qualitäten. Wir nehmen dabei nicht in Anspruch, so zu seien wie sie. Wir sollten lediglich damit aussagen, dass wir gerne mehr wie sie sein würden. Barack

Obama nutzte solche Geschichte z. B. in Hinblick auf Präsident Kennedy und Martin Luther King.

13. *Wir sitzen alle in einem Boot!:* Authentische, persönliche Geschichten die das eigene Schicksal mit denen verbindet, die sich ebenfalls einbringen müssen, ist eine kraftvolle Möglichkeit, gemeinsame Sache zu machen. Shakespeare gibt uns dafür eine wundervolle, dramatische Version, als er Heinrich den V. bei seinem Kampf in Agincourt bei seinen Männern bleiben lässt, als dieser vom Franzosen gefragt wird, ob er nicht doch lieber aufgeben und den sicheren Tod vermeiden wolle. Heinrich weißt dieses Angebot zurück.

14. *Erfahrungen einordnen:* Wenn jemand aufgrund eines Erlebnisses überrascht ist, erfreut, verstört, ängstlich oder verärgert, kann es durchaus Sinn machen, darauf mit einer Erzählung über eine eigene Erfahrung zu reagieren, die ein ähnliches Erlebnis verdeutlicht. Das Teilen ähnlicher Gefühle kann helfen, Erlebnisse zu relativieren oder auch zu bestärken.

15. *Andere ermutigen, ihre Geschichten zu erzählen:* Wir wissen, dass das Hören von Geschichten einen auch gerne dazu bringt, eigene Geschichten zu teilen. Also macht es durchaus Sinn, auch andere dazu einzuladen, ihre Erfahrungen und Geschichten zu teilen – mithilfe einer eigenen Geschichte.

16. *Den Elefanten im Raum benennen:* Eine allegorische Geschichte kann Themen entpersonalisieren und gibt Menschen die Möglichkeit, schwierige Themen und zwischenmenschliche Konflikte anzugehen. Womit ist die Situation vergleichbar, über die geredet werden soll?

17. *Entschuldigungen, Einsicht zeigen:* Eine vorbehaltlose Entschuldigung anzubieten ist nicht das Gleiche wie „Es tut mir leid." zu sagen. Und zu sagen, dass es einem leid tut ist ebenfalls etwas anderes, als zu zeigen, dass es einem leid tut. Unverzügliches Handeln und eine sofortige Wiedergutmachung zeigt, dass wir die Verantwortung für unser Handeln übernehmen und das wir aktive Schritte uns und unser Handeln zu verbessern. Was können wir darüber sagen?

18. *Tragische Ereignisse und Desaster ansprechen:* Im Angesicht von Tragödien, Katastrophen ergeben sich die menschlichen Notwendigkeiten nahezu von selbst. Bei einer schweren Krankheit, bei Trauer, Verlassen werden und Unfällen müssen wir Geschichten über unsere Erfahrungen teilen. Dann brauchen wir die liebevolle Aufmerksamkeit von Freunden und Kollegen und wir nehmen uns die Zeit zu sagen, was gesagt werden muss.

19. *Um etwas in Erinnerung zu behalten:* Wenn uns etwas so wichtig ist, dass andere Menschen es auch mit Sicherheit wahrnehmen und behalten, macht es vielmehr Sinn, darüber eine persönliche Geschichte zu erzählen, als lediglich die Menschen darauf hinzuweisen, dass uns das wichtig ist. Als Geoff Mead als Berater für eine Öl und Gas Firma arbeitete, begann jedes Meeting mit einer Geschichte, die die Gesundheit und die Sicherheit der Mitarbeiter betraf, damit alle im Raum stets an die Risiken der petrochemischen Industrie erinnert wurden.

20. *Um uns und andere zu unterhalten:* Natürlich brauchen wir nicht immer einen Grund, um eine Geschichte, Klatsch und Tratsch oder Witze zu erzählen. Sie können auch einfach nur sehr unterhaltsam sein. Wir sind Geschichten erzählende Wesen, wir können einfach nicht anders, als Geschichten zu erzählen. Und wenn sie gut erzählt sind, lieben wir es auch, sie einfach nur zu hören (Mead 2014, S. 172 ff.).

Eine andere, zentrale Geschichte, die im Kontext von Wirtschaft oftmals eher indirekt erzählt wird, ist die Rolle des Geldes. Was ist Geld für uns und unsere Organisation? Welche Rolle spielen die Finanzen in Hinblick auf unsere Unternehmenskultur? Was für eine Macht übt das Geld auf unsere Ziele und Zielsetzungsprozesse aus? In welchen Formen, z. B. Kennzahlen, Effizienzen etc. tritt das Geld in Erscheinung? Wie offen sprechen wir über Geld?

Oftmals werden diese Fragen eher implizit beantwortet. Durch Ereignisse, die exemplarisch für den Umgang mit Geld stehen. Geschichten über Entlassungen, über die Wertigkeit der Gewinnerwirtschaftung über andere Werte und Ziele. Oder die Unterordnung. Geschichten über Insolvenzen, ausstehende Gehälter oder Boni. Wobei in vielen Fällen immer noch der Satz stimmt: „Über Geld spricht man nicht." Jedenfalls nicht direkt.

Unsere Erfahrung ist jedoch, dass ein offener Umgang mit Geldfragen in einer Organisation viel verändern kann. Schließlich geht es bei der narrativen Führung im Sinne einer Führung mit Hilfe von Geschichten nicht um ein Spin-Doctoring. Auch wenn Storytelling gerne als strategisches Führungsinstrument zur Beeinflussung der Mitarbeiter und der Unternehmenskultur eingesetzt wird, so ist doch auch klar, dass man mit diesem Instrument keine einfachen Input-Output Ergebnisse erreichen kann. Geschichten können verschieden interpretiert werden. Sie können Reaktionen auslösen, die man nicht antizipieren kann und auf die dann wiederum zeitnah reagiert werden muss. Geschichten decken auf, sie emotionalisieren und helfen dabei Werte abzugleichen. Nur in seltenen Fällen können damit Werte, nach denen zu handeln ist, direkt platziert werden (Schmieja 2014).

Daher braucht Storytelling auch ein gesundes Maß an Mut, Integrität, Authentizität und Storytellingkompetenz seitens der Führungskraft, die diese Methode einsetzt. Neben dem professionellen Einsatz digitaler Technologien geht es im Kern beim Storytelling um das Etablieren einer Erzählkultur in der Organisation. „Cultivating oral culture means that we take a new pleasure in simple conversation, becoming gradually more aware of the sonorous qualities of our voice and the audible sound-spell of our speaking" (Abram 2011, S. 291).

Praxisbeispiel

„Entschuldige, Max, ich habe leider keinen PC …
… mit Internet zu Hause, zeig mir den E-Mail Abruf am Touchscreen bitte erneut Schritt-für-Schritt". Diese Aussage im Jahr 2003 von einem unserer besten Röntgen-Prüfer (GenX) für die zerstörungsfreie Bauteil-Kontrolle riss mich kurz vom Stuhl.

Damals war für mich (GenY) Internet auf einem Smartphone bereits in voller Nutzung alltäglich. Sie können daher meinen erstaunten Gesichtsausdruck sicher nachempfinden. Natürlich gingen wir erneut die Schritte step-by-step zur Zufriedenheit meines Kollegen durch, jedoch wurde mir schlagartig bewusst: Die von mir budgetierte Schulungszeit, welche ich in meinem damals ersten großen IT-Projekt (Implementierung eines webbasierten Dokumenten Management Systems bspw. für Prüfanweisungen inkl. E-Mail Funktion an allen Prüfanlagen) vorgesehen hatte, würde ich für alle 60 weiteren Kollegen kaum einhalten können.

In 2015 nichts Neues?

Ich glaube, auch 10 Jahre später lautet die Antwort: Nein! Denken Sie nur an teils unerwartet aufflammende Diskussionen via E-Mail, bei denen gefühlt das halbe Unternehmen in CC gesetzt wurde. Mein persönlicher Favorit ist eine Initiations-E-Mail mit „… wir sollten irgendwann…". Richtig, wenn die Aufgabe irgendwie nur scheinbar eher zu einer anderen Abteilung passen könnte, werden alle Empfänger das „wir" definitiv nicht auf sich beziehen. Angenehm abrundend wird das „irgendwann" mangels klarer Fälligkeit maximal eine nutzlose E-Mail Welle auslösen. Die Lösung war für uns ein Cloud-System, indem die Diskussionen in einer online Textverarbeitung stattfinden. Hier können bis zu 50 Kollegen in Echtzeit einen gemeinsamen Konzept-Text verändern und sehen dabei einander mit ihrem Gesicht auf dem in ihrer jeweils eigenen Farbe blinkendem Cursor. So können Ergebnis fokussierte Projekte sowie plötzlich auftretende Herausforderungen standortunabhängig als Team überraschend schnell abgestimmt werden. Notfalls können auch mittels „+Kommentaren" weitere benötigte Kollegen zu bspw. spezifischen Absätzen oder Rückfragen mit einbezogen werden. Zu Beginn des Workflows verteilt hierbei die Software automatisch via E-Mail lediglich den Link auf das Text- oder Tabellenblatt an das Projektteam. Die Zuständigkeiten als auch Fälligkeiten hält das System fest im Blick sowie erstellt es den Abschluss-Bericht. Hierbei wird das verwendete Zeit- und Ressourcenbudget inkl. dem Feedback des Teams untereinander abgebildet, um den Projekterfolg auch zu würdigen. Die nachweislich gesparte Zeit an teils oft inzwischen veralteten E-Mail-Mengen kann somit in gezielt persönliche Meetings fließen, um komplexe Aspekte bewusst entfernt vom Bildschirm schnell zu lösen.

Fazit

Mit meinen 31-Jahren erlaube ich mir als Geschäftsführer nicht, von großer Erfahrung sprechen zu können. Falls Sie mich dennoch nach einem Tipp fragen: Spielen Sie mehr mit der Mannschaft, bis die Systeme noch menschlicher bzw. geführter werden und sparen Sie sich aufwendige Schulungsskripte mit Screenshots. Konkret: Gezielte interne Workshops, die auf die einzelnen Abteilungen zugeschnitten sind, sowie ein wöchentliches Meeting zu aktuellen Problemstellungen mit jeweils einem wechselnden

Sprecher je Abteilung am Besprechungstisch. Diese Sprecher tragen die gemeinsam erarbeiteten Neuerungen, welche in der globalen Wissensdatenbank (internes Wiki) zusätzlich nachlesbar sind, mit persönlich motivierender Note in die Abteilungen.

Literatur

Abram, D. (2011). *Becoming animal. An earthly cosmology*. London: Vintage.

Dryfuss, H., & Kelley, S. D. (2014). *Alles was leuchtet – Wie große Literatur den Sinn des Lebens erklärt* (2. Aufl.). Berlin: Ullstein.

Gosling, J., & Villiers, P. (2013). *Fictional leaders – Heroes, Villains and absent friends*. New York: Palgrave Macmillan.

Harper, H. R. (2010). *Texture – Human expression in the age of communication overload*. Cambridge: MIT Press.

Hildebrandt, M., Jehle, L., Meister, S., & Skoruppa, S. (2013). *Closeness at a distance – Leading virtual groups to high performance*. Oxfordshire: LIBRI Publishing.

Hurst, D. K. (2012). *New ecology of leadership – Business mastery in a chaotic world*. New York: Columbia Business School Publishing.

Künzel, C., & Hempel, D. (2011). *Finanzen und Fiktionen. Grenzgänge zwischen Literatur und Wirtschaft*. Frankfurt a. M.: Campus.

Mead, G. (2014). *Telling the story – The heart and soul of successful leadership*. San Francisco: Jossey-Bass.

Schmieja, P. (2014). *Storytelling in der internen Unternehmenskommunikation – Eine Untersuchung zur organisationalen Wertevermittlung*. Wiesbaden: Springer Gabler.

Siefers, W. (2015). *Der Erzählinstinkt – Warum das Gehirn in Geschichten denkt*. München: Hanser.

Simmons, A. (2006). *The story factor – Inspiration, Influence, and persuasion through the art of storytelling*. New York: Basic Books.

Spinnen, B. (2008). *Gut aufgestellt. Kleiner Phrasenführer durch die Wirtschaftssprache*. Freiburg: Herder.

Führung verkörpern

7

Zusammenfassung

Eine zentrale Gefahr hybrider Führung besteht in der physischen und psychischen Überlastung durch digitale Informationsverarbeitung und die hochgradig abstrakte Orchestrierung virtueller Zusammenarbeit. Daher ist es insbesondere für die Führung im digitalen Kontext wichtig, sich seiner körperlichen Signale, Wissens- und Gedächtniskapazitäten bewusst zu sein und diese entsprechend einzusetzen. Hierbei sind insbesondere hinderliche, mentale Muster zu erkennen und eine aufmerksame Sorgfalt zu kultivieren. Autonomie und Selbststeuerung sind insbesondere in Zeiten komplexer Abhängigkeiten professionell und gegebenenfalls mit externer Hilfe zu entwickeln. Nicht nur an der Spitze einer Organisation kann sich eine Führungskraft einsam fühlen – auch im Zentrum eines Netzwerkes. Dies gilt es aushalten zu können – auch für die eigenen Autonomieentwicklung. Am Ende geht es um eine körperliche und geistige Erdung für das professionelle Agieren im Virtuellen.

© Springer-Verlag Berlin Heidelberg 2016
M. A. Ciesielski, T. Schutz, *Digitale Führung*, DOI 10.1007/978-3-662-49125-6_7

7.1 Hybrid mit allen Sinnen

Bei der Nutzung digitaler Informations- und Kommunikationstechnologien kommen maximal zwei unserer Körpersinne zum Einsatz, im Falle von Touchscreens und Eingabemedien unter Umständen noch ein in seinem Möglichkeiten stark eingeschränkter dritter. Sehen, Hören und Tasten – das sind die drei Sinnesbereiche, die von den digitalen Medien primär angesprochen werden. Schmecken, Riechen und der Gleichgewichtssinn, also fundamental körperliches Erleben werden nicht einmal im Ansatz bedient.

Es ist interessant zu beobachten, dass wir diese sinnliche Amputation anscheinend im Arbeitsalltag kaum wahrnehmen. Sobald wir unser Augenmerk allerdings darauf richten, wie wichtig diese Sinne zumindest im Sprachgebrauch sind, sollten wir aufmerksam aufhorchen.

„Das schmeckt mir nicht!", „Den kann ich nicht riechen!", „Jetzt habe ich es begriffen!", „Versuch doch mal deinen Standpunkt zu verändern!", „Lassen Sie uns doch mal eine andere Position einnehmen!", und viele andere Ausrufe zeigen, wie sehr wir Wissen, Einschätzungen, Bewertungen und den Umgang mit anderen Menschen über den Körper und dessen sinnliche Vielfalt erleben. Was geschieht nun in einem Umfeld, in dem systematisch einige zentrale Wahrnehmungsarten ausgeschlossen und anscheinend auch in naher Zukunft nicht vorgesehen sind? Und wieso ist dies der Fall? Sicherlich spielt hier auch die Überbewertung rationaler, geistiger Arbeitsvorgänge eine zentrale Rolle. Wenn wir nur dem glauben, „was wir mit eigenen Augen sehen!" und den abstrakten und logischen Ableitungen mehr Vorrang geben gegenüber anderen sinnlichen Wahrnehmungen, dann gestalten wir mit Sicherheit auch unsere Arbeitsumgebung entsprechend – bewusst oder unbewusst.

Mit dem zunehmenden Einfluss der Kirche und Philosophen wie Descartes wurde geistigen Prozesse gegenüber den körperlichen, fühlenden Vorrang gegeben. Geruch und Geschmack wurden maximal als niedere Wahrnehmungsmöglichkeiten des menschlichen Körpers betrachtet. Doch spätestens seit den neuesten Forschungsarbeiten von Neurologen wie Antonio Damasio wissen wir, dass der Körper erhebliches Wissen „verkörpert" – mit all seinen Gefühlen, Geschmäckern und Geräuschwahrnehmungen (Damasio 2000).

„Der wahrnehmende Körper ist keine programmierte Maschine, sondern eine aktive und offene Gestalt, die unablässig ihre Beziehung zu den Dingen und zur Welt improvisiert. Die Handlungen und Beschäftigungen des Körpers sind nie völlig determiniert, da sie sich beständig auf eine Welt und ein Terrain einstellen müssen, die sich selbst fortwährend wandeln" (Abram 2012, S. 69). So muss das auch sein für eine komplexe Antwort auf die Welt, in der wir heute leben und arbeiten. Allerdings bieten uns die technologischen Möglichkeiten nur einen eher beschränkenden Zugang zu diesen Möglichkeiten unserer Körpers.

Dies ist durchaus kritisch zu sehen: „Der Körper begrenzt nicht meinen Zugang zu den Dingen und zur Welt, sondern ermöglicht mir erst, mit allem in Beziehung zu treten" (Abram 2012, S. 66). Während uns also unsere physischen Körper einen sehr umfangreichen Zugang zur Welt ermöglichen, wirken die digitalen Medien eher wie ein Filter, der in zweierlei Richtungen wirkt: Zum einen lassen sie nur die Informationen zu uns durch, die wir primär hören und sehen können, während die vielfältigen Ausdrucksmöglichkeiten unsere Körper kaum durch die einschränkenden Eingabewerkzeuge zum Einsatz kommen können.

Doch gerade in Zeiten zunehmender Irritationen, Widersprüchlichkeiten und Überraschungen brauchen wir Formen der Orientierung, die über reines, rationales Planen und effizientes Handeln hinausgehen. Der Mensch orientiert sich auf eine hoch komplexe Art und Weise. Was sonst, sollte eine Führungskraft interessieren, als die Frage nach Orientierung. Schließlich setzt ja Führung eine Richtung voraus. Allerdings kann man natürlich von Anfang an planen, im Kreis zu gehen – dann spart man sich wenigstens den Rückweg.

Je weniger eine Führungskraft jedoch Orientierung geben kann, aufgrund von medialer Ein- und Beschränkungen, muss er oder sie es ja zwangsläufig mit der Angst zu tun bekommen, der Situation nicht mehr Herr oder Frau zu sein. Martin Urban beschreibt in „Wie der Mensch sich orientiert", wie ausdifferenziert und anspruchsvoll wir uns durch das Leben bewegen (Urban 2008). Dabei geht es uns durchaus darum, die Welt mit allen unseren Sinnen erfahrbar zu machen und uns den sinnlichen Angeboten entsprechend zu öffnen – neugierig, wie wir nun einmal sind. Neben den Düften, und den Geschmäckern kommt auch ein Sinn dazu, der häufig vernachlässigt oder gar nicht erst wahrgenommen wird: Der Gleichgewichtssinn.

Dieser hilft uns dabei, sich im Raum bewegen zu können. Wir erleben durch ihn, was oben und unten, links und rechts ist und wo wir uns mit unserem Körper im Raum in Relation zu anderen Gegenständen befinden – ergänzt durch den Seh- und Hörsinn. Wir haben durch den Gleichgewichtssinn einen Standpunkt. Stehen für etwas. Womöglich bereitet uns die Frage von Richtig und Falsch im digitalen so viel Probleme, weil wir uns dort nicht räumlich positionieren können. Wir können das digitale im wahrsten Sinne des Wortes nicht begreifen. Da helfen auch keine Touchscreens oder Mäuse.

Wenn wir nun also das Digitale nur reduziert sinnlich finden können, ist es umso wichtiger, unser Körperwissen an anderen Stellen in Orientierungs-, Entscheidungs- und Führungsprozesse hinein zu holen – sei es im Rahmen von Social Prototyping in Form von eigenen Erkundungsreisen in das Wissen des Körpers. Hier kommt auch noch einmal das professionelle Geschichtenerzähler zum Zuge, denn „Die Qualität einer Geschichte misst sich daran, ob sie Sinn ergibt. […] Sinn ergeben heißt, die Sinne beleben. […] Es bedeutet, mit wachen Sinnen im Hier und Jetzt sein" (David Abram 2012, S. 271).

Spätestens hier sollte es überraschen, dass wir nicht nur ein Gehirn im Körper haben.

Ähnliche neuronale Verschaltungen wie in unserem Gehirn finden sich um unser Herz und dem Darmtrakt entlang. Wieder so ein Bereich, mit dem man nicht denken möchte, es aber ganz zwangsläufig tut. Insbesondere unser Verdauungsapparat erinnert uns daran, wie wichtig Verdauungsprozesse für die Nahrungsaufnahme sind. Wie viel Zeit nehmen wir uns für das Verdauen von Informationen? Wieviel Junk-Info nehmen wir auf und was macht gute, reichhaltige Information aus? Was für eine Art und Weise der Informations- und Wertevermittlung brauchen unsere Körper, um mit ihnen optimal arbeiten zu können?

Da digitale Führung heißt, mit digitalen Daten zu arbeiten, diese zu verarbeiten und zwar nicht nur visuell, sondern eben auch kognitiv, emotional und gemeinschaftlich, müssen wir uns auch auf einer körperlichen Ebene mit dem Digitalen auseinander setzen.

7.2   Das Körpergedächtnis als Körperserver

Wenn wir einer komplexen, hochdynamischen Arbeitswelt adäquat begegnen wollen, macht es wohl kaum Sinn, die eigene Komplexität zurückzufahren, gar nicht erst wahrzunehmen oder zu simplifizieren. Wir müssen uns mit unseren gesamten geistigen und körperlichen Möglichkeiten den Herausforderungen des digitalen Zeitalters stellen.

Wie bereits im Kap. 3.1 erwähnt, ist es durchaus überlegenswert, dass der Mensch im Zeitalter der maschinellen Intelligenzen und Effizienzen zum Provozierenden, unberechenbaren und somit innovierenden Element wird. Im Zentrum stehen dabei die Spontaneität und das Spiel. Auf dieser Grundlage kann sich eine authentische Arbeitsweise zwischen Entspanntheit/Gelassenheit und Konzentration entwickeln. Dies ermöglicht den Zugriff auf verschiedene Gedächtnisformen, die es uns ermöglichen, unseren vielfältigen Möglichkeiten entsprechend zu handeln. In der theatertheoretischen und theaterpädagogischen Literatur finden sich Begrifflichkeiten, die es uns erlauben zwischen vier Arten des Gedächtnisses zu unterscheiden: Dem kognitiven, emotionalen, sensorischen und dem Körper- bzw. Leibgedächtnis (Duderstadt 2003, S. 24).

Das kognitive Gedächtnis versorgt uns mit Fakten, Informationen – erinnertem Wissen; das emotionale Gedächtnis lässt uns Gefühle erinnern, beispielsweise Langeweile, Trauer und Freude; das sensorische Gedächtnis Eindrücke aus den fünf Sinnesbereichen; während das Körpergedächtnis, das immer im Zusammenhang mit dem sensorischen Gedächtnis gesehen werden muss, Erinnerungen aus der kinästhetischen Sphäre und der des Gleichgewichtssinns bewahrt (Duderstadt 2003, S. 59). Diese Gedächtnisarten bieten unterschiedliche Zugangsmöglichkeiten zu dem gesamtheitlich in uns zugänglichen Wissen. Vieles davon ist eher unbewusst gespeichert und kommt maximal spontan und unter bestimmten Umständen zum Vorschein, lässt sich in Form von Baugefühlen oder spontanen Handlungen ausdrücken.

Die Körperwahrnehmung findet stets in der Gegenwart statt. Sicherlich kann ich mich an Gefühle, Emotionen und andere körperliche Zustände auch aus der Vergangenheit erinnern oder zukünftige Emotionen antizipieren – der Prozess des Wahrnehmens selbst findet jedoch stets hier und jetzt statt. Unser Körper ist es, der uns mit Informationen über eine Situation versorgt, die wir gerade erleben. Ist sie angenehm oder nicht? Stellt sie eine Gefahr dar oder nicht? Wie wird mein Fachwissen angenommen? Je nachdem auf welche Situation wir treffen, findet die Bewertung in unserem Körper statt. Entweder es läuft uns kalt den Rücken runter, wir verkrampfen, entspannen oder erstarren. Der Körper kennt eine Vielzahl an Reaktionsmöglichkeiten auf Situationen, in die wir uns hinein begeben. Doch wie steht es um das bewusste Wahrnehmen eben jener Reaktionen? Wie sehr haben wir es gelernt, auf unsere innere Stimme zu hören? Vertrauen wir ihr? Wo sitzen die wichtigen Impulsgeber im Bauch und wie gut sind sie? Auch hier ist es die Kunst des Zuhörens, die uns weiterbringt. Nur sind es in diesem Falle keine externen Dritten, sondern wir selbst, dem wir zuhören und auf den wir achten.

Basierend auf unserer Wahrnehmung tritt ein mehr oder weniger ausgeprägter Imaginationsvorgang ein, der uns hilft, aus den wahrgenommenen, sinnlich emotionalen Eindrücken ein kommunizierbares Bild, eine Metapher, einen Satz oder eine ganze Geschichte zu machen, die wir mit andere Teilen. Je intensiver unser Erleben, umso stärker auch die Imaginationskraft, die zur Orientierung, Entscheidungsfindung oder einfach nur zur Information dienen kann. Durch Imagination und körperlich-sprachlicher Ausdruck, wird das Wissen auch an andere verteilt.

Welches körperliche Wissen allerdings zum Einsatz kommt, kann immer auch von den jeweiligen Umständen, der Situation, also auch die zufällige Konstellation der Umstände bestimmt werden. So kann es sein, das ein bestimmtes Verhalten eines Kollegen, eine Stimme am Telefon oder eine E-Mail, die wir bekommen, einen bestimmten Zustand bei uns auslösen, auf den wir nicht immer unbedingt bewusst reagieren. Gleiches gilt auch für komplexere Handlungssituationen, mit denen wir konfrontiert werden, wenn wir z. B. technologische Entscheidung treffen müssen, seien diese strategischer oder einfach nur rein operationaler Natur. Spätestens hier greifen unsere Intuition und unsere Emotionen als Entscheidungshelfer.

Was wäre Führung ohne Intuition? Insbesondere im digitalen Zeitalter, den Erreichbarkeiten und schnell wechselnden Entscheidungssituationen und Rollenanforderungen. Der am Max-Planck-Institut für Bildungsforschung arbeitende Psychologe Gerd Gigerenzer verwendet die Begriffe „Bauchgefühl", „Intuition" oder „Ahnung" austauschbar, um ein Urteil zu bezeichnen,

• das rasch im Bewusstsein auftaucht,
• dessen tiefere Gründe uns nicht ganz bewusst sind und
• das stark genug ist, um danach zu handeln (Gigerenzer 2007, S. 25).

Diese Impulse zum Handeln haben wir häufiger als wir denken, neigen allerdings dazu diese zumeist im Nachhinein zusätzlich zu rationalisieren und gut zu begründen – sofern wir gefragt werden. Meist sind uns die wirklichen Gründe allerdings nicht wirklich bewusst.

Bauchgefühle sind das, was wir erleben. Sie tauchen rasch im Bewusstsein auf, wir verstehen nicht ganz, warum wir sie haben, aber wir sind bereit, nach ihnen zu handeln (Gigerenzer 2007, S. 57). In der Regel resultieren sie aus Faustregeln, sogenannten Heuristiken, die sich z. B. auf die Gedanken anderer Menschen bezieht, auf wahrgenommene Blicke und bestimmte Produkt- oder Technologieeigenschaften. Diese Faustregeln werden in bereits sehr jungen Jahren aufgrund der wahrgenommenen Umweltstrukturen ausgebildet (Gigerenzer 2007, S. 57).

Was in Hinblick auf die digitale Führung wichtig ist, ist, dass gute Intuition nicht zwangsläufig logisch ist. Gigerenzer bringt dazu das Beispiel von einem Versuchsleiter, der den Teilnehmer auffordert, die Hälfte des Wassers in einem Glas in ein anderes zu gießen und das halbleere Glas an den Tischrand zu stellen. Welches Glas nimmt der Teilnehmer?

Die meisten entscheiden sich für das Glas, das vorher voll war. Als andere Teilnehmer aufgefordert wurden, das halbvolle Glas zu bewegen, wählten die meisten das zuvor leere Glas. Das Experiment zeigt, dass die sprachliche Form Zusatzinformationen zur Dynamik der Situation enthält, welche die Menschen spontan verstehen (Gigerenzer 2007, S. 110). Von derartigen, subliminal zusätzlich wahrgenommenen Information wimmelt es nur so in der heutigen, digitalen Welt und ihren vielfältigen Vernetzungsmöglichkeiten mit anderen Menschen, aber auch den Einsatzmöglichkeiten diverser Technologien.

Das erklärt auch die Beliebtheit der Fehlerkultur, ja sogar „Kultur des Scheiterns" in der Startup Szene. In einem sich derartig schnell verändernden technologischen Umfeld, gilt es schnell Heuristiken darüber zu entwickeln, was funktioniert und was nicht. Dies kann nur damit einhergehen, dass fortlaufend per trial and error einerseits geforscht wird, unbewusst aber auch Heuristiken darüber entwickelt werden, was funktioniert und was nicht. Somit kann uns unser Körpergedächtnis als Server, als biologischer Helfer dienen, im digitalen Zeitalter, mehr Informationen zu verarbeiten und bessere Entscheidungen zu treffen.

7.3   Die Macht mentaler Muster

> Aufmerksamkeitsprozesse modifizieren die Sensitivität für Reize (nicht nur visueller Art) und fokussieren die Wahrnehmung, indem sie die Koordination zwischen den visuellen Bahnen erleichtern. Umgekehrt können mentale Inhibitionsprozesse so weit gehen, dass wir etwas, was wir nicht sehen wollen, faktisch ausblenden oder nicht sehen können. […] Wir sehen, so könnte man sagen, nicht nur mit den Augen, sondern mit Hilfe unseres Gedächtnisses. Wahrnehmung ist eine aktive Konstruktionsleistung unseres Gehirns. (Haken und Schiepek 2006, S. 179)

Und diese aktiv konstruierten Wahrnehmungsmuster werden an mehreren Stellen im Gehirn mit unterschiedlichen „Zusatzinformationen" abgespeichert. Dies macht aus folgendem Grund biologisch Sinn: Wenn Sie damals wie heute in eine lebensgefährliche Situation kommen und überleben, hat ihr Gehirn während dieses Stresszustandes extrem viel gespeichert, was in dieser ungünstigen Situation auftrat, beispielsweise das Quietschen der Autoreifen von dem Auto, was Sie beinahe überfahren hätte. Wenn Sie jetzt wieder quietschende Autoreifen hören, werden Sie sofort in einen Alarmzustand versetzt, da Ihr Gehirn eine ähnliche Situation erwartet. Kam wieder ein Auto, wieder überlebt, okay: Das Muster wirkt. Kam kein Auto, auch okay, da auch nicht tot. Sie werden nur allmählich das Quietschen als nicht-bedrohlich überlernen, da es für Sie immer von Vorteil ist, lieber einmal mehr alarmiert zu sein als tot.

Mit nicht ganz so dramatischen Wahrnehmungsmustern verhält es sich ähnlich: Man hat ein Set an Mentalen (Verhaltens-)Mustern im Kopf, die sich in der Vergangenheit bewährt haben. Werden jetzt Reize wahrgenommen, die in diese etablierten Erfolgsmuster passen, werden auch die hiermit verknüpften anderen Gedächtnisinhalte aktiviert. So weit, so gut. Wiederholt sich dies, kann es mit zunehmender „Nachlässigkeit", ob auch die anderen Wahrnehmungsinhalte des Erfolgsmusters auftreten oder nicht, dazu kommen, dass man immer früher denkt, das „richtige" Muster erkannt zu haben. Man schaut gar nicht mehr richtig hin, denn es ist ja immer wahrscheinlicher. Oder?

Dies geht solange, bis die routinierten Erwartungsmuster gebrochen werden: „Life is always breaking our mental models. We are continually being surprised by events and

by people who do not meet our experience. After all these years, we thought we knew
our spouse completely; then he does something that makes us realize his reality contains
things we had not yet mapped. [...] Mental models tamp a lot down, keeping information
out of our awareness" (Butler 2007, S. 41). Die Frage bleibt, wer hat jetzt wen unter Kontrolle? „Normally, our thoughts have us rather than we having them" (Bohm 1994).

Reden ist Schweigen, Silber ist Gold: Es gibt nur eine Richtigkeit – die Eigene

> „Jeder kann sagen, was ich will': Eine Aussage, die dem Fußballtrainer Otto Rehhagel zuge-
> schrieben wird (Wüthrich et al. 2009, S. 284).

Wenn man sich mit dem Begriff der Wirklichkeit und Paul Watzlawick beschäftigt – beispielsweise mit seinem Buch „Wie wirklich ist die Wirklichkeit" (2009) – oder mit „den
biologischen Wurzeln menschlichen Erkennens" (Maturana und Varela 2009), kann man
sich schnell mit der Richtigkeit der Aussage anfreunden, dass ein jeder mit seinem eigenen Gehirn sich seine eigene Wirklichkeit für sich wirklich konstruiert. Wenn dem so ist,
was bedeutet dies für unser Thema?

Wie wir im Weiteren sehen werden, ist das Auftreten von defensivem Lernverhalten
weit verbreitet und einer unserer inneren „Schweinehunde": „Um besser verstehen zu
können, wie das Abwehrverhalten beibehalten wird, müssen wir untersuchen, wie die
Menschen argumentieren. [...] Eine weitere Eigenschaft von defensivem Argumentieren
ist, daß Personen Schlußfolgerungen ziehen und behaupten, daß sie richtig seien, dabei
aber sicherstellen wollen, daß die einzige Möglichkeit, diese Schlußfolgerungen zu überprüfen, darin besteht, ihre eigene Logik zu verwenden" (Argyris 1997, S. 64 f).

Wie bei Kindern mit Rechenschwäche und ihrer eigenen Logik, kann es auch hier zielführend sein, nicht nur permanent zu erklären, dass man einen Fehler entdeckt habe und
dass dies zurückzuführen ist, auf eine eigene, nicht-nachvollziehbare Logik – was ja mehr
oder weniger bekannt und zu erwarten ist –, sondern vielmehr einen möglichen praktikab-
len Umgang mit der Aufrechterhaltung dieser Logik zu beleuchten, denn eine Aufgabe
der eigenen konstruierten Wirklichkeit ist nur in Extremsituationen wahrscheinlich. Also,
nicht traurig sein und in den Tisch beißen, bei manchen Persönlichkeitsprägungen hilft
es, „nur" die betriebliche Arbeitsfähigkeit aufrechtzuerhalten. Was manchmal schon eine
Herkules-Aufgabe an sich sein kann. Zumal in global verteilten Teams die Überprüfbar-
keit und das ‚Angleichen' von Wirklichkeiten eher schwierig ist. Auch das Einfühlen in
andere Kulturen kann manchmal mitunter so schwierig, dass dies, ohne eine Zeitlang in
diesen gelebt zu haben, nicht gelingen kann. Wer welche Wirklichkeiten hat und ob man in
allen Wirklichkeiten übereinstimmt, ist manchmal einfach nicht so wichtig. Denn Reden
ist Schweigen, Silber ist Gold. Richtig. So iss's.

Abschließend noch eine fast schon zum kollektiven Gedächtnis zu zählende 'Richtigkeit': „Haben Sie schon mal etwas von der 80/20-Regel gehört? Sie ist die Signatur
eines Power Laws und der Ausgangspunkt von allem. [...] Die 80/20-Regel ist nur eine
Metapher, keine wirkliche Regel, schon gar kein festes Gesetz. In der US-amerikanischen
Buchbranche sind die Verhältnisse eher 97/20 (das heißt, 97 % des Buchabsatzes entfallen
auf 20 % der Autoren). Bei der literarischen Nonfiction sieht es noch schlimmer aus (20

Bücher von beinahe 8000 repräsentieren die Hälfte des Absatzes). [...] In manchen Situationen kann es eine Konzentration vom 80/20-Typ geben, mit sehr vorhersagbaren und verfolgbaren Eigenschaften, so dass eine klare Entscheidungsfindung möglich ist [...]. Im Verlagsgeschäft dagegen weiß man nicht schon vorher, welches Buch ein Knüller wird" (Taleb 2008, S. 286).

Diese „Richtigkeit", die bei wirklich vielen Trainern und Beratern schon recht „flexibel" wiedergegeben wird, was sich wahrscheinlich auch nicht allzu bald ändern wird, führt uns zu folgenden Fazit: „Seien Sie vorbereitet! Engstirnige Vorhersagen haben eine schmerzlindernde oder therapeutische Wirkung. Hüten Sie sich vor dem betäubenden Effekt magischer Zahlen" (Taleb 2008, S. 251) oder monumentalen und generalisierten, Halbregel'- Weisheiten und üben Sie sich im Loslassen: Was nützen alte, lieb gewonnen und dominante Denkmuster, wenn die reale Welt eine andere ist? Was nützen magische Zahlen und ‚Halbregeln', die zwar einfach zu merken und vermeintlich einfach zu erklären sind, wenn sie schlicht weg falsch oder in der konkreten Anwendung, also im Transfer falsch ‚werden'? Also: Einfach los-lassen. ... los...!

> Langjährig gelebte Verhaltensmuster wie das Führen mit alten Modellen wie „Command and Control", bei dem der Manager allein die Definitionsmacht darüber hat, was richtig, notwendig und angemessen ist, stoßen [...] an ihre Grenzen. Zentralisierte Modelle, bei denen Wenige entscheiden und Anweisungen schreiben und Viele nur das tun, was ihnen gesagt wird, lösen sich [...] gerade ein Stück weit auf – zugunsten von Systemen, in denen Wissen und Erfahrungen hierarchiefrei ausgetauscht sowie Kreativität und Eigeninitiative gefördert werden. Gerade darin liegen die Chancen und Herausforderungen für die Führung. Sie muss sich fragen, wie weit sie loslassen kann und muss, um das eigene Unternehmen erfolgreicher zu machen und voranzubringen. (Buhse 2012, S. 245)

7.4   Aufmerksame Sorgfalt: Die neue Königsdisziplin dank digitaler Distraktoren

> Beim langweiligen *Tatort* E-Mails auf dem Smartphone checken... o.k. Eine SMS schreiben, während der Professor dröge Theorie im Hörsaal verbreitet... gerade noch o.k. Denn eines ist klar: Es gibt viele Situationen, in denen Multitasking keinen Schaden anrichtet. Aber: Die Digitale Ambivalenz wird spürbar, wenn es um anspruchsvolle Arbeit am Rechner geht. Millionen Optionen für Recherchen aller Art; Daten, Fakten, Statistiken in Hülle und Fülle – und zugleich tausend digitale Klippen, an denen wir Schiffbruch erleiden können. [...] Der große Bruder des Multitaskings ist die Oberflächlichkeit. (Lembke und Leipner 2014, S. 19)

Da der homo zappiens (Veen 2003) schnell zwischen mehreren Wahrnehmungskanälen hin und her zappen und dabei schnell audio-visuelle Inhalte konstruieren kann (Kap. 2.2), scheint er dem festen Irrglauben zu obliegen, dass alle Lernprozesse in diesem Modus, schnell und fragmentiert, funktionieren (Abb. 7.1). Dem ist nicht so. Einfache Experimente bspw. aus der illustren Welt des Autofahrens machen dies sicht- und greifbar: „Wer mit dem Auto an einer Ampel steht und dabei E-Mails checkt, senkt seine fahrerischen Fähig-

Abb. 7.1 Mythos Multitasking (entnommen Lembke und Leipner 2014, S. 11)

keiten um mindestens 40 %. Der Stresspegel geht nach oben und die Fehlerquote ebenfalls – auf ein Niveau, das sonst Fahrer erreichen, die 0,8 Promille im Blut haben (Heibl
2008)" (Lembke und Leipner 2014, S. 17). Wenn Sie jetzt denken: „Kein Problem, klappt
bei mir immer, alles super", organisieren Sie einfach ein Fahrtraining mit Freunden und
stellen Sie bei einer Bremsübung mit Smartphone am Steuer bzw. Ohr bzw. Hand anstatt
der üblichen Plastikhütchen sich und Ihre Freunde als lebende Begrenzungshütchen auf.
Plötzlich auftretende Schmerzen und größere Wunden und Brüche machen die Grenzen
dieses Zappens unmittelbar spürbar.

Man sollte sich immer bewusst sein, dass das menschliche Gehirn automatisierte Prozesse recht flott und automatisch ausführen kann wie das Autofahren. Das Neulernen, ein
vertieftes Nachdenken oder plötzlich auftretende Änderungen erfordern aber bewusste
Reflexios-, Verinnerlichungs-, und Lernprozesse, die vor allem eins kosten: Zeit und Aufmerksamkeit. Achtsamkeit ist also gefragt, wenn nicht Wichtiges überzappt werden soll:
„Die Frage ist […], wie viele gute Gedanken und tolle Ideen wir noch haben können bei
diesen ständigen Unterbrechungen" (Marx 2015).

Auf der anderen Seite laden auch viele Präsentationen und ‚Calls' im klassischen Stil
zu gesprächskomatösen Wachkomata ein: In der Schule, in der Hochschule und im Unternehmen. Weitere Einladungen zum Entschlummern bzw. quälende Langeweile gehen einher: Textgefüllte PowerPoint-Folien in Schriftgröße 9 pt, mäßig moderierte Konferenzen,
Workshops oder weltweite ‚Calls' mit nicht enden wollenden, organisatorischen ‚Heiter-
keiten': „Hallo, ich möchte Sie zu der Präsentation von Bill begrüßen. Es handelt sich um
einen wichtigen internationalen Call. Wegen der Zeitzonen haben sich nur wenige aus dem
Ausland angemeldet, ich sehe an den Anmeldungen, dass nur ein einziger dabei ist, der
kein Deutsch versteht. Deshalb wird alles in englischer Sprache abgehandelt. Wir könnten

auch bei Deutsch bleiben, weil der fragliche Teilnehmer auch kein Englisch versteht. Bill? Bill meint, er wolle amerikanisch reden. Ist das ein Problem? Ich denke, das darf kein hallo, ist noch jemand dazugekommen? Herr Dueck? Ach schön, es sind erst sehr wenige da, wir warten sowieso noch. Ich erkläre gerade eigentlich noch gar nichts. Sie haben alle noch nichts verpasst. Bill hat die Präsentation in aller Eile im Flughafen fertiggestellt und sie noch schnell an alle im Call über das Netz geschickt. Diese Präsentation sollte jetzt jeder geöffnet vor sich haben. Hallo? Wer ist dazu gekommen? Gut! Bill, es tut mir leid, wir hatten 200 Leute eingeladen und 120 sagten zu, es sind jetzt 27 Teilnehmer im Call, drei sind rausgefallen. Wer ist dazu gekommen? Hallo? Kein Problem, ist erst acht Minuten zu spät, wir sollten noch warten, bis sich irgendein Vice President einwählt. Wir hoffen nämlich, dass ein oder zwei relevante Leute die Präsentation ebenfalls anhören. Ist eine wichtige Person im Call? Hallo? Hartmut, du? Ah, Hartmut, ja sicher, schon ganz gut. Hartmut ist ein Leader, er besteht aus einer führenden Abteilung. Hartmut, du hast noch nichts verpasst, wir wollen gleich starten. Es ist leider sehr laut, da ist einer im Flughafen, man hört lauter Verspätungsdurchsagen von Karachi. Hallo? Kann sich der Betreffende kurz auf Mute stellen? Hallo? Ah, jetzt ist das endlich weg. Furchtbar war das" (Dueck 2014, S. 186).

Herrlich, oder? Was für eine Einladung zu Nebentätigkeiten. Digitale oder Analoge? Egal, Hauptsache diesem Wahnsinn entfliehen. Dieses digitale Dilemma verlangt nach einer alltäglich gelebten, achtsamen Medienkompetenz als essentieller Bestandteil der digitalen Führungskompetenz. Führungskräfte verlieren nahezu jegliche Aufmerksamkeit, analog wie digital, wenn sie hier nicht achtsam agieren: „Ich habe die Präsentation ja auch schon abgespeichert. Das ist die Hauptsache. Es tut mir leid, Bill, ich hätte so gerne alle deine Ausführungen gehört. Bill ist ein anerkannter Experte und Leader, er ist gleichzeitig Thought Leader und zertifiziert. Keiner kommt an den nun folgenden 125 Folien vorbei. Bill? Bill, ich muss raus. Es blubbt jetzt. Tschüss, Bill." Blubb. „Hi, hier ist Bill. Ich hoffe, dass nun jeder die Präsentation geöffnet hat. Um alles zu sehen, braucht man das neueste Release von Juke-Splash, am besten 7.14. Bei der Erstinstallation gibt es haufenweise Warnmeldungen, aber alle Fehler gehen von selbst wieder weg, wenn man anschließend genau viermal neu bootet. Die meisten können deshalb jetzt vielleicht nichts damit anfangen, aber …" (Dueck 2014, S. 187). Ok. Und … blubb.

Welche Folgen kann eine „blubb"-Lern- bzw. Arbeitsumgebung für die GenY/Z haben?

Die (digitalen) Kommunikationsprozesse der Generationen Y/Z (GenY/Z) haben sich in den letzten Jahren als elementare Bestandteile des Lebens zunehmend beschleunigt, verdichtet und auf mehrere Endgeräte und mehrere Programme „parallelisiert". Der Wahrnehmungskanal der Eltern oder der Lehrenden in Schule und Hochschule ist da nur einer von vielen. Und auch wenn in der Schule oder Hochschule digitale Endgeräte im Unterricht verboten werden, das Gehirn der GenY/Z'ler ist an diesen zappenden Wahrnehmungsmodus gewöhnt und erwartet wiederum einen entsprechenden Reizinput. Vor allem in einer blubb-Lern- oder Arbeitsumgebung scheint das Verlangen nach digitalen Nebenbeschäftigungen grenzenlos zu sein. Will man diese wirklich ernsthaft unterbinden – was

in vielen Kontexten durchaus angezeigt scheint –, sollte man auch gleichzeitig für eine
Ent-blubb-ung der Lern- oder Arbeitsumgebung sorgen.

Warum ist eine Ent-blubb-ung bspw. durch eine professionell entwickelte Digitale Führungskompetenz heute so essentiell wichtig? Nun, der „zappende" Kommunikationsstil
(Kap. 2.2) ist einerseits durch eine hohe Arbeitsgeschwindigkeit, aber andererseits auch
durch kurze Aufmerksamkeitsspannen, durch eine große Fragmentierung und oft auch
durch eine geringe Sorgfalt gekennzeichnet (Belwe und Schutz 2014). Und diese kehrt in
einer blubb-Umgebung nicht einfach durch das Ausschalten oder Weglassen der digitalen Endgeräte zurück. Ganz im Gegenteil: Je größer der blubb-Charakter ausgeprägt ist,
desto mehr möchte eigentlich jedes Gehirn sich entweder dem blubb physisch gänzlich
entziehen oder, wenn dies durch die äußeren Umstände nicht möglich ist, sich innerlich
von der scheinbar quälenden Langeweile bzw. routinierten Inkompetenz befreien. Haben
GenY/Z-Gehirne jetzt nicht ihre gewohnten Zapping-Möglichkeiten, verstärkt sich dieser
Effekt. Käsekästchen, Kreuzworträtsel oder Papierflieger, die in solchen Situationen bei
traditionell geprägten Gehirnen oft für Zeitvertreib gesorgt haben – zumindest punktuell
–, sind bei digital geprägten Gehirnen eher effektfrei.

Auf der anderen Seite verlangt die Digitalisierung als auch die Digitale Führungskompetenz Sorgfalt in hoher Vollendung. Zum einen ‚erwartet' der Computer eine exakte Ein-
gabe bzw. eine sorgfältige Programmierung. Spielen beim Chatten die Interpunktion und
die Grammatik eine eher untergeordnete Rolle, da das menschliche Gehirn beim Lesen der
meist eher kryptischen Texte Fehler kompensieren und den Inhalt trotz der textuellen Feh-
lerhaftigkeit erkennen kann, ist dies zum Leitwesen bspw. der Informatikstudierenden bei
Computern nicht so. Je komplexer die Computeranwendungen werden, desto sorgfältiger
gilt es zu arbeiten. Insbesondere dann, wenn die Anwender eher nicht so sorgfältig bspw.
die Bedienungsanleitung lesen und eine fehlerhafte App. schlicht sofort wieder löschen.

Blubb
Sorgfalt gilt es zu trainieren: Achtsam und aufmerksam. Die Hoffnung, dass die Schule
hier angemessen die Ausbildung bspw. einer muttersprachlichen Kompetenz als Kulturgut
und als Voraussetzung für eine Studierfähigkeit übe, ist zunehmend trügerisch (Mumme
2015). Assoziiert man mit der Technikaffinität und dem digitalen Kommunikationsverhalten der GenY/Z gerne auch ein erhöhtes Technikverständnis, so konnte im Dezember 2014
erstmals in einer internationalen Studie (ICILS) gezeigt werden, dass dem in Deutschland nicht so ist: Ein Drittel der im Jahre 2013 Vierzehnjährigen besitzen nur rudimentäre
technische Kenntnisse und Fertigkeiten (Bos et al. 2014). Da in dieser Studie die Lehrer-
IT-Kompetenz im internationalen Vergleich den letzten Platz einnimmt, ist auch hier in
absehbarer Zeit keine spürbare Besserung zu erwarten.

Das Bundesministerium für Bildung und Forschung (BMBF) stellt in diesem Zusammenhang ferner fest: „ICILS zeigt wie andere internationale Vergleichsuntersuchungen auch, dass der Anteil der besonders leistungsstarken Schülerinnen und Schüler in
Deutschland nicht sehr hoch ist" (BMBF 2014). Dies bedeutet, dass zunehmend im gesamten Leistungsspektrum Herausforderungen auf die Hochschulen und die Wirtschaft

zukommen, zumal die GenZ nicht so feedbackfreundlich für negatives Feedback ist wie noch die GenY (Scholz 2014).

Und dieser Sachverhalt macht die Sorgfalt zur Königsdisziplin im digitalen Zeitalter für Führungskräfte und für Mitarbeiter. Zumal die Sorgfalt nicht nur bei der Programmierung essentiell ist. Erfolgt die zwischenmenschliche Kommunikation und Kooperation vornehmlich über digitale Endgeräte und hat das Gehirn somit nicht die Möglichkeit, Informationen über das Gesicht und die Stimme des Gesprächspartners zu erhalten, fallen wesentliche Aspekte der menschlichen Kommunikation schlicht weg. Es bleibt so lediglich der Text. Und hier pflegen die einzelnen Generationen einen sehr unterschiedlichen Umgang mit der Länge, den Inhalten und der formalen Richtigkeit von Texten.

Hinzukommt, dass bei Social Media die älteren Generationen eher nicht so sorgfältig sind und die Verantwortung bspw. eher an das Social Media Marketing oder den IT-Beauftragten weg delegieren. Zuständig ist aber jede Führungskraft, ob alt oder jung (Buchenau und Fürtbauer 2015, S. 50 ff).

Betrachtet man alle Querschnittskompetenzen, die eben schon erwähnte Medienkompetenz, die Interkulturelle Kompetenz und die (digitale) Führungskompetenz, so fällt auf, dass sie im digitalen Zeitalter durch eine besondere Sorgfalt gekennzeichnet sind. Neue Mitarbeiter und Führungskräfte gilt es, sie hierfür zu sensibilisieren und zu trainieren. Bei der Dichte der Kommunikationsprozesse, bei der geringen Halbwertszeit von Kommunikationshard- und -software und bei den eher kryptisch sorgfältigen Bildungssysteme und der GenY/Z eine wahre Herkulesaufgabe. Es ist zu hoffen, dass wir möglichst zeitnah aus der jetzigen Phase der Aufgeregtheit und des gegenseitigen Nicht-Verstehen-Könnens-oder-Wollens zwischen den Generationen in ein konstruktives Miteinander übergehen können. Dies ginge (im wirtschaftlichen Kontext) durchaus schneller und leichter, wenn Achtsamkeit und Sorgfalt als Königsdisziplinen digitaler Führungskompetenz gelebt werden (können). Ansonsten läuft man Gefahr, wesentliche Details und Gesamtzusammenhänge nicht mehr zu erkennen (Abb. 7.2).

Abb. 7.2 Schnell und schön,
doch nichts zu erkennen
(© Martin A. Ciesielski)

7.5 Selbststeuerung und Autonomie

Wie wichtig Verantwortungsübernahme und individuelle Integrität als Gegenpole zu Konformitäten und Gruppendenken im digitalen Zeitalter sind, haben wir bereits im Kap. 4.2 gesehen. Das Verkörpern von Führung muss daher stets einen Anspruch an Autonomie beinhalten. Wie man aus der Sozialpsychologie weiß, sind wir als soziale Wesen auf die Unterstützung, auf das Wahrgenommen werden und den Status in Gruppen elementar angewiesen. Ja, man kann sogar so weit gehen und sagen, dass die soziale Anerkennung für uns lebenswichtig ist. Konformismus ist wichtig für jegliches Entstehen sozialer Strukturen, das Anerkennen bestimmter Spielregeln sorgt dafür, dass Sprachen entstehen, soziale Konventionen und kulturelle Traditionen – in Gesellschaften, wie auch in Organisationen. Es wäre illusorisch anzunehmen, all dies geschehe aus reiner Vernunft und Einsicht in den Sinn dieser Regeln – so schön das auch wäre (Pauen und Welzer 2015, S. 43). Nach dem deutschen Philosophen Immanuel Kant handelt man dann autonom, wenn man sich von allgemeinen moralischen Gesetzen leiten lässt; womit autonomes Handeln nicht nur freies, sondern eben auch moralisches Handeln ist (Pauen und Welzer 2015 S. 80). Vernünftige Handlungsregeln sind dann moralisch, wenn sie ganz unabhängig von individuellen Zielen und Wünschen als allgemeine Prinzipien gedacht werden können (Pauen und Welzer 2015, S. 80). Dies ähnelt durchaus auch dem uns bereits bekannten Anliegen von Foersters, so zu handeln, dass die Handlungsoptionen sich vermehren – auch für andere. Oder mit dem Leitsatz des Improvisationstheaters ausgedrückt: Lass die anderen gut aussehen! Und zwar nicht nur die Mitglieder der eigenen Gruppe, sondern darüber hinaus. Schließlich ist es für jeden verwerflich, zu lügen oder zu morden, da die jeweilige Gesellschaft oder die Organisation, die das protegieren würde, sich bald auch selbst zerfleischen würde. Am Ende ist es sogar so, dass autonomes, selbststeuerndes Denken und Handeln langfristig auch den Fortbestand der eigenen Gruppe schützt. Es ist dieser Grundsatz, der in Kants Augen Autonomie und Moralität begründet: Der so genannten Kategorische Imperativ: Nicht anders zu wählen als so, dass die Maximen seiner Wahl in demselben Wollen zugleich als allgemeines Gesetz begriffen seien. Wenn dies nicht der Fall sein kann, sondern dieses Handeln mittel- bis langfristig zum Schaden des Unternehmens oder sogar der Gesellschaft beiträgt, muss ich mir überlegen, ob ich es wirklich tue. Wohlgemerkt: Ich.

Auf der anderen Seite lässt sich Autonomie natürlich auch nicht beliebig steigern, weil menschliche Handlungsspielräume notwendigerweise dort an ihre Grenzen stoßen, wo sie andere Ansprüche verletzen: Dies können die Handlungsspielräume anderer Menschen sein, die Rechte anderer Lebewesen, aber auch die Gebote des Naturschutzes (Pauen und Welzer 2015, S. 107). Doch was unterstützt uns darin, autonome, ggf. kritische Entscheidungen zu treffen und als soziales Korrektiv, im extremsten Falle als „Whistleblower" zu agieren? Im berühmten Milgram-Experiment, wo Teilnehmer dazu gebracht wurden, anderen Teilnehmern vermeintlich Stromstöße zu versetzen, gab es auch eine nicht so sehr bekannte Variation des Experiments. Während es beim dem ursprünglichen Versuch lediglich den Versuchsleiter als Bezugsperson gab, konnten die Teilnehmer in der anderen Anordnung auch noch einen Freund mitbringen. Interessanter Weise, wurden hier nicht die Extremhandlungen vollzogen und die höchsten Stromstöße verabreicht. Die Freundin oder Freund halfen, aus der sozialen Beziehung zur Autorität des Versuchsleiters auszusteigen (Pauen und Welzer 2015, S. 175). Dieses Beispiel zeigt, wie wichtig ein Leben außerhalb des Jobs ist.

Gerade in sehr vereinnahmenden Arbeitskontexten, wie Startups, dem Investmentbanking oder Großkanzleien ist es üblich, dass soziale Privatleben nach und nach mit dem beruflichen Sozialleben in Übereinstimmung zu bringen – allein aus Zeitgründen gibt es oftmals auch gar keine Möglichkeit, andere Sozialkontakte zu pflegen. Für eine wirklich autonome, kritische und am Ende auch für die eigene Gesundheit relevante Selbststeuerung braucht es allerdings ein alternatives soziales Umfeld. Was Soziologen und Anthropologen, „sozial" nennen, ist die Ordnung intentionaler Beziehungen, von Intentionen, die nicht im Kopf (mentalistisch, internalistisch), sondern in der Regel sind (Ehrenberg 2009, S. 45). Also letztendlich in den Spielen.

Neben dem alternativen sozialen Umfeld (wofür in der Regel eine Person schon ausreichend sein kann) braucht es aber auch noch eine andere Alternative: Eine ökonomische. Je mehr Abhängigkeiten bestehen in Hinblick auf zu bezahlende Kredite, Konsumaussagen etc. umso schwieriger ist es, die eigenen Autonomie aufrecht zu erhalten. Anders wird es in der Geschichte eines zwar guten, aber nicht sonderlich wohlhabenden Beraters ausgedrückt:

▶ Eine Management-Konferenz in Paris. Der 1. Tag ist zu Ende, die Sonne scheint, es ist ein herrlicher Spätsommer. Den Vorträgen und Workshops schließt sich ein Empfang an, der allerdings gesondert und teuer zu bezahlen war – auch aufgrund der besonderen Gäste aus dem Top Management. Der sehr gute, finanziell allerdings nicht so gut aufgestellte Unternehmensberater Peter J. Decker sitzt auf einer Bank vor dem Konferenzgebäude und isst ein selbst gemachtes Sandwich. Er genießt die Sonne und den Geschmack des Brotes, als ein Kollege von ihm von hinten an ihn herantritt.
„Mensch Peter, was macht Du hier draußen? Drinnen gibt es ein Spitzenbuffet!" „Oh, das klingt gut, aber ich habe mir nur die Teilnahme an der Konferenz gegönnt. Für den Empfang hat es dann doch nicht mehr gereicht."
„Ach Peter," antwortet der Kollege und setzt sich zu ihm „Du weißt doch, wie das Spiel läuft: Du musst den Vorständen oder den Projektleitern, die dich reinholen nur erzählen, was sie hören wollen. Zeig ihnen die Folien, die sie sehen wollen, liefere die Zahlen und gib ihnen die Argumente und Fakten, die sie brauchen. Dann suchst Du noch nach ein paar Themen, an denen du dran bleiben kannst und sie bezahlen dir gutes Geld. Dann verdienst Du genug, um dir auch noch das Buffet und die Spitzenkontakte leisten zu können!
Während der Kollege so zu ihm spricht, sitzt Peter J. Decker auf der Bank, beißt in sein Brot, trinkt aus einer Thermosflasche, blickt auf den sonnigen Platz vor sich und beginnt zu lächeln. Als der Berater seine Ausführungen beendet hat, sagt Decker: „Ach weißt Du, ich frage mich, warum du nicht einfach lernst, dir selbst ein leckeres Brot und einen guten Tee zu machen. Dann könntest Du den Leuten in den Firmen die Wahrheit sagen" (Hawkins 2005, S. 58).

7.6 Reifung – die Kunst, mit sich allein zu sein

Wir möchten dieses Kapitel mit einem etwas längeren Zitat aus einem Klassiker der Psychologie beginnen: „Ich glaube, dass es beim Gesunden einen Kern der Persönlichkeit gibt, [...der] niemals mit der Welt wahrgenommener Objekte kommuniziert, und dass der Einzelmensch weiß, dass dieser Kern niemals mit der äußeren Realität kommunizieren oder von ihr beeinflusst werden darf. [...] Wenn auch gesunde Menschen kommunizieren und es genießen, so ist doch die Tatsache ebenso wahr, dass jedes Individuum ein Isolierter ist, in ständiger Nicht-Kommunikation, ständig unbekannt, tatsächlich ungefunden" (Winnicott 1984b, S. 245). In der Geschichte der Psychologie gibt es sicherlich einige bahnbrechende oder als Meilensteine zu bezeichnende Forschungsarbeiten. Eine davon ist definitiv „Die Fähigkeit, allein zu sein" von Donald W. Winnicott. Darin geht Winnicott „von der Annahme [aus], dass diese Fähigkeit eines der wichtigsten Zeichen der Reife in der emotionalen Entwicklung ist" (Schneider 2009, S. 53). Die spätere Form dieser Fähigkeit besteht darin, „sich zurückzuziehen, ohne dass die Identifikation mit dem verloren geht, wovon man sich zurückgezogen hat. Als Beispiel dafür kann man „die Fähigkeit, sich auf eine Aufgabe zu konzentrieren" anführen (Schneider 2009, S. 54).

Winnicott verteidigt in seiner Arbeit auch das Recht zur Nicht-Kommunikation aus der erschreckenden Phantasie, unendlich ausgenützt zu werden (Schneider 2009, S. 55). Daraus leitet er ein Recht auf ein Geheimnis ab, dass ein konstituierendes Merkmal der anorektischen Identität ist. Unbeschränkte Kommunikation ist in der genannten Hinsicht also Selbst-Zerstörung (Schneider 2009, S. 55). Aber nicht nur in Hinblick auf das eigene Kommunikationsverhalten. Die Fähigkeit zum Alleinsein ist auch eine Voraussetzung dafür, den Anderen in seinem Anspruch darauf anzuerkennen, auch ein isoliertes Für-sich zu sein und zu bleiben. Kommunikationsversuche können durchaus als störend empfunden werden. Oder wie es der Professor Gernot Wersig von Martin Ciesielski im Studium der Medientheorie immer auszudrücken pflegte: „Kommunikation ist eine Zumutung!"

Allerdings ist diese Zumutung im Digitalen ja bekanntlich ein Dauerzustand geworden und wir befinden uns in einem rasenden Stillstand, der eine schreckliche Bedrohung für uns bereithält: Die der Langeweile (Schneider 2009, S. 64). Wir erleben daher die dauerhafte Kommunikation mehr als einen Zustand der Erregung, als einen von wirklich tiefer Bedeutung, woraus für den Einzelnen wiederum resultiert, dass Sein anscheinend „Wahrgenommen werden" bedeutet. Werden wir nicht wahrgenommen, sind wir nicht. Laden wir keine Videos hoch oder versenden wir keine Kurznachrichten, laufen wir Gefahr in der digitalen Welt gar nicht mehr als existent wahrgenommen zu werden. Diese Angst hält uns wiederum auch davon ab, allein zu sein, bzw. das Allein sein wirklich genießen zu können. Doch ohne Allein sein, keine wirkliche Muße, keine Zeit der Reflexionen und Kontemplationen, des Sinnierens und Inspirierens. Körperliche Präsenz nimmt sich blass und schattenhaft im Vergleich zu medialer aus. „Senden heißt wahrgenommen werden: Sein. Nichtsenden heißt Nichtsein" (Türcke 2002, S. 43). Die Fragen, die wir uns, nicht nur im Kontext der digitalen Führung, stellen müssen, lautet: Stimmt das? Oder sollte es nicht, frei nach Montaigne zunächst darum gehen, dass wir uns selbst gehören?

Schließlich sind mit der Fähigkeit, allein zu sein, auch noch andere Fähigkeiten verbunden, die man durchaus auch als digitale Tugenden sehen könnte, die es gerade im Zeitalter von Beschleunigungen und Lichtgeschwindigkeiten der Maschinen, für uns Menschen wieder zu entwickeln und zu kultivieren gilt: Gelassenheit und Geduld.

Gelassenheit und Geduld auch und vielleicht vor allem in Hinblick auf soziale Anerkennung. Auf Status. Auf den Druck, den wir spüren, mithalten zu müssen, dabei bleiben zu müssen. Wo ist oben? Wo ist am Ende unten? Wir befinden uns erneut auf einer Management-Konferenz (wo ja eh nur die sind, die zu viel Zeit haben…):

> ▶   Zwei Gäste der Konferenz begegnen sich in der Mittagspause an einem Bistro-
>   tisch. Jeweils einen Teller mit vegetarischem Auflauf vor sich und einem Glas
>   Wein, beginnt einer von ihnen das Gespräch: „Wie gefällt ihnen denn bislang
>   die Veranstaltung? Waren Sie vorhin bei dem Workshop zum Thema „Beyond
>   Roles and Positions"?"
>   „Nein, wenn ich ehrlich bin, bin ich sozusagen schon „beyond"!"
>   „Sind Sie im Top Management?" „Na, wenn Sie das so sehr interessiert: auch da
>   noch drüber," antwortet der angesprochene und nimmt einen Schluck aus dem
>   Weinglas.
>   „CEO?"
>   „Drüber."
>   "Über dem CEO? Na, da können sie eigentlich ja nur noch Investor oder Analyst
>   einer einflussreichen Bank sein! Respekt!"
>   „Sorry, da muss ich Sie auch enttäuschen. Drüber."
>   „Da drüber? Also da muss ich jetzt passen. Über diesen Etagen sehe ich ehrlich
>   gesagt nur noch sowas wie Gott!"
>   „Drüber!"
>   „Über Gott? Da ist ja nun wirklich nichts…"
>   „Da haben Sie den Nagel auf den Kopf getroffen. Ich bin nichts" (Hawkins 2005,
>   S. 37).

Mit sich allein sein und über sich selbst lachen können. Sich und das, was man tut, nicht zu ernst nehmen. Vielleicht sogar das ganze Leben als ein einziges Spiel betrachten. Mit Humor.

Zu diesen Gedanken schrieb einmal der Philosoph Vilém Flusser den wundervollen Essay „Spiele" und endet darin mit: „Der Mensch als „Homo ludens" unterscheidet sich von den Tieren durch ein Fehlen an Ernst. Das Spiel ist seine Antwort auf den stumpfsinnigen Ernst des Lebens und des Todes. Und er ist desto mehr Rebell, an je mehr Spielen er teilnimmt […] Mit anderen Worten: er unterscheidet sich von Computern, Regierungsapparaten und anderen sichtbaren und unsichtbaren Ungeheuern durch Dichtung, Philosophie und Übersetzung. Das ist seine Hoffnung. Denn als Träger der Geschichte mag er von diesen Apparaten abgelöst werden. Aber die Geschichte selbst ist ja nur ein Spiel, und er kann andere erfinden" (Flusser 2013).

7.7 Erdung für das Virtuelle

In diesen letzten Kapiteln ging es uns darum zu zeigen, dass wir in einer Zeit der hybriden Lebens- und Arbeitsweisen eines auf keinen Fall vergessen dürfen: Unseren Körper und unser spielerisches Wesen. Hier laufen die Information, die für uns relevant sind, zusammen. Hier entwickeln wir Gefühle, Empörungen und Zuneigungen für die Welt. Hier geht es uns gut oder schlecht. Hier sind wir gesund oder krank. Nicht im virtuellen. Nicht unser Profil fühlt sich unbeachtet, oder „liked", sondern wir sind es. Wir müssen nicht sicher stellen, dass unsere E-Mails die Postfächer der andere füllen, sondern dass wir etwas zu sagen haben. Etwas, das uns am Herzen liegt, etwas, dass auch für die anderen von Bedeutung ist.

Dabei geht es allerdings nicht nur um uns und unser Wohlbefinden. Je mehr wir uns von unserem Körpergefühl und somit unserer biologischen Wahrnehmung entfernen, umso mehr verlieren wir auch unseren Bezug zur natürlichen Umwelt. Der Sprachforscher und Umweltaktivist beschreibt es mit den folgenden Worten: "Fewer and fewer people are able to feel the particular pulse of their place; many no longer notice, much less respond to, the fluent articulation of the land. Increasingly blind, increasingly deaf – increasingly impervious to the sensuous world – the technological mind progressively lays waste to the animate earth" (Abram 2011, S. 287).

Es gibt mehr denn je Informationen, Videos, Texte und vieles mehr in der weiten Welt des Internets, der Intranets und Plattformen zu entdecken, zu teilen und darüber zu reden. Dennoch ist es wichtig und richtig zu fragen, welche Relevanz all diese Daten für uns haben. In den zunehmend hybriden Welten, in denen wir leben, wird es immer mehr erforderlich, beide Teilwelten, die digitale und die analoge, bespielen zu können.

Darüber dürfen wir allerdings eines nicht vergessen: Es gibt dabei nur eine Welt, in der wir wirklich physisch existent sind, in der wir essen, trinken, schlafen, atmen können und müssen. In der wir uns berühren können und in einen komplexen Austausch gehen können, wie wir es mit der Maschinenwelt bislang nicht geschafft haben, zu reproduzieren. Dies ist die Welt in der wir letztendlich leben. Es gibt weiterhin viel in dieser analogen Welt zu entdecken. Mit allen unseren Sinnen. Mehr, als es jedes Smartphone oder jede Plattform vermag.

Hier entsteht gelebtes, geatmetes Leben, dass es uns ermöglicht eine Haltung zu den Themen zu finden, die uns herausfordern. Eine Haltung ist und bleibt etwas Körperliches, das vertreten werden muss. Dass Mut braucht in der direkten Konfrontation mit Kollegen, Vorgesetzten, Kunden, dem Freund oder der Tochter gegenüber. „It requires that we begin to rejuvenate the arts of telling, and of listening, in relation to the geographic place where our lessons actually happen" (Abram 2011, S. 288).

Martin Ciesielski kommt in diesem Zusammenhang ein Erlebnis in den Sinn, das ihm sehr intensiv in Erinnerung geblieben ist:

▶ „Als ich an einer Straße in Berlin stand und auf Grün wartete, sah ich aus den
   Augenwinkeln, wie eine Frau losging und über die Straße wollte. Gleichzeitig
   sah ich ein Auto, dass unbedingt die Kreuzung räumen musste, sehr schnell
   losfahren und wusste sofort: Hier stimmt was nicht. Wenn diese Frau gerade
   über die Straße geht und dieses Auto mit dieser Geschwindigkeit anfährt, dann
   würde es nicht rechtzeitig halten können. Und tatsächlich. Mir entfuhr nur noch
   ein abgehackter Warnruf. Das Auto fuhr die Frau von der Seite in voller Fahrt an.
   Sie wurde direkt vor meinen Augen auf die Straße geschleudert. Hart schlug
   sie auf. Ein echter Körper. Auf einer echten, harten Straße. Mit Wucht. Quietschende Reifen. Schreie. Für einige Sekunden blieb sie liegen. Menschen liefen
   zu ihr, Menschen, die anscheinend handlungsfähig waren, die womöglich nur
   gesehen hatten, dass die Frau auf dem Boden lag und Hilfe brauchte.
   Ich war wie erstarrt. Mein Herz schlug wild. Erst allmählich konnte ich mich aus
   dem Schrecken lösen. Ich und auch andere riefen die Feuerwehr. Die Helfer setz-
   ten die Frau, die zum Glück zumindest äußerlich zu keinem weiteren Schaden
   gekommen war, auf die Bank in einer Bushaltestelle. Ich setzte mich zu ihr und
   sprach mit ihr, bis der Krankenwagen kam. Sie stand eindeutig unter Schock.
   Und ich wahrscheinlich auch. Erst später sagte mir eine Kollegin, ich solle mal
   meinen ganzen Körper ausschütteln. Kräftig. Ich tat es und merkte, wie sehr ich
   das gebraucht hatte. Ich schüttelte die physischen Reaktionen ab. Die Gedanken, die Bilder blieben. Bis heute. Immer noch auch irgendwo im Körper."

Warum diese Geschichte an dieser Stelle?
Das Reale, das Analoge ist die kraftvolle Welt, in der wir leben und überleben müssen.
Hier spielt die wirkliche Musik. Es ist ein meilenweiter Unterschied, sich Youtube Videos
anzuschauen, Action-Sequenzen im Kino zu sehen oder in der wahren Welt mit Gewalt
und den Auswirkungen unseres Handelns oder Nicht-Handelns konfrontiert zu werden.

   Wir dürfen niemals den virtuellen Puffer unterschätzen, den wir zwischen uns und
unserer körperlich erlebbaren Welt errichtet haben. Zum einen kann ein Mausklick heutzutage eine Logistikkette in Betrieb halten, die ganze Schiffs- und LKW-Flotten beinhaltet. Ein Mausklick trägt dazu bei, dass es in der Summe Milliarden von Mausklicks sind,
die ganze Serverfarmen benötigen, die ihrerseits Strommengen, Gebäude, Kunststoffe und
Metalle von Kleinstadtgröße erfordern. Das Virtuelle ist am Ende physisch (Abb. 7.3).
Und das Physische kann nur zu einem kleinen Anteil virtuell werden.

Ortswechsel
Was gibt es schöneres, als das gute, konzentrierte und gleichzeitig entspannte Gespräch
während eines Spazierganges im Grünen? Die Vögel zwitschern, womöglich gibt es eine
Vielzahl an Pflanzen und Tieren und einige andere Menschen, die sich dort in Ruhe auf-
halten.

Man ist fortwährend dabei, beim gemeinsamen Gehen seinen Standpunkt zu verändern, andere Perspektiven einzunehmen. Man ist alles andere als eingefahren und erlebt sich und seine Gesprächspartnerin im wahrsten Sinne des Wortes in Bewegung. Im Fluss. Mit frischer Luft in den Lungen. Leidenschaftlich in Bewegung, denn „Intelligence without passion is simply rationality" (Brenda Laurel 1993, S. 214).

So begegnen wir den Geschichten unseres Lebens. Den Menschen, die diese gemeinsam mit uns erzählen und gemeinsam improvisieren werden. Hier können wir unseren Freunden zuhören und den Kollegen in die Augen schauen. Direkt – und nicht an ihnen vorbei in die Webcam.

Literatur

Abram, D. (2011). *Becoming animal. An earthly cosmology*. London: Vintage.
Abram, D. (2012). *Im Bann der sinnlichen Natur – Die Kunst der Wahrnehmung und die mehr-als-menschliche Welt*. Klein Jasedow: thinkOya.
Argyris, C. (1997). *Wissen in Aktion – Eine Fallstudie zur lernenden Organisation*. Stuttgart: Klett-Cotta.

Belwe, A., & Schutz, T. (2014). *Smartphone geht vor – Wie Schule und Hochschule mit dem Auf-merksamkeitskiller umgehen können.* Bern: hep.

BMBF. (2014). Internationale Bildungsstudie ICILS misst Computerkompetenzen: Achtklässler in Deutschland beim Umgang mit neuen Medien im Mittelfeld. BMBF. http://www.bmbf.de/press/3691.php Zugegriffen: 2. April 2015.

Bohm, D. (1994). *Thought as a system.* London: Routledge.

Bos, W., Eickelmann, B., Gerick, J., Goldhammer, F., Schaumburg, H., Schwippert, K., Senkbeil, M., Schulz-Zander, R., & Wendt, H. (2014). *ICILS 2013: Computer- und informationsbezogene Kompetenzen von Schülerinnen und Schülern in der 8. Jahrgangsstufe im internationalen Ver-gleich.* Münster: Waxmann.

Buchenau, P., & Fürtbauer, D. (2015). *Chefsache Social Media Marketing – Wie erfolgreiche Unter-nehmen schon heute den Markt der Zukunft bestimmen.* Wiesbaden: Springer.

Buhse, W. (2012). Changing the Mindset: Die Bedeutung des Digital Leadership für die Enterprise 2.0-Strategieentwicklung. In G. Lembke & N. Soyez (Hrsg.), *Digitale Medien im Unternehmen – Perspektiven des betrieblichen Einsatzes von neuen Medien* (S. 237–252). Heidelberg: Springer.

Butler, T. (2007). *Getting unstuck – how dead ends become new paths.* Boston: Harvard Business School Press.

Damasio, A. R. (2000). *Descartes' Irrtum – Fühlen, Denken und das menschliche Gehirn.* Mün-chen: dtv.

Duderstadt, M. (2003). *Improvisation und Ästhetische Bildung – Ein Beitrag zur Ästhetischen For-schung.* Köln: Salon.

Dueck, D. (2014). *Dueck's Jahrmarkt der Futuristik – Gesammelte Kultkolumnen.* Heidelberg: Springer.

Ehrenberg, A. (2009). Psychische Gesundheit und das Dilemma der Autonomie. In K. Münch, D. Munz, & A. Springer (Hrsg.), *Die Fähigkeit, allein zu sein – Zwischen psychoanalytischem Ideal und gesellschaftlicher Realität* (S. 35–50). Gießen: Psychosozial-Verlag.

Flusser, V. (2013). Spiele. In F. Rötzer (Hrsg.), *Ist das Leben ein Spiel?* (S. 4–7). Köln: Verlag der Buchhandlung Walther König.

Gigerenzer, G. (2007). *Bauchentscheidungen – Die Intelligenz des Unbewussten und die Macht der Intuition* (1. Aufl.). München: Bertelsmann.

Haken, H., & Schiepek, G. (2006). *Synergetik in der Psychologie – Selbstorganisation verstehen und gestalten.* Göttingen: Hogrefe.

Hawkins, P. (2005). *The wise fool's guide to leadership.* O-Books: Hants.

Heibl, J. (2008). Effizientes Lernen: Risikofaktor Multitasking. http://www.focus.de/wissen/mensch/campus/tid-10159/effizientes-lernen-risikofaktor-multitasking_aid_305173.html. Zuge-griffen: 10. Okt 2015.

Laurel, B. (1993). *Computers as Theatre.* Boston: Addision-Wesley.

Lembke, G., & Leipner, I. (2014). *Zum Frühstück gibt's Apps – Der tägliche Kampf mit der Digita-len Ambivalenz.* Heidelberg: Springer Spektrum.

Marx, P. (2015). Schädliche Smartphones – Digitale Diät für Studenten. http://www.faz.net/aktu-ell/beruf-chance/campus/schaedliche-smartphones-digitale-diaet-fuer-studenten-13832861.html Zugegriffen: 10. Okt 2015.

Maturana, H. R., & Varela, F. J. (2009). *Der Baum der Erkenntnis – Die biologischen Wurzeln menschlichen Erkennens* (2. Aufl.). Frankfurt am Main: Fischer.

Mead, G. (2014). *Telling the Story – The heart and soul of successful leadership.* San Francisco: Jossey-Bass.

Mumme, T. (2015). Kulturgut Handschrift kommt an den Schulen zu kurz. WeltN24. http://www.welt.de/politik/deutschland/article139024861/Kulturgut-Handschrift-kommt-an-den-Schulen-zu-kurz.html. Zugegriffen: 2. April 2015.

Pauen, M., & Welzer, H. (2015). *Autonomie – eine Verteidigung.* Frankfurt am Main: Fischer.

Schneider, G. (2009). Die erregte Gesellschaft. In K. Münch, D. Munz & A. Springer (Hrsg.), *Die Fähigkeit, allein zu sein – Zwischen psychoanalytischem Ideal und gesellschaftlicher Realität* (S. 51–70). Gießen: Psychosozial-Verlag.

Scholz, C. (2014). *Generation Z – Wie sie tickt, wie sie verändert und warum sie uns alle ansteckt.* Weinheim: Wiley-VCH.

Taleb, N. N. (2008). *Der Schwarze Schwan – Die Macht höchst unwahrscheinlicher Ereignisse.* München: Hanser.

Türcke, C. (2002). *Erregte Gesellschaft. Philosophie der Sensation.* München: C.H. Beck.

Urban, M. (2008). *Wie der Mensch sich orientiert – Von der Kunst, dem Leben eine Richtung zu geben.* München: Piper.

Veen, W. (2003). A new force for change: Homo Zappiensi. *The Learning Citizen, 7,* 5–7.

Watzlawick, P. (2009). *Wie wirklich ist die Wirklichkeit? – Wahn, Täuschung, Verstehen* (7. Aufl.). München: Piper.

Winnicott, D. W. (1984a). Die Fähigkeit zum Alleinsein. In I. D. W. Winnicott (Hrsg.), *Reifungsprozesse und fördernde Umwelt* (S. 36–46). Frankfurt am Main: Fischer.

Winnicott, D. W. (1984b). Die Frage des Mitteilens und des Nicht-Mitteilens führt zu einer Untersuchung gewisser Gegensätze. In D. W. Winnicott (Hrsg.), *Reifungsprozesse und fördernde Umwelt* (S. 234–252). Frankfurt am Main: Fischer.

Wüthrich, H. A., Osmetz, D., & Kaduk, S. (2009). *Musterbrecher – Führung neu leben. 3., überarb. u. erw. Auflage.* Wiesbaden: Gabler.

Printed by Printforce, the Netherlands